蓝莓采后品质调控关键理论与技术

周倩　李斌　编著

中国轻工业出版社

图书在版编目（CIP）数据

蓝莓采后品质调控关键理论与技术/周倩，李斌编著.
--北京：中国轻工业出版社，2024. 10. --ISBN 978-7-5184-5087-9

Ⅰ. S663. 2

中国国家版本馆 CIP 数据核字第 2024HT4746 号

责任编辑：马　妍　　责任终审：李建华
文字编辑：赵萌萌　　责任校对：朱　慧　朱燕春　　封面设计：锋尚设计
策划编辑：马　妍　　版式设计：致诚图文　　责任监印：张京华

出版发行：中国轻工业出版社（北京鲁谷东街 5 号，邮编：100040）
印　　刷：鸿博昊天科技有限公司
经　　销：各地新华书店
版　　次：2024 年 10 月第 1 版第 1 次印刷
开　　本：787×1092　1/16　印张：15. 75
字　　数：332 千字
书　　号：ISBN 978-7-5184-5087-9　定价：188. 00 元
邮购电话：010-85119873
发行电话：010-85119832　010-85119912
网　　址：http://www. chlip. com. cn
Email：club@ chlip. com. cn

240421K1X101ZBW

作者简介

李斌 二级教授，博士生导师，沈阳农业大学党委副书记、副校长、农业农村部国家浆果加工技术研发专业中心主任、国家林业和草原局小浆果工程技术研究中心主任、农业农村部浆果加工及综合利用技术集成科研基地负责人、国家葡萄产业体系蓝莓沈阳试验站站长、辽宁省健康食品营养与创制重点实验室主任。国家“万人计划”科技创新领军人才、“百千万人才工程”国家级人选、国家有突出贡献中青年专家、神农青年英才、食品科学与工程一级学科带头人、农业农村部神农中华农业优秀科技奖创新团队带头人、国家林业和草原局第四批林草科技创新人才计划创新团队带头人、国务院政府特殊津贴获得者。

主要研究方向为农产品加工技术与营养功能。近年来，主持承担国家级和省部级科研项目 10 余项，主持获得辽宁省科学技术进步一等奖 1 项，参与获得国家科学技术进步奖二等奖 1 项及其他省部级奖项 10 余项，发表学术论文 160 余篇，其中 SCI 120 余篇（ESI 前 1%高被引论文 8 篇），申请、授权国家发明专利 70 余件，主编学术专著 3 部，参编著作 5 部。

周倩 副教授，博士生导师，沈阳农业大学食品学院副院长。入选辽宁省“百千万人才工程”万人层次、沈阳市中青年科技创新人才、沈阳农业大学“天柱山英才”。

主要研究方向为果蔬采后生物学与贮运保鲜。近年来，主持承担国家级和省部级科研项目 20 余项，以主要完成人参与“十三五”“十四五”国家重点研发专项 3 项，神农中华农业科技奖优秀创新团队主要成员。在 *Food Chemistry*、*Postharvest Biology and Technology*、*BMC Plant Biology* 等学术杂志发表论文 30 余篇，其中 SCI 二区以上论文 19 篇，授权国家发明专利 1 件，主编/参编教材 3 部。以第一完成人制定辽宁省地方标准 4 项，获辽宁省自然科学学术成果一等奖 1 项，沈阳市自然科学学术成果奖 1 项。

序　一

近年来，随着“大食物观”的提出，当代农业及食品工业面临着从“保证人民吃得饱”向“满足人民多元化食物消费需求”的转变。新鲜水果蔬菜是人民膳食健康的重要组成部分，我国作为果蔬消费大国，对新鲜果蔬的需求日益增长，其中以蓝莓为主的特色浆果备受消费市场青睐。

蓝莓以其丰富的营养价值深受世界人民喜爱。但蓝莓果实因自身生理特性及采后贮藏条件不当造成的损失严重，供应端损耗问题尤为突出，采后保质减损工作面临严峻挑战。在国内外科技工作者的努力下，蓝莓采后品质劣变机制研究日渐丰富，采后贮运保鲜技术也得到了进一步改良，对相关成果进行总结分析具有重要意义。

该书由沈阳农业大学李斌教授和周倩副教授编著，编著者既包括数十年如一日深耕果蔬采后生物学、果树发育生物学和浆果加工与营养健康领域的行业专家，又包括掌握了先进生物科技、在果蔬采后生物学方向极具潜力的青年学者。经典与创新交互融合，为本书的编写提供了有力的基础保障。编著者以解析果蔬采后贮运过程中的品质劣变机理为目标，在国家葡萄产业技术体系、国家自然科学基金、中国博士后科学基金、辽宁省应用基础研究计划、辽宁省高校基本科研项目等多个项目的支持下，在蓝莓采后品质劣变机理和技术开发等方面取得了丰硕的成果，为蓝莓果实采后品质劣变机理研究及调控技术推广奠定了重要基础，为浆果产业发展提供了有力保障。

本着为蓝莓采后贮运技术提供理论依据及和助力产业发展的初衷，该书在内容的选择上兼顾了理论和实用两方面，在充分凝练团队十余年科研成果及参考国内外相关文献的基础上，对蓝莓品种、产地、贮藏特性等方面进行了全面分析，对蓝莓常见采后品质劣变规律进行了深入探索，并在此基础上提出对应调控技术手段，为产业发展提供了坚实的基础支撑，也为相关科研人员及学生提供了极具借鉴意义的参考。

在该书即将出版之际，希望编著者及相关领域的专家学者能够在此基础上继续加强相关工作，提高我国蓝莓产业在国际市场上的竞争力，为我国果蔬产业和国民健康发展贡献力量。

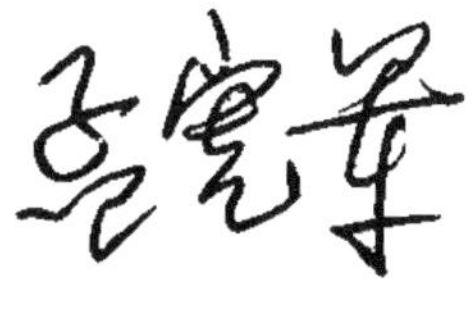

2024 年 8 月

序　　二

果实等生鲜农产品是“大食物观”的重要组成，但果实采后易变质、易腐烂，并易受供应链环境影响，常造成采后贮藏物流过程损耗严重，果品优质化、多样化供给难以保障。加大原创性技术，特别是自主知识产权新品种的创新和研发具有重要意义。

蓝莓是具有较高经济价值和广阔开发前景的新兴果树树种，既有高档水果的特性，同时又可以通过多种产品形态减少经营风险。产品形态丰富多样，包括鲜果、冻果、果汁、果粉、花青素片等。近年来，我国蓝莓栽培面积和总产量达到了全球第一，但是鲜果的产量仅排在全球第三位，鲜果产量占总产量的比例仅为46.15%，远低于世界平均70%左右的水平，更低于南美洲国家90%以上的水平。其主要原因是早期以加工鲜果为目标的蓝莓种植面积较多，栽培管理不善，以及采后处理不当造成大量鲜果浪费。创制一批具有产品市场竞争力的重大技术，解决制约我国蓝莓产业发展的“卡脖子”技术非常重要。今年的两会上也有委员提出：“要从科技创新上突破，补齐全产业链短板，引领并支撑我国小浆果产业健康、可持续发展。”因此，加强果品商品化高效处理与贮藏物流精准管控技术，可有效减少果实采后劣变损耗，提升商品性和市场竞争力。

该著作编著者为沈阳农业大学李斌教授和周倩副教授，其团队在小浆果采后贮藏保鲜与加工方面具有一定的影响力，所在团队依托“国家葡萄产业技术体系蓝莓沈阳综合试验站”“国家浆果加工技术研发专业中心”“农业农村部果蔬贮藏保鲜重点实验室”“辽宁省农产品加工重点实验室”等平台开展工作，围绕采后蓝莓果实品质劣变方面取得了丰硕成果，并形成了从源头创新到产业应用的技术链条，为我国小浆果采后贮运保鲜的基础研究奠定重要基础。

在该书即将出版之际，希望该书的编著者及关注果蔬采后保鲜的专家学者，继续加强对小浆果基础研究的探索以及将理论成果转化到实践中的工作，不断探索果实采后品质劣变的理论基础与调控技术，为浆果产品品质提升和保质减损提供重要理论依据，为中国小浆果产业参与国际化竞争贡献力量。

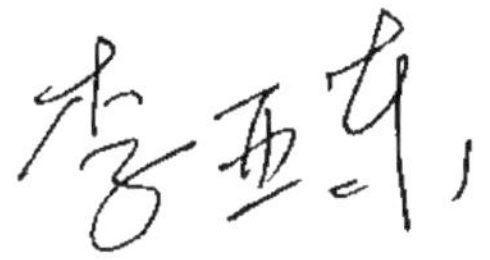

2024年8月

前　　言

蓝莓是一种具有极高经济价值的世界性小浆果树种，原产于北美洲，具有极高的营养价值。近年来，全球蓝莓种植面积和产量均保持增长趋势，而我国蓝莓产业也经历了从引种试验到迅速发展的历程，逐步建立起了一个相对完整的产业链。蓝莓产业涉及从种植、生产到加工、销售的全产业链，产业链中的任何环节出现问题，都可能导致蓝莓品质下降甚至腐烂。贮藏保鲜技术体系是果实减损保质增收的重要支撑。因此，分析蓝莓采后品质劣变特性，结合现代技术提出高效、安全的调控技术手段，研发果实采后精准减损技术，已成为科技工作者和相关从业者的重要使命与责任。

本书首先对我国蓝莓产业的现状、种类、分布及生物学特性进行概述，帮助读者更好地了解蓝莓与蓝莓产业，解读蓝莓贮运保鲜产业的重要性。其次，结合植物学、生物学等学科理论，介绍蓝莓鲜果采后品质劣变的表现及主要原因，阐述蓝莓采后品质劣变损耗的发生机制，并在此基础上，针对蓝莓采后品质劣变的主要问题（软化、凹陷等）进行详细的分析与总结，揭示品质劣变果实与果实内部能量代谢、膜脂代谢、植物激素变化等的内在联系。最后，针对以上品质劣变问题提出相应的调控技术手段，研发安全、高效的保鲜剂、包装材料、精准减损技术及装备，建立贮藏及物流运输过程中蓝莓品质劣变特异性表征指标变化模型，分析各技术的方法特点，以期向不同产地环境的生产者提供具有针对性的调控技术。同时，根据我国蓝莓产业特点，提出适用于从产地到销售的整个产业链的技术指导，并通过经典案例帮助读者更好地理解。

全书由沈阳农业大学周倩和李斌编著。沈阳农业大学纪淑娟、王爱德、魏宝东、周鑫、田金龙、程顺昌、李美琳、罗曼莉以及沈阳医学院王斯瑶共同参与指导，他们在百忙之中对本书提出了许多宝贵的建议和修改意见，在此表示衷心的感谢和敬意！沈阳农业大学果蔬采后生物学与贮运保鲜团队代红宇、孙磊、陶佳琦、宋子翀、朱宛姣、郝益闻等研究生给予了帮助。最后，本书在撰写过程中参考了大量文献资料，在此，对相关文献作者以及支持本书撰写的各位专家表示衷心的感谢！

本书相关研究工作和出版得到国家自然科学基金委员会、科技部、农业农村部、国家葡萄产业技术体系蓝莓沈阳综合试验站、辽宁省科技厅应用基础研究项目、辽宁省教育厅基本科研项目等资助。在此，一并致以感谢！

由于编者知识面和学术水平有限，书中存在遗漏和不妥之处在所难免，恳请广大读者提出宝贵意见，我们将在后续科研工作中不断改进和完善。

编　者

2024 年 3 月

目　录

第一章

蓝莓概述

第一节　我国蓝莓产业的发展历程及现状

一、我国蓝莓产业的发展历程

蓝莓属于杜鹃花科（Ericaceae）越橘属（*Vaccinium* spp.）植物，为多年生落叶或常绿灌木或小灌木树种。蓝莓果实是一种具有极高营养价值的圆形小浆果，呈深蓝紫色，表面包裹着一层白霜，具有高含量有机酸和糖类、并富含花色苷及类黄酮等营养物质，因此越来越受人们的喜爱（Ramos *et al.*，2021；赵敏，2021）。蓝莓原产自于北美洲，其栽培历史不足100年。我国蓝莓产业虽然起步较晚，初期发展较为缓慢，但后期迅速，并在种植及研究方面取得了实质性的进展。1979年，吉林农业大学郝瑞开展蓝莓研究，从美国引进优良品种，历经3年筛选出针对我国适宜栽培的优良品种，在我国山东、江苏、浙江、安徽以及东三省等地区进行蓝莓种植（钟程操等，2021）。我国于1981年引进蓝莓的种植，2000年开始规模化大面积种植，取得快速发展，其中辽宁、山东、贵州等地发展尤为迅速。2015年前，山东省产量和栽培面积占全国第一，2015年后贵州省对蓝莓种植加大扶持力度，蓝莓的栽培面积迅速增加至1.31万hm^2，产量也迅速增加至3万t，位居全国第一。2017年，全国规模化的蓝莓种植模式的省（市）多达27个，全国规模化蓝莓种植面积高达5.59万hm^2，产量高达15.4万t。2018年我国蓝莓种植面积为6.64万hm^2，产量为34.72万t（牟文婕等，2018）。

二、我国蓝莓产业现状

我国有五大蓝莓产区，分别是长白山产区、辽东半岛产区、胶东半岛产区、长江流域产区、西南产区。长白山产区无霜期较短，冬季非常寒冷，该地区土壤大部分成酸性，有机质含量较高，为蓝莓种植提供了较好的生长环境，长白山产区主要集中在集安市、抚松县、临江市、通化市和长白县。蓝莓的成熟期在7月下旬至9月上旬，主要栽培品种有北蓝、美登、蓝金、北村和斯卫克等（贾云霞等，2021）。辽东半岛与胶东半岛产区属于海洋气候，交通便利，进出口贸易活跃，为蓝莓的出口提供了有力保障。辽东半岛产区主要集中在辽宁省丹东市和庄河市，胶东半岛产区主要集中在山东省威海到连云港地区，主要栽培品种有达柔、蓝丰、北陆和艾利奥特等。长江流域产区温度较高，气候湿润，在此地区适合栽培耐湿耐热生长能力强的高丛蓝莓和兔眼蓝莓；长江中下游的蓝莓栽培主要集中在江苏省、安徽省、湖北省、湖南省以及上海市，主要品种有粉蓝、蓝宝石、米斯提、夏普蓝和艾文蓝等。西南产区位于云贵高原，海拔落差大，主要栽培区域集中在云南省、四川省和贵州省等，这些地区适合大部分蓝莓品种的栽培，果实容易保存，甜度较高，主要品种有奥尼尔、双丰、布里吉塔和雷格西等（Aleksandar *et al.*，2021）。

我国蓝莓大部分出口日本，还要供应北京、上海等大城市的高端水果市场。同时，冷冻蓝莓也要用于出口贸易。然而，相对于出口，国内食品企业在蓝莓深加工方面的应用仅占20%左右，主要用于制作蓝莓果酒产品，满足国内消费者的口味需求。目前我国蓝莓深加工产品主要包括果酒、果汁、果酱、乳制品、糖果、糕点、果干、罐头、保健品和化妆品等方面，涉及行业范围非常广泛（刘宇航等，2021；刘军波等，2021；祖祥凯等，2021）。

第二节　蓝莓的种类、分布及生物学特性

一、蓝莓的主要品种

蓝莓树高差异较大，通常按照树高将蓝莓分为以下4个品种。

（一）矮丛蓝莓

矮丛蓝莓树体型较小，株高为30~50cm，抗寒能力强，可以在-40℃的地区栽培，栽培后的管理也较为简单，适合在我国东北高寒地区大面积栽培，其中较为优秀的品种有：①芬蒂（Fundy）：原产地为加拿大，中熟，果实较大，被果粉，淡蓝色。②美登（Blomidon）：原产地为加拿大，中熟，7月中旬成熟，果实圆润，果粉厚，淡蓝色（钱少东，2021）。

（二）半高丛蓝莓

半高丛蓝莓由高丛蓝莓和矮丛蓝莓杂交而成，树体相对高丛蓝莓树体较矮，树高为50~100cm，抗寒能力强，可在-35℃的地区栽培，适合我国东北寒冷地区，其中较为优秀的品种有：①北蓝（Northblue）：原产地为美国，晚熟，树体抗寒能力强，树高接近1m。果实饱满，暗蓝色，果肉较硬，口味佳。②北陆（Northland）：原产地为美国，中早熟，中度开张，树高可达1.2m左右，抗寒能力强，产量较高。果实圆润、中蓝色，果肉中硬，果蒂痕小，成熟期集中，风味极佳。③北村（Northcountry）：原产地为美国，中早熟，树体相对于北陆矮，树高约70cm，抗寒能力强，产量较高，果实中等大小、天蓝色，口味偏酸，风味佳（王艳龙等，2018）。

（三）高丛蓝莓

高丛蓝莓可分为南高丛蓝莓和北高丛蓝莓，株高为1~5m。南高丛蓝莓适合我国南方

较为湿润、温度较高的地区，例如，华南、华中等地区；北高丛蓝莓适合我国北方较为寒冷地区，例如，我国北方沿海地区。高丛蓝莓果实较大，口感好，品质佳，其中较为优秀的品种有：①康维尔（Coville）：原产地为美国，中熟，树体强壮，产量高，果实大，中蓝色，适合鲜食加工，果实成熟期长。②达柔（Darrow）：原产地为美国，晚熟，树体强壮，产量高，果实大、淡蓝色，肉质较硬，口味佳。③蓝丰（Bluecrop）：原产地为美国，中熟，树体健壮，抗旱能力强，极丰产且连续丰产能力强，果实大、淡蓝色，肉质较硬，风味佳（Aleksandar *et al.*，2021）。

（四）兔眼蓝莓

兔眼蓝莓是由野生蓝莓选育而来，树体强壮，耐热、耐湿、抗旱能力强，不耐低温，适合我国华南等地区栽培，其中较为优秀的品种有以下几种。①芭尔德温（Baldwin）：原产地为美国，晚熟，树体健壮，丰产能力强，抗病能力强，果实较大、暗蓝色，果实硬，风味佳。②圆蓝（Gardenblue）：原产地为美国，晚熟，树体健壮，果实大、淡蓝色，果肉较硬，成熟后风味佳。③粉蓝（Powderblue）：原产地为美国，早熟，树体健壮，果实大，极丰产，果实较大、悦目蓝色，果肉硬，具芳香味，风味极佳（刘岩，2021）。

二、蓝莓的分布、栽培与利用

蓝莓产地主要分布在阳光充足气候温和地区，如北美洲、日本、欧洲和俄罗斯等地。截至2021年底，我国全国蓝莓栽培面积69万hm^2，总产量47.71万t。根据栽培面积大小，栽培面积超过4000hm^2的省份依次为贵州、辽宁、山东、四川、安徽、云南、吉林。贵州省鲜果比例只有30%；四川省和安徽省鲜果比60%；而山东、辽宁和云南几乎全部为鲜果产出（数据来源于中国园艺学会小浆果分会）。

蓝莓的营养价值高，因其含有丰富的花色苷、类黄酮，并具有较强的抗氧化作用，近年来成为广受欢迎的水果之一（朱旭林，2021）。由于品种的不断增多和产量的持续增长，对蓝莓资源的合理利用进行研究与实践具有重要的现实意义和长远的发展价值。随着社会经济的发展和人民生活水平的提高，人们已经不仅满足于蓝莓的鲜食，还希望在保持其原有的营养价值基础上，增加多种口感。如今蓝莓广泛应用于化妆品、保健食品、果汁、果酒、果醋、果脯和果酱等多种产业，果渣也被充分利用作为染色剂等（张星，2021）。目前蓝莓栽培需要注意以下几点。

（一）园区建设

1. 园地选择

蓝莓对气温要求较高，所以种植气候要适宜，如果天气较冷可选择温室栽培。园地需要选择在平地或坡度较缓山地，坡度<15°，>15°时要修筑 2m 宽的梯田。土地类型以荒山地、低产松林改造地最佳，坡地退耕也可以，但退耕地的栽植成活率不如松林改造地的成活率高，且病虫害和杂草也比松林改造林地多，使生产管理成本增大。园地选择在交通便利、水源充足的区域，并且测定土壤中 pH 及有机质含量，蓝莓最适土壤 pH4.3~4.8，土壤有机质含量≥5%，尽可能选择在土质疏松、土壤肥沃、富含有机质并且排灌条件良好的地方。园地选好后，在定植前一年深翻并清除去大石块、树根等杂质，使土地平整松软，土壤深翻深度为 20~25cm（Samuel *et al.*，2021）。

2. 品种选择与配置

蓝莓主要可以分为高丛蓝莓、兔眼蓝莓、半高丛蓝莓和矮丛蓝莓 4 个品种。其中，兔眼蓝莓和高丛蓝莓树体相对较高、果实大，中晚熟，但抗寒力较差，不适宜北方地区栽培，如果选种栽培，必须有配套的加温保护措施。半高丛蓝莓树体相对较矮，抗寒力强，一般可抗-35℃低温，果实中、早熟，品质好，适应北方寒冷地区栽培，主要品种有北陆、北蓝和北村等。矮丛蓝莓树体矮小，一般高 30~50cm，抗旱能力强，具有很强的抗寒能力，在-40℃低温地区也可以栽培，对栽培管理技术要求简单，极适宜于东北高寒山区大面积商业化栽培，主要品种有美登、芬蒂和坤兰等（李爽，2020）。

3. 定植时间与密度

蓝莓在春季和秋季都可以定植，春季定植时越早越好，而秋季定植成活率高。高丛蓝莓定植密度以（1.0~1.5)m×(2.0~3.0)m 为宜，兔眼蓝莓常选择 1.5m×(2.0~2.5)m，半高丛蓝莓选择（0.6~1.2)m×2.0m，矮丛蓝莓采用（0.5~1.0)m×1m。我国南方和北方可以根据实际选择适宜的密度，定植前挖定植穴，定植穴规格为 1.0m×1.0m×0.5m（长×宽×深）。种植半高丛蓝莓和矮丛蓝莓可适当缩小规格，对高丛蓝莓和兔眼蓝莓可适当增大规格（王佳名，2019）。

4. 苗木选择与栽培

选择 2~3 年生的优质大苗建园，苗木根系发达完整，主茎直径>0.6cm，株高>30cm，有 3~5 个分枝，植株无病无伤。远距离运输苗木，用清水浸根 12h 后栽植，剪除折伤枝、枯死枝。按规划好的株行距挖长×宽×深=0.3m×0.3m×0.4m 的定植穴，将园土、有机物料按 1∶1 比例混合均匀后回填定植穴，灌水沉实。在整好地并灌水沉实的定植穴上，挖 20cm×20cm 小穴，将苗木栽入小穴，埋穴深 3/4 的土，轻轻踏实，做出容水穴，立即灌水 0.5kg，水完全下渗后再覆土一次，使苗木原土印与地面平齐，按行做畦进行漫灌，一次浇透，待水完全渗入后覆土，覆土厚度 3cm。

5. 埋土防寒

天气变冷之前，将枝条轻轻压倒，在其表面覆盖泥土，埋土厚度为 10cm 左右，使枝条全部埋入土中。由于蓝莓枝条较硬、易折断，所以采用此法的果园宜斜植。

（二）土肥水管理

1. 土壤管理

清耕法：可有效地控制杂草与树体间养分竞争，促进树体发育，早春至8月都可以进行清耕，清耕深度<5cm。

生草法：行间自然生草，自然生草以不影响蓝莓生长为宜。生草法与清耕法相比，有利于产量的提高，并有效保持土壤湿度、便于机械作业。

2. 施肥

蓝莓不同于其他果树对钙有强烈需求，属嫌钙的低营养植物，所以不宜多施含钙肥，并且蓝莓对氯敏感，忌用含氯的化肥，蓝莓对氮磷钾的需求量很小，过多的施肥反而对其生长不利。因此，种植蓝莓以有机肥为主，化肥为辅。

蓝莓需肥量较小，根据研究每亩地施入氮磷钾比例为1∶1∶1的复合肥20~30kg，有机肥则2000~2500kg即可满足果树的生长营养需求。有机肥主要是在11月上旬蓝莓的落叶期这段时间施用，而化肥通常是做追肥施用，而且结果蓝莓树追肥应该分3次施入。萌芽期为第1次追肥，坐果后为第2次追肥，采收前10d为第3次追肥。

3. 水分管理

蓝莓对土壤含水量要求较高，当雨量不充足或干旱时必须进行适量灌溉，使土壤含水量≥70%，灌水必须在植株出现萎蔫以前进行。果实成熟前控制水分供应，果实采收后恢复供水，晚秋季节减少水分供应，入冬前灌1次封冻水。

（三）修剪

通过修剪可以调节生殖生长和营养生长的矛盾，解决果树通风透光问题。高丛蓝莓幼树修剪以去花芽为主，并疏除弱小枝条，扩大树冠，增加枝量，促进根系发育；成年树修剪主要是控制树高，改善光照条件，以疏枝为主，疏除过密枝、细弱枝。兔眼蓝莓修剪与高丛蓝莓基本相同，但应控制树高。矮丛蓝莓修剪有烧剪和平茬两种方法，烧剪是在休眠期将地上部分全部烧掉，使地下茎重新萌发枝条，当年形成花芽，第2年开花结果；平茬是早春萌芽前，从植株基部将地上部全部锯掉。修剪后，当年没有产量，但第2年产量可比剪前提高1倍，且果实大、品质好。除此之外，修剪还起到了防治病虫害和杂草的重要作用。这些优势共同凸显了修剪在果树管理中的重要性。

（四）病虫害防治

1. 防治原则

遵循“预防为主，综合防治”的方针，以农业防治为基础，综合运用物理防治、生物防治，合理使用化学防治，加强病虫害测报，创造有利于天敌生存的环境条件，增进生物多样性。农药使用按 GB/T 8321.7—2002《农药合理使用准则（七)》规定执行，加强植物检疫，防止带病虫的苗木传入或转出，建立无病母本园，发现带有检疫病虫害的植株，立即销毁。

2. 农业防治

加强栽培管理，增施有机肥，改良土壤，科学修剪，合理施肥和排灌，使树体健壮，提高树体抗病能力；生草和间作，通过生草和间作，为有益生物提供隐蔽场所，并为其提供食物来源；翻土和清园，结合秋施基肥深翻，冻死越冬害虫；利用清园，清除越冬虫卵和蛹；剪除病虫枝、僵果和枯枝，带出园外销毁。

3. 物理防治

秋季树干绑草把诱集越冬或下树幼虫，冬季带出园外杀灭，悬挂掺有杀虫剂的香味食物或糖醋液，诱杀果蝇等趋味性害虫。5 月开始悬挂黑光灯诱杀蛴螬、叶蝉、美国白蛾和黄刺蛾等趋光性害虫，放置色板、性引诱剂诱杀，人工摘除美国白蛾网幕、树枝上的害虫卵块，带出园外集中销毁，人工捕杀天牛、金龟子等具假死性的害虫。

4. 生物防治

天敌的保护和利用在果园生态系统中具有至关重要的作用。为减少人为因素对天敌的伤害，有条件的果园可使用微生物源农药、植物源农药和动物源农药，更好地维护果园生态平衡。

（五）采收

1. 采收时期

蓝莓成熟期一般从 5 月中下旬开始持续到 8 月中旬。蓝莓果实要适时采收，过早采收果粒较小，果实风味差；过晚采收会降低果实耐贮运性能。在果实整体呈蓝黑色、果蒂基本为蓝色时开始采收，每次采收应在晴天早晨、露水干了以后进行或在傍晚露水未上来之前采收，尽量避免在中午高温、强光的时候采收。

2. 采收方法

高丛、半高丛蓝莓采收前清洗、消毒并晒干采收用具。戴橡胶手套采摘，采果时用手指轻捏住果实，稍向前用力摘掉。按照先冠外、后冠内，先上层、后下层的顺序进行。矮丛蓝莓果实较小，人工手采比较困难，大多用梳齿状人工采收器采收。使用时，采收器沿地面插入株丛，然后向上捋起，将果实采下，清除枝叶、石块等杂物，装入容器。

三、蓝莓的生物学特性

蓝莓为多年生落叶或常绿果树，呈灌木，果实为浆果。蓝莓果实呈蓝色，椭圆形或近球形，表面有白色果粉。果实大小因品种而异，果实直径 0.5~2.5cm。蓝莓果实一般在开花后 2~3 个月成熟。果实中种子较多，但种子极小，不影响食用，果肉细腻，口感酸甜适中，有清新的香气。

蓝莓为浅根系，没有根毛，根系主要分布在浅土层。在疏松通气良好的土壤里，影响根系生长的主要因素是土壤温度。蓝莓开花时顶花芽先开放，然后是侧生花芽，果实成熟是顶部先成熟，然后中、下部。蓝莓大多为异花授粉，异花授粉可以提高坐果率，增大单果重，提早成熟，提高产量和品质。果实一般于5月下旬开始成熟，结过果的短枝在秋后逐步枯死脱落。

第三节 蓝莓的营养价值及产业发展特点

一、蓝莓的营养成分

蓝莓果实中含有非常丰富的营养成分，例如花青素、维生素和黄酮类化合物等有益于人体健康的有机物质。其中经过中华蜜蜂授粉后会产生蓝莓蜜，蓝莓蜜酸度偏高，葡萄糖含量高于果糖含量，容易结晶，并且发现具有15种酚酸和黄酮类化合物，其中包括原儿茶酸、香草酸、对羟基苯甲酸等。蓝莓中的花青素具有良好的营养保健作用，具有防止神经老化、强心、软化血管、抗癌、改善视力、降低血压、抗氧化抗衰老和增强人体免疫力等功效。蓝莓中含有大量氨基酸，能够增强人体免疫力，改善胰岛素水平，促进人体新陈代谢，对高血压、高血脂、肿瘤等疾病具有预防作用。蓝莓除了富含蛋白质、维生素和人体必需的多种氨基酸以外，还含有纤维素（cellulose，CEL）、果胶，在提高免疫力的同时也增强了口感。因此，蓝莓被世界粮食组织和农业组织推荐为五大健康水果之一，被誉为“浆果之王”（Liu *et al.*，2021）。

1. 花青素

花青素是一类水溶性天然色素，又称花色素，属黄酮类化合物。花青素具有很好的抗氧化作用，可改善肝功能损伤、减少心血管疾病、抗炎抗感染、抗癌和保护视力等。蓝莓果实中含有丰富的花青素，大多以糖苷形式存在，来自美国的一份研究报告指出：蓝莓的花青素含量是所有的水果与蔬菜之中含量最高的。在欧洲，花青素被称为“口服的皮肤化妆品”，其可防止皮肤皱纹的提早生成，是目前自然界最有效的抗氧化物质。胡雅馨等通过实验表明，蓝莓中花青苷色素含量为（0.07~0.15）g/100gFW。孟宪军等采用一定的方法对蓝莓冻果中的花青素提取，可达到327.35mg/100g。潘利华等对兔眼蓝莓进行了花青素提取，提取量最高可达4.6mg/g，其他均能高于3.5mg/g。周方等对高丛蓝莓花青素进行了测定，含量均高于4.2mg/100g。

2. 黄酮类化合物

蓝莓中含有丰富的黄酮类化合物，又称黄碱素，广泛存在于植物中，属于植物次生代谢产物，是一类具有多种生物活性的多酚类化合物，在植物体内大多与糖结合成苷类，小部分以苷元的形式存在。利用微乳液相色谱分离并测定蓝莓叶中黄酮类化合物，发现蓝莓叶中提取的黄酮类化合物及其含量为儿茶素 9.76mg/g、芦丁 13.12mg/g、山柰酚 31.04mg/g、槲皮素 26.42mg/g、杨梅酮 20.30mg/g。田瑶等研究发现，黄酮类化合物安全、无毒，除具有抗菌、消炎、清热解毒、镇静和利尿等作用外，还是大多数氧自由基的清除剂，对冠心病、心绞痛等疾病有辅助治疗作用。邵盈盈发现，蓝莓总黄酮对 DPPH·的清除能力与芦丁相当，但弱于维生素 C，清除·OH 的能力最强，高于芦丁和维生素 C，蓝莓总黄酮具有较好的抗氧化活性。对草莓、黑莓和蓝莓 3 种小浆果类水果的总黄酮、总酚、原花青素含量及其总抗氧化能力进行对比，蓝莓全果的总黄酮、总酚和原花青素在所测 3 种浆果全果中含量最高，总抗氧化能力也最强。

3. 多酚类化合物

蓝莓果实含有丰富的天然多酚类化合物，一般新鲜蓝莓中多酚类化合物含量约为 150mg/100g，具有很强的抗氧化能力，是相同剂量下维生素 C 抗氧化能力的 20 倍，能够通过调节细胞氧化还原状态，有效抑制、消除或减少活性氧（reactive oxygen species，ROS）自由基，减少氧自由基对正常细胞的破坏，起到保护作用，进而减少机体的损伤和疾病的发生，同时多酚类化合物还可以预防潜在致癌物质在人体内的形成和聚集，具有显著防癌作用（李兴元，2012）。对蓝莓中叶酸和没食子酸的研究表明，叶酸可减缓癌症的扩散；而没食子酸对体外培养的肝癌细胞的增殖具有显著抑制作用。刘翼翔等以大兴安岭野生蓝莓为原料，对其多酚类化合物成分及作用进行了研究。结果表明，蓝莓具有丰富的酚类化合物，蓝莓良好的抗氧化活性与其丰富的总酚含量密切相关。

二、蓝莓的营养价值

1. 减缓衰老

蓝莓中富含的花青素等多酚类化合物具有良好的抗氧化作用。自由基氧化理论是人体衰老及多种疾病机制的理论基础，80%～90%的衰老相关性疾病都与人体内的自由基有关。花青素具有较强效的自由基清除能力，因此可以维护身体健康，消除体内炎症，减缓肌肤和身体器官的老化速度（李金华，2019）。

2. 增强记忆力

蓝莓中的花青素等营养物质对短期失忆症有明显改善及预防作用，可以提高记忆力，防止脑神经衰弱，具有辅助增加记忆力作用。多吃蓝莓可以让大脑变得活跃，反应能力变得更快（禾本，2021）。

3. 保护眼睛并改善视力

蓝莓中富含的花青素、类胡萝卜素及维生素 C 可以给眼睛提供充分的营养，保护眼睛、缓解眼睛疲劳并预防近视。花青素还可以促进血液循环及视网膜细胞中的视红素再合成，从而提高人眼暗适应能力（赵敏，2021）。

4. 预防心血管疾病

由于许多上班族过于劳累及老年人身体衰老，导致心血管疾病越来越常见。蓝莓中含的花青素能够改善血液循环、恢复失去的微血管功能、加强脆弱血管、调节血管收缩并维持正常血压范围，从而保护血管并维持毛细管的渗透性。黄酮类物质可以降血脂，使体内环境达到平衡状态（Yang *et al.*，2021）。

5. 提高身体免疫力，增强体质

蓝莓中的花青素和紫檀芪是影响免疫的主要成分。花青素自身有较强的抗氧化性，能中和体内的自由基，并且促进人体维生素 C、维生素 E 的吸收，增强身体抵抗力，减少疾病的发生。紫檀芪对免疫也有一定的影响（Sabine *et al.*，2021）。

6. 预防及对抗癌症

蓝莓中的花青素可以辅助预防动脉内斑块的形成，预防癌症出现。花青素显著的抗癌效果主要通过清除 ROS，以减少脱氧核糖核酸（deoxyribonucleic acid，DNA）氧化和油脂过氧化，以及阻断细胞增殖等。

7. 改善睡眠

蓝莓中的花青素具有深入细胞保护细胞膜不被自由基氧化的作用，具有强力抗氧化和抗过敏功能，能稳定脑组织功能，从而彻底改善睡眠质量。

8. 美容养颜

蓝莓中的花青素通过对弹性蛋白酶和胶原蛋白酶的抑制使皮肤变得光滑而富有弹性，防止皮肤皱纹的提早生成，是天然的阳光遮盖物，阻止紫外线侵害皮肤。

三、保持蓝莓营养品质和生物活性

随着蓝莓产量的增加以及人们对农产品安全性、新鲜度等方面的要求越来越高，蓝莓的贮藏保鲜就变得尤为重要。果蔬采后仍然是活体，含水量高，营养物质丰富，保护组织差，容易受机械损伤和微生物侵染。因此，保持蓝莓的新鲜度除了做好必要的采后商品化处理外，还必须有适宜的贮藏设施，并根据蓝莓采后的生理特性，创造适宜的贮藏条件，使蓝莓在维持正常新陈代谢和不产生生理失调的前提下，最大限度地抑制新陈代谢，从而很好地避免蓝莓营养物质的流失、延缓成熟和衰老进程、延长采后寿命和货架期，避免蓝莓因微生物侵染而引起的腐烂变质。

四、调节市场均衡供应

蓝莓果实成熟期一般在 7—8 月份，历时 60~80d，而蓝莓果皮薄汁多、不耐贮藏，货架期较短，常出现淡季果贵或少果、旺季果实大量腐烂等现象。因此，通过现有贮藏保鲜技术加快冷链完整性的建设是必要的，使蓝莓从采摘、储存并销售到消费者手中，整个过程保证蓝莓冷链运输，尽量放在0℃环境下，既能保证蓝莓的食用口感、营养价值，又能减少损坏，延长贮藏时间。同时可以采用配套设施促使蓝莓早熟种植，缩短蓝莓结果时间，并加强对蓝莓病虫害防治技术研究和推广，使蓝莓树更加健康并且增加其采收期，从而调节市场供应。

五、提高蓝莓产品附加值

蓝莓柔软多汁，在夏季高温气候条件下成熟，因此需要贮藏保鲜延长其货架期。蓝莓贮藏保鲜可以延长蓝莓可加工利用时间，我国蓝莓加工产品主要分为初加工和深加工两大类，其中初加工产品是指蓝莓鲜果经过初级加工处理，作为鲜食销售或再次加工的主要对象，蓝莓鲜果由于售价昂贵，成为目前少数全部经过商品化处理上市的鲜果，采用分等、计量包装上市，无散装等零卖现象。深加工产品包括果汁、果酒、果酱和乳制品等。蓝莓果汁是我国目前市场上主要的蓝莓深加工品之一，在品牌数量、产地范围、消费总量、知名度等方面均处于蓝莓加工产品的前列。

第二章

蓝莓采后贮运保鲜基础理论

第一节　蓝莓采后生物学特性

一、采后生理代谢

1. 呼吸作用

呼吸作用是指在果蔬体内各种酶系统的参与下，把复杂的有机物逐步分解为较为简单的物质，同时释放出能量生物的氧化-还原过程。蓝莓的呼吸作用对其贮藏品质有着极大影响。蓝莓采收后同化作用基本停止，呼吸作用成为新陈代谢的主要途径。它不仅为采后组织生命活动提供所需的能量，而且还是采后各种有机物相互转化的中枢。由于自身贮存的有机物质不断消耗，加快蓝莓衰老速度，特别是蓝莓采摘于高温多雨的季节，呼吸速率更强，影响果实品质及耐贮性（候美玲，2011）。

2. 水分蒸腾与失重

蒸腾作用是指水分以气体状态，通过采后蓝莓果实的表面，从体内散发到体外的现象。失重，又称自然损耗，是指贮藏过程器官的蒸腾失水和干物质损耗所造成重量减少。在采收前，由于蒸发而损失的水分可以通过从土壤中得到补偿，采收后则无法继续得到补给。采摘后的果实由于水分蒸腾不但使重量减少、品质降低，并且还使正常代谢发生紊乱，过度失水，导致蓝莓果实极不耐贮藏，20℃下贮藏期仅 1 周左右（姜爱丽，2011）。

3. ROS 代谢

植物体内的 ROS 由多种途径所产生，如光合作用和呼吸作用，细胞内具有高度氧化活性或强烈电子传递作用的细胞器或部位都可以形成 ROS（Wang *et al.*，2017a）。其在果蔬成熟衰老进程中有着重要的作用。蓝莓采后贮运过程中，因 ROS 清除系统功能下降，形成大量 ROS，从而引起果实发生细胞膜的氧化损伤和细胞衰老（刘竟运等，2020）。

4. 能量代谢

果蔬采后能量代谢的变化是果蔬成熟衰老的本质。正常的成熟衰老离不开组织体中抗氧化过程与能量代谢过程。在正常生命活动中，果蔬细胞通常能够合成足够能量以维持组织的正常代谢；但当处于衰老或在不良环境胁迫条件下，呼吸链受损、三磷酸腺苷（adenosine triphosphate，ATP）合成能力降低，细胞因能量耗竭而出现代谢与功能的紊乱，结果导致细胞结构的破坏和细胞内功能组分丧失，最终形成细胞不可逆损伤而导致细胞以凋亡方式死亡。可见维持细胞内能量水平可保持果实的正常生命活动，从而能维持品质，延长采后贮运货架期（Zhou *et al.*，2014）。

二、采后品质变化

1. 果实质地变化

果实质地是其品质的重要组成部分，决定果实口感和耐贮性，而大多数采后果实极易发生软化现象，一般伴随着果实硬度的下降，且被认为是影响果蔬采后贮藏、流通及销售的最主要的品质变化问题。果实硬度随可溶性果胶含量的增加而不断降低，这与果胶甲酯酶（pectin methyl esterase，PE）、多聚半乳糖醛酸酶（polygalacturonase，PG）等细胞酶活性升高以及果胶、CEL 和半纤维素（hemicellulose，HCEL）等细胞壁物质降解和细胞壁超微结构发生变化有关。因此，采用软硬适宜的品种进行果实后期的加工利用，能够有效提高蓝莓果实利用率。例如，质地稍软的品种可于当地市场进行销售，而质地较硬的品种可作为鲜果进行远销。若以加工果汁、果酱或果酒等为生产目的时则宜选用质地较软的品种，提高其出汁率（郜海燕等，2013）。

2. 果实色泽变化

蓝莓果实上的蜡质不仅是其成熟度的标志，还能有效防止微生物侵染并降低蒸腾失水速率。研究证明，亮度值可以代表果实表面蜡质的多少，当蜡质较多时，亮度差较大。新鲜蓝莓表面的蜡质层较厚，因此鲜果的亮度值与脱蜡后亮度值差异较大。亮度差值与感官评定结果有极显著相关性关系（$P<0.01$）。蓝莓果实亮度在贮藏期间逐渐下降，反映其品质的降低。在采摘过程中，一些研究人员将蓝莓果皮颜色变化作为界定果实成熟阶段的重要指标，根据果实的整体蓝色程度判断果实是否为成熟的果实，通常全部为蓝色或 75% 以上为蓝色的果实都被认为是成熟的果实（姜爱丽，2011）。

3. 果实风味变化

果实风味是果实的内在品质，取决于果实的含糖量、含酸量、香味等综合因素。在整个贮藏期，可溶性固形物含量（soluble solids content，SSC）呈现先上升后下降的趋势。引起这一结果的原因可能是贮藏初期淀粉等大分子物质水解而使得含量增加，而后期则由于其自身的消耗导致含量减少。因此，也可根据其含量变化而判断蓝莓果实的成熟度。此外，挥发性物质对蓝莓果实的风味起至关重要的作用，主要以醇类、酯类和萜类等化合物为主，且不同品种蓝莓具有的挥发性物质成分及含量并不相同，如“伯克利”和“北陆”2 个蓝莓品种，在货架期共检测出 58 种挥发性成分，萜类化合物所占比重最大。在 4 个高丛蓝莓品种中，共检测出 42 种挥发性物质，包括 8 种脂类、12 种萜类、11 种醛类、7 种醇类、4 种酮类化合物，且有 12 种是第一次在高丛蓝莓中发现，含量较高的依次为萜类、酯类和醛类化合物（林玲娜，2018）。

第二节 蓝莓贮运保鲜影响因素

一、自身因素

1. 果实结构

蓝莓多采摘于高温多雨的季节且果实水分含量高，炎热的气候使果实采收后呼吸旺盛，代谢过快导致蓝莓的新鲜度和贮藏性能差，果实软化现象严重。蓝莓果皮较薄，在运输和贮藏过程中容易因堆积而造成果实腐烂及机械损伤。此外，蓝莓果皮表面的果粉是象征果实成熟的标志，能够有效防止微生物的侵染并降低蒸腾速率，但其在贮藏运输过程中易遭受损坏，致使贮藏品质下降（范尚宇，2016）。

2. 果实果蒂痕

研究发现，真菌感染和生理变化是蓝莓果实腐烂的主要原因，果蒂痕是病菌感染的主要部位。蒂痕的大小、干湿和深浅影响商品的外观。有的品种采收困难，导致果实留下很深很大的蒂凹；有的蒂痕潮湿甚至出水；有的连蒂痕附近的果皮也被撕脱，这些都会严重影响果实贮运性。该因素不仅影响贮运、流通和消费，还可导致资源浪费和环境污染，限制蓝莓产业发展，造成较大的损失（虢露葭等，2013）。

二、环境因素

（一）采收及分级

蓝莓果实要适时采收。采收过早则果实较小，营养成分积累不够多，对病原菌抵抗力较弱，易在贮运过程中造成果皮褶皱或受到冷害，难以达到良好的口感和色泽；采收过晚则易导致果实软化，腐烂率增高，耐贮性降低。当蓝莓果皮变成该品种独特的颜色，表面覆盖着薄薄的果粉层并且果实仍然坚硬，便是果实的最佳采收时期。此外，采收应选择在晴天早晨露水干了以后进行，尽量避免在中午前后温度强、光照足的时候采收。蓝莓果实采后应及时进行挑选和分级，减少腐烂（刘波，2009）。

（二）预冷方式

蓝莓采收恰逢高温多雨的季节，采摘后的蓝莓仍有大量田间热，短时间内无法散尽。若不对其及时进行预冷处理，温度升高导致的呼吸作用加强会使果实腐烂变质的速率加快。通常在采收的 24h 内进行预冷处理，越早处理效果越好。采收后及时预冷不仅可以提高果实硬度，降低腐烂率软化率，还可以防治贮藏期间的病虫害，最大限度地保持产品质量，使得果实品质风味达到最佳。预冷的方式主要是冰预冷、冷水预冷、真空预冷、冷风预冷和差压预冷（范尚宇，2016）。

1. 冰预冷

冰预冷是将冰块放入装有果实的包装箱中，或直接注入冰水混合物，利用冰融化吸收热量。这种方法操作简便、成本低，是需要在田间立即进行预冷的理想选择。冰预冷的缺点是：冷却不均匀，温度难以控制，且容器表面冷凝的水会加速微生物的繁殖。此外，冰一般占据容器 25%~50%的体积，为减少货物的装载容量，现主要将冰预冷用于短距离运输供产品保持低温（Maul *et al.*，2011）。

2. 冷水预冷

冷水预冷是指以水为介质，直接将农产品浸入冷水中，或用冷水对货物喷淋冷却的一种方式。由于水的换热系数比空气大，所以冷水冷却的方式比冷风快。经研究发现，在相同的流速和温差下，冷水冷却速度是冷风的 15 倍。该预冷方式不会使果蔬失水干耗，仅适合预冷雨中采摘的产品和根菜类产品。因冷水循环使用，所以其可能被微生物污染，造成果实腐烂。另外，冷水预冷也会导致产品水溶性营养成分流失（刘宇航等，2021）。

3. 真空预冷

真空冷却是利用抽真空的方法，使物料内水分在低压状态下蒸发，水在蒸发过程中要消耗较多热量的基本原理。真空预冷对单位体表面积较大的果蔬特别有效，冷却速度远大于其他预冷方式。冷却至 4~5℃一般仅需要 20~30min，而其他冷却方式则需要数小时甚至几十个小时才能达到同样的效果。此外，真空冷却还可以杀灭隐藏在果蔬中的害虫和致病菌，起到良好的保鲜效果。但进行真空预冷操作时需要克服的难题是如何缓解果实失水的速度。该方式成本高，消费多，对体表面积较小果蔬的冷却效果并不理想（唐建新等，2022）。

4. 冷风预冷

冷风预冷是把果蔬放入冷库，利用通风机产生的空气对流带走热量的冷却方法。该方式简单可行，成本效益高，适用于无包装且不易腐坏的产品，是国外最早使用的一种冷却手段。

5. 差压预冷

差压预冷是利用箱体一侧轴流风的抽吸作用在包装箱两侧产生压力差，迫使冷空气通过箱体两侧的开孔进入箱内，与产品进行充分接触，进行强烈的热交换。差压预冷可以加快冷空气流经果蔬表面的速度，通过提高果蔬与冷空气之间的热交换来达到快速冷却产品的目的。该方式虽只需其他冷却方式时间的 1/10~1/4，但会引起果蔬表面的水分流失，降低产品新鲜度（张婷婷等，2015）。

（三）包装

保证蓝莓的安全贮运还可以通过良好的包装水平来调控。优良的包装可以减少果实在采后运输过程中所造成的机械伤，减少病虫害的传播和水分蒸发。传统的果实包装是纸板盒，每个盒装入浅盘中运输，但这种包装方式会导致果实失水萎蔫。改进后采用蜡封纸盒，并在纸盒各面进行打孔，以便通风。近几年来，以聚对苯二甲酸乙二醇酯（polyethylene terephthalate，PET）为原料制成的 PET 盒广泛应用于鲜果包装，一般以 125g/盒左右为宜，这种独立小包装有利于保持果实品质和提高耐贮性。若需要长途运输可在小包装外层另裹一层机械强度较大的瓦楞纸，减免机械损伤对果实造成的伤害。总之，蓝莓在包装、运输过程中应遵循小包装、多层次、留空隙、少挤压、避高温和轻颠簸的原则

（张茜，2019）。

（四）贮藏条件

蓝莓贮藏条件主要包括温度、湿度和气体成分这三大因素。影响蓝莓耐贮性的主要因素之一是温度。环境温度越高，呼吸速率和呼吸强度越大，蓝莓贮藏保鲜时间会缩短。反之，贮藏温度越低，蓝莓耐贮性增强，寿命也随之延长。有研究表示，蓝莓含水量高、果皮薄，加之采收为夏季，气温在全年中偏高，采后极不耐贮，导致蓝莓易软化腐烂。低温预处理可以使蓝莓的呼吸强度降低，从而延长贮藏期限。同时也要注意防止贮藏环境温度过低导致蓝莓遭遇冷害。建议贮藏温度为0~1℃。

另一个重要因素是湿度。湿度的大小同时影响着蒸腾作用和微生物的活性。为了减少蒸腾作用对蓝莓的影响，防止其组织萎蔫，有必要保持较高湿度。但湿度过高时，微生物活动频繁，也容易造成果实腐烂；湿度过低又会抑制呼吸作用。所以在实际控制贮藏湿度时，必须保持湿度在适当水平。建议贮藏环境的相对湿度为85%~95%。

气体成分也是影响蓝莓贮藏保鲜寿命的主要因素之一。特别是氧气（O_2）和二氧化碳（CO_2）对蓝莓有显著的影响。CO_2 含量越高，越容易造成果实进行无氧呼吸。若出现 O_2 浓度过低的情况，就会越容易造成大量酒精与乙醛积累，从而导致果实腐败变质。建议蓝莓贮运环境中 CO_2 浓度≤8%，O_2 浓度控制为2%~3%。

第三节　蓝莓果实贮运保鲜中的品质劣变问题

一、机械损伤

蓝莓采后机械损伤是指果实在采收、分级、包装、装卸、运输、加工、贮藏和销售的各个环节中因跌落、碰撞、振动、挤压、摩擦、刺伤和鲜切等原因造成果实变形，果皮、果肉损伤等。有学者提出，机械损伤是由果蔬物理损伤引与细胞壁相关的蛋白质发生作用，导致细胞壁成分分解。机械损伤主要包括静压损伤、振动损伤、冲击损伤。

机械损伤会导致果实的感官变化，引起其内部水分和汁液的损失，导致果实结构破坏、外观质量下降、营养成分流失，增加微生物侵染的风险，加速果实腐败，导致货架期缩短。因此，研究机械损伤的类型和特点，采取科学有效控制损伤的措施，对于减少贮运保鲜中果实的损耗、保持果品品质具有十分重要的现实意义（姜爱丽，2002）。

1. 静压损伤

静压损伤多发生于贮藏过程中，成堆的蓝莓处于自然静止状态，某层的果实会受到其上各层果实累积重量的影响，随着时间的推移，静止状态被破坏，其损伤部位多发生在接触区域。果实的静压损伤多表现为果实受到挤压而导致的形变。静压损伤一般通过外表层黏弹性静载实验来研究，根据外载力大小与贮藏时间对静压损伤的影响程度，以接触面积或直径的变化表示其规律，因此损伤程度也可用静载作用时间描述。

2. 振动损伤

蓝莓在运输过程中的机械损伤主要是由振动引起的碰撞损伤和低应力疲劳损伤。多年来，国内外对于果实振动损伤特性的研究主要基于稳态振动和随机振动两种实验方法。稳定振动实验主要用于分析果蔬振动损伤特性。蓝莓在实际运输过程中会受到随机振动的影响，因此对实际运输工况进行多次模拟更具有工程实用价值。

3. 冲击损伤

蓝莓的冲击损伤主要由果实受到碰撞和跌落冲击造成的，冲击对果实的影响远大于果实自身的强度。它通常是由于从高处坠落或果实间相互碰撞、受外界敲击而引起。碰撞和跌落的伤害程度根据果实坠落高度、碰撞能量、碰撞次数、表面特性、果实成熟度以及大小而有所不同。在蓝莓碰撞和跌落损伤研究中，通过振动实验或跌落实验分析碰撞过程中损伤体积与吸收能量、最大加速度、衬垫厚度和碰撞时间等因素的关系，建立并分析模型参数与损伤特性的关系。

二、生理品质劣变

（一）果实软化

由于蓝莓的采收期较短，必须尽快进行采后加工工作，以延长蓝莓的保质期。然而，蓝莓果实采收恰逢盛夏高温多雨的季节，且果实本身含水率高、果皮薄，缺乏坚硬外皮保护，因此采后贮运效果差，常温下只能贮藏 3~7d。新鲜蓝莓果实采后极易发生水分和养分的流失，果实急速软化，加速果实衰老及品质劣变。

（二）果皮红变

低温贮藏可有效延缓蓝莓果实后熟衰老进程，但经过冷藏的蓝莓出库后常温货架期间果实品质迅速劣变，色素含量大幅度下降，蓝莓果皮出现明显的红变现象，影响蓝莓果实的感官性状及商品价值。导致果皮红变的根本原因为花青素，它是存在于植物液泡中的天然色素，其中大部分以糖苷的形式存在，故又称花色苷。

花青素是形成蓝莓等果蔬果皮呈色的关键色素，而花青素稳定性决定其在植物组织内环境是否会出现褪变色的现象。影响花青素稳定性的因素如下。

1. 温度与光照

研究人员证实，当环境温度较低时，花青素稳定性较好，但随着温度的升高，花青素的稳定性逐渐下降，当温度超过 80℃时，花青素发生不可逆的降解，造成色素迅速流失。

2. pH

花青素的结构因 pH 的变化而变化，形成不同的颜色及状态。当液泡 pH<3 时，花青素较稳定；而当液泡呈中性或酸性时，大多数花青素呈红色。随着 pH 上升，颜色会加深至紫色或蓝色。但当 pH 过高时，花青素本身降解速度也会加快，甚至会发生不可逆的降解。

3. 酶促降解

当多酚氧化酶（polyphenol oxidase，PPO）单独作用于花青素时，没有活力，而当某些酚类物质存在时，PPO 活性显著上升，高效催化花青素的氧化降解。在研究高丛蓝莓鲜果褐变过程中 PPO、绿原酸和花青素之间的相关性时发现，在含有 PPO 模型体系中，29%的花青素发生了氧化降解，绿原酸的加入会促进其降解进程。因此，PPO 可直接作用于花青素，加速氧化降解，最终使其颜色发生变化或褪色。

4. 氧化还原剂

在研究强氧化剂过氧化氢（H_2O_2）对紫苏花青素稳定性时发现在 pH 为 3 且有强氧化剂 H_2O_2 及强还原剂抗坏血酸（ascorbic acid，维生素 C）存在时，花色素苷含量下降迅速；而当加入半胱氨酸及二硫苏糖醇时，花色素苷降解速度趋缓。

（三）果蒂凹陷

果蒂凹陷是蓝莓果实发生冷害的主要症状之一。当在适宜低温下长时间贮藏或贮藏温度不适时，都会对果实造成不同程度的伤害。低温冷害会使细胞代谢失调、紊乱，甚至可能导致细胞或组织死亡。当植物发生低温冷害后，生理代谢首先会受阻，进而从外部表现出受害症状（周倩，2014）。不同果实遭受低温冷害后表现出来的症状不同，具体表现为：①表面出现凹陷斑、水浸状斑；②表皮变色或内部组织褐变；③跃变型果实不能正常后熟；④果肉黏稠等。为尽可能地预防低温对果实造成不可逆装的伤害，可采取如下措施。

1. 适宜的低温

果蔬间冷害临界温度具有差异性，当贮藏环境的温度低于其临界温度时，冷害症状就会表现出来。防止冷害的最佳方法为控制果蔬冷害的临界温度，勿将其贮藏置低于临街温度以下的环境中。

2. 低温预贮

低温预贮是指将果蔬在低温贮藏前，预先放在略高的温度下贮藏一段时间，以减轻后续冷藏期间冷害的发生。

3. 间歇升温

在低温贮藏过程中，用一次或多次短期升温处理果蔬，可以明显减轻果实的冷害现象，但是也有研究显示间歇升温会加快果实的软化，降低果实的耐贮性，使果实出库时的成熟度明显高于对照组。

4. 气体成分调节

低温结合适宜的气调可以对蓝莓起到更佳的贮藏效果。适宜的气调环境能够抑制大多数腐败菌和霉菌的生长，降低果实的呼吸速率和乙烯（ethylene，ETH）的生成速度，同时果实养分消耗减慢。蓝莓果实对高浓度 CO_2 有很好的忍耐力，促进果实自身次生代谢物的合成和积累，诱导其产生一定的系统获得抗逆性，从而减缓呼吸代谢速率，提升贮藏性。

5. 化学处理

有些化学物质可以有效地减轻冷害。目前，应用较多的化学物质包括 1-甲基环丙烯（1-methylcyclopropene，1-MCP）、水杨酸（salicylic acid，SA）处理等。1-MCP 是一种乙烯抑制剂，能够竞争性的结合植物体内的 ETH 受体，隔绝 ETH 与受体结合，从而抑制 ETH 所诱导的各种生理生化反应，延长果实贮藏寿命。SA 是一种小分子酚类物质，也是一种重要的信号物质，它可以激活植物体内抵抗病毒、真菌和细菌的酶链式反应。增加果实硬度并可有效地抵御微生物的入侵，降低果实腐烂率（殷健东，2018）。

（四）失水萎蔫

当果实出现失水萎蔫时，水解酶活性提高，果实内部的大分子物质加速向小分子转化，呼吸底物的增加会进一步刺激呼吸作用。严重脱水时，细胞液浓度增高，有些离子如 NH^+ 和 H^+ 浓度过高会引起细胞中毒，甚至会破坏原生质的胶体结构。有研究发现，组织过度缺水会引起脱落酸（abscisic，acid，ABA）含量增加，并且刺激 ETH 的合成，加速器官的衰老，影响蓝莓的耐藏性和抗病性。而且由于蓝莓很容易蒸腾失水，贮运和处理的环境湿度太低会导致果实失水萎蔫。所以保持 90%~95%的高湿环境十分重要。

三、侵染性病害

微生物侵染是影响蓝莓采后贮藏和物流的另一重要因素。在蓝莓贮藏后期，果实的衰老软化会使自身抗逆性减弱，潜伏在蓝莓表面或者环境中的病原菌导致果实腐烂变质。机械伤口及蒂痕部是微生物的主要侵染点。

1. 灰霉病

灰霉病被认为是蓝莓最主要的致腐菌，通常在采收前通过花残体侵染蓝莓，采后随着自身抗性减弱，蒂痕或者机械伤口也是其主要侵染点。灰葡萄孢菌孢子萌发的适宜温度为 15~25℃，可在低温（如-2℃）下生长，这使得灰葡萄孢菌在冷藏条件下也能表达其症状。经灰葡萄孢菌侵害部位的蓝莓果皮初期呈现水浸状的灰白色，之后随着组织软化腐烂，病部表面密生大量灰色菌丝体，富含分生孢子，且伴随轻微的水果萎蔫，风干后果实干瘪、僵硬。

防治方法：①选用较抗病的品种；②秋冬彻底清除枯枝、落叶、病果等病残体，集中烧毁，可以降低蓝莓果实病害发生概率；③开花前和谢花后喷施代森铵或嘧霉胺。

2. 僵果病

僵果病是蓝莓生产中发生最普遍、危害最为严重的一种。主要是由于真菌性病菌（链核盘菌）所引起的病害，菌丝会在叶片和花的细胞内外发育，导致细胞无法承受破裂死亡。细胞破裂使茎叶花失去活力，萎靡不振，一个月以后，这些病菌会逐渐向叶茎花扩张，并且传染给新开出的花，之后被危害的叶果茎花会全部萎靡，干枯，掉落。

防治方法：①在早春时在僵果病的最初阶段喷洒一些尿素；②在开花前喷洒一些嗪胺灵控制病菌的侵入。

3. 黑斑病

蓝莓果实黑斑病（由链格孢菌所致）作为采后的一种新病害，严重影响果实的贮藏品质。该病害在果面尤其是果柄萼洼处发病，形成灰黑色大小不一的病斑，后期表面产生浓密的黑色霉层，最终导致果面凹陷或腐烂。发生该病后，甚至会导致蓝莓果树全株死亡。

防治方法：①不同蓝莓果树品种对病毒的抗性不同，可以选择抗性高的蓝莓品种种植；②产生病害后，可以使用针对性药剂进行喷药防治。

4. 炭疽病

蓝莓炭疽病（由胶胞炭疽菌引起的）会危害果实、叶片和枝条的生长，果实染病后，表面会形成凹陷状斑，病斑上产生胶质状的孢子体，幼嫩枝出现黑褐色的病斑，受侵染的芽逐渐枯死，叶片上有明显的红棕色病斑。随着病情发展，病斑会由黄褐色转至深褐，中部灰白，散生小黑点。蓝莓幼果受侵染后在膨大期不表现病症，在成熟期或采收后才开始表现。

防治方法：①加强肥水管理；②及时摘除病叶、病果；③保持果园通风透光；④减少病源危害；⑤发生病害后，可以使用菌剂进行喷洒防治。

5. 根腐病

根腐病是由匍枝跟霉菌引起的病害。这种病菌的孢子通常漂浮在空气中，在条件适宜时很容易发病。由于病菌在低于5℃下不能生长，因此，对于及时预冷到适宜贮藏温度的蓝莓来说，不会造成危害。发病严重的往往是未经预冷或预冷未达到5℃以下的果实。

防治方法：①合理加强土肥管理及水分管理；②使用精甲霜灵、甲基硫菌灵等。

第三章

蓝莓采后果实软化基本理论研究

第一节 影响蓝莓果实软化的因素

软化是绝大部分肉质水果成熟的标志，但是采后的过度软化则会影响果实品质，造成品质损失。多年的采后研究表明，在园艺作物中，果实的生长期软化与采后软化都是一种不可逆的生理生化过程。一般认为，果实在贮藏过程中的软化与果实细胞壁的降解和植物激素调控相关。

一、细胞壁代谢

细胞壁一般由初生壁（CEL、HCEL、果胶），次生壁（CEL、HCEL、木质素）以及胞间层（果胶）组成，它们通过糖苷键和氢键交联来维持细胞壁结构的稳定。果实软化主要是果肉细胞间、微纤维丝间果胶质降解、CEL 物质的溶解和细胞相互分离引起的。常温贮藏下，蓝莓果实细胞壁物质果胶、CEL 和 HCEL 含量变化与硬度呈极显著相关性。随着蓝莓果实硬度的下降，水溶性果胶（water-soluble pectin，WSP）含量增加，碳酸钠（Na_2CO_3）溶解性果胶（soluble sodium pectin，SSP）、CEL 和 HCEL 含量降低。细胞壁的降解通常被认为是果实软化的主要因素，果实软化与细胞壁的降解密切相关，细胞壁的降解与一系列酶活动、生理代谢有关。在蓝莓果实采后贮藏的过程中会伴随果实硬度下降以及细胞壁降解相关的酶类［PG、PE、β-半乳糖苷酶（β-galactosidase，β-Gal）、纤维素酶（cellulase，Cx）以及果胶裂解酶（pectatelyase，PL）］活性的上升（陶菲等，2013）。在对枣果实的研究中发现了 *PG*、*PE* 等差异基因协同调控果实的软化过程（李欢，2017）。在对樱桃的研究中发现赤霉素（gibberellic acid，GA）可以促进 *PG*、*Cx*、*β-Gal* 表达，加速细胞壁的代谢，促进软化（邹金，2019）。

二、膜脂代谢

生物膜主要指细胞膜和细胞器膜，其主要成分为膜脂，膜脂中的磷脂双分子层构成生物膜的重要支撑结构，维持细胞正常有序的生命活动。在生物体发生软化、衰老过程中，生物膜的功能也会随之发生变化，流动性降低，形成非双层脂结构等。生物膜发生变化是由磷脂分解同时伴随磷脂酸、游离脂肪酸及氧化产物不断积累引起的。果蔬软化过程中，ROS 不断攻击磷脂成分，表现为磷脂过氧化，最终导致细胞膜降解。在生物膜过氧化过程中，脂氧合酶（lipoxygenase，LOX）是关键的启动因素，在植物的生长、成熟和软化中发挥重要作用。在果蔬软化相关研究中，LOX 能够催化亚油酸和亚麻酸，增加细胞膜透性，最终导致果实品质下降，不耐贮存。在果实采后相关研究中发现 LOX 与苹果香气存在一定联系，ETH 响应基因 *ERF1*、*ERF2* 能够调控 *LOX* 基因表达来改变苹果中的香气含量，进一步研究表明，香气物质 *MdMADS24* 能够与 *MdLOX1a* 结合，促进转录作用，并且通过酵母双杂交实验验证发现 MdMADS24 蛋白能够与 MdERF1B 蛋白进行互作，进一步促进 *MdLOX1a* 表达（岳璇璇，2020）。

三、植物激素调控

植物激素是指在植物特定组织代谢合成，并结合特定蛋白质和受体来调节生长发育的微量生理活性物质。植物激素及其互作被认为是果实成熟衰老的关键。在这个过程中，一种激素可以单独调控一段生理过程，而同一个生理过程也可以被多种不同的激素联合调控。

生长素（indole-3-acetic acid，IAA）被证明是一种催熟剂，影响植物细胞分裂和扩张，是最早被发现且生理作用最重要的一种物质。有研究证明，IAA 通过下调多胺氧化酶（polyamine oxidase，PaO）、1-脱氧-D-木酮糖醇-5-磷酸还原异构酶（1-deoxy-D-xylulose 5-phosphate reductoisomerase，DXR）、八氢番茄红素合成酶（phytoene synthase，PSY）、*PE*、*PL* 基因的转录水平抑制香蕉的软化；曾文芳等（2015）证明 IAA 处理可以上调 *PG* 和 1-氨基环丙烷-1-羧酸合成酶（1-aminocyclopropane-1-carboxylic acid synthase，ACS）基因的表达从而加速果实软化。

GA 也可以促进果实的生长发育（McAtee *et al.*，2013）。事实上，在番茄中也发现了一种重要的 GA-ETH-ABA 协作系统，其中施用 GA 显著降低 ETH 信号转导和合成 *ETR6*、*ACS* 和 1-氨基环丙烷-1-羧酸氧化酶（1-aminocyclopropane-1-carboxylic acid oxidase，ACO）以及与 ABA 降解相关的基因表达（Vriezen *et al.*，2008）。

茉莉酸（jasmonic acid，JA）是一种普遍存在的植物激素，可通过增加 ETH 产量促进跃变型果实叶绿素降解、香气化合物、次生代谢物及抗氧化剂的生物合成。有研究表明，茉莉酸甲酯（methyl jasmonate，MeJA）处理可以通过加速西蓝花中叶绿素物质的降解来加速西蓝花的采后黄化，而抑制西蓝花体内的 JA 含量则可以延缓黄化的发生。

SA 通常被认为是一种信号分子，可能触发植物防御反应以及脯氨酸和 JA 等防御化合物的合成（Wani *et al.*，2017）。它是一种有效的成熟抑制剂，影响包括呼吸速率、软化、细胞壁降解酶和糖的积累的几个成熟相关的过程。试验证明 SA 处理能有效提高贮藏后期果实中总花青苷含量，并且有效地抑制蓝莓果实的衰老，同时它们也可以参加植物的非生物和生物胁迫过程。

ETH 被认为是跃变型果实成熟衰老的主要激素，ETH 除了具有能够调节植物后熟衰老的功能之外，还有抗逆作用，表现在能够介导植物产生抗病防御反应上。许多研究已经证实了 ETH 在果实成熟过程中的作用（Chiriboga *et al.*，2013）。也有实验证明 ETH 可以促进蓝莓果实中的糖类积累来加速采后蓝莓果实的软化。

ABA 是一类存在于植物体内，并在其生长发育各个阶段起重要作用的植物激素。近年来被认为是采后果实成熟衰老过程中的重要的激素之一。它参与葡萄的颜色变化和樱桃中花青素的积累。研究表明，ABA 在果实中可与 ETH 的相互作用，且参与非跃变型果实糖的积累和淀粉水解，如柑橘类水果和樱桃（McATee *et al.*，2013）。同时在蓝莓上的研究表明内源 ABA 含量的升高可促进蓝莓的软化（李佳楠，2022）。

四、其他因素

除了细胞壁代谢、膜脂代谢和激素调控外，一些其他因素也能够调控果实软化，如果皮蜡质层和虫害病害等。果实表面的白霜是天然的蜡质层，与外界形成重要屏障，能够保护果实抑制水分散失，并防止微生物的侵染。在蓝莓采后贮藏中，发现果皮蜡质层变化导致果实出现油渍化现象，使果实不耐贮藏，这层天然结构在果实抗旱胁迫中也发挥作用（蔡立锴等，2023）。微生物的侵染也能导致果实的软化，蓝莓蜡质的主要成分齐墩果酸与熊果酸能够在灰霉菌侵染过程中诱导果实应答反应，对防御酶活的激活起到积极作用，提高果实抗病能力，减缓果实劣变（张丽萍等，2021）。

第二节　蓝莓采后果实软化的发生规律

在采后蓝莓果实软化过程中，伴随着硬度的下降、蓝莓表皮的白霜消退、蜡质破坏、蓝莓的色泽变暗，外观新鲜程度下降以及腐烂率上升。其营养品质方面也在下降，同时伴随果实硬度的下降、果实结构发生改变、果肉细胞排列松散、可滴定酸（titratable acidity，TA）含量的下降、还原糖含量的上升以及色调角 $h°$值的上升。在此期间果实的淀粉含量、pH 以及维生素 C 和总酚含量都有一定的下降。与此同时，蓝莓果实在软化过程中细胞膜透性显著增加、抗氧化性能下降，细胞结构和水分分布均有所变化，细胞收缩和褶皱明显，细胞间隙增大，出现质壁分离现象，叶绿体损伤严重，自由水逐渐转化为结合水。细胞壁降解相关的酶（PE、PL 和 Cx 等）活性上升，造成细胞壁降解，果胶由水不溶性果胶向 WSP 转变，淀粉的降解等由此引发蓝莓的硬度以及营养品质的下降，因此蓝莓风味丧失，适口性变差。进一步的比较分析发现，蓝莓果实中 ABA、ETH、IAA、SA、JA 和 GA_3 含量均发生变化，其中 ABA 是蓝莓果实采后常温贮藏期内含量最丰富的内源激素，且 ABA 的变化趋势与硬度的变化趋势呈负相关。

一、细胞壁降解相关酶的变化

PE 作用位点是多聚半乳糖醛酸的半乳糖醛酸残基的 C-6 酯化基团，使果胶去甲酯化，导致果胶带负电，从而可以通过 Ca^{2+}交联在细胞壁中形成胶体。甲基酯化的程度和形式直接影响了果胶水解酶（PG 和 PL）的活性，推测其在果实软化过程中以利于 PG 发挥作用。PG 是一种多糖水解酶参与果胶降解，致使细胞壁结构解体，最终导致果实软化。它按作用方式分为内切 PG（endopolygalacturonase，endo-PG）、外切 PG（exopolygalacturonase，exo-PG）和寡聚 PG（oligogalacturonide，oligo-PG）3 种。endo-PG 随机地在不同部位水解切开半乳糖苷键，将果实细胞壁中多聚半乳糖醛酸降解为半乳糖醛酸和寡聚半乳糖醛酸，降低果胶黏度；exo-PG 和 oligo-PG 从半乳糖醛酸寡聚链或多聚链的非还原端水解释放单体或二聚体。PL 又称果胶酸裂解酶，能降解细胞壁，导致组织软化作用位点是聚半乳糖醛酸 α-（1,4）键产生非还原末端为不饱和半乳糖残基的寡多糖。Cx 是一种复合酶类，主要包括内切葡聚糖酶（endo-1,4-β-glucanase，EG）、外切葡聚糖酶（cellobiohydrolase，CBH）和β-葡萄糖苷酶（β-glucosidase，β-Glu）3 类，其主要作用是催化水解 CEL 最终生成葡萄糖。BG 能将纤维二糖和寡糖水解成单个的葡萄糖。但是只有在 3 种酶在共同作用下才能将 CEL 水解为葡萄糖。CEL 作为细胞壁物质中的重要组成成分，其降解与果实软化关系密切，因此 Cx 在果实软化过程中起着不可忽视的作用（Wei *et al.*，2015）。β-Gal 作用于果胶半乳聚糖，将其水解成半乳糖与葡萄糖，也可以使半乳糖苷转移，破坏细胞壁结构，从而使果实软化。大量研究显示，β-Gal 在果实的早期软化过程中含量丰富，使细胞壁完整性的下降，导致果实软化。在果实成熟的早期β-Gal 先于 PG 的出现，而且细胞壁半乳聚糖的下降先于或伴随着可溶性多聚酵酸的增加。

细胞壁降解酶可以参与蓝莓果实软化。在采后贮藏阶段，蓝莓细胞壁降解相关酶 PE、PG、β-Gal、β-Glu 和纤维素酶活性上升，原果胶含量下降，蓝莓果实软化加剧（Song *et al.*，2022）。研究人员对蓝莓运用冷等离子体技术，发现该技术通过抑制蓝莓果胶水解酶基因和纤维素酶基因等细胞壁降解相关基因的表达，进而抑制蓝莓果实采后软化，延长贮藏时间（Zhang *et al.*，2024）。与此同时，在草莓、葡萄和甜樱桃等果实上的研究也表明细胞壁降解酶直接影响果实软化（Zhai *et al.*，2021；Shi *et al.*，2023；Malacarne *et al.*，2024）。

二、内源激素含量变化

植物激素及其互作被认为是果实成熟和衰老的关键，其对果实采后贮藏过程中风味、质地等品质都具有重要影响。在蓝莓软化过程中，ETH、ABA、IAA、GA_3、JA 含量均发生变化。在蓝莓中，外源施用 ABA 能增加内源性 ABA 水平，调控细胞壁降解相关酶，促进蓝莓果实硬度的降低，加速蓝莓果实的采后软化进程，同时，研究还发现蓝莓中 ETH 与果实糖代谢和果胶转化密切相关，进而影响到果实的软化进程（张帆，2020）。外源 SA 处理能提高 PPO、过氧化物酶（peroxidase，POD）、苯丙氨酸解氨酶（phenylalanine ammonia-lyase，PAL）酶类的活性，加速蓝莓果实苯丙烷代谢的进程，延缓果实的腐烂，延长贮藏期。

第三节 ABA 在蓝莓采后果实软化过程中的作用及机理研究

近年来，ABA 被证明是调控果实衰老的主要调控因子且在软化过程中起着重要作用。在蓝莓果实贮藏过程中 ABA 含量呈现逐步上升的趋势，同时有研究表明，ABA 显著提高蓝莓果实中可溶性糖类含量，促进果实软化。

一、ABA 的生物合成及信号转导途径

ABA 的合成转导与果实软化密切相关。ABA 生物合成的途径主要有类萜途径和类胡萝卜素途径两条途径。类萜途径即 3 个异戊烯单位聚合成 C15 前体法呢基焦磷酸（farnesyl pyrophosphate，FPP），由 FPP 经环化和氧化直接形成 15 碳的 ABA；类胡萝卜素途径则是先由甲羟戊酸（mevalonic acid，MVA）聚合成 C40 前体类胡萝卜素，再由类胡萝卜素裂解成 C15 的化合物，如黄质醛（xanthoxin，XAN），最后由 XAN 转变成 ABA。现在越来越多的证据表明高等植物主要以类胡萝卜素途径合成 ABA（Nambara *et al.*，2005）。如图 3-1（1）所示，在高等植物中，新黄质首先在 9-顺式-环氧类胡萝卜素双加氧酶（9-cis-epoxycarotenoid dioxygenase，NCED）的作用下合成黄氧素（xanthoxin dehydrogenase，XHT），然后通过短链脱氢酶/还原酶（short-chain dehydrogenases/reductases，SDR）的催化作用形成脱落醛，进而被醛氧化酶（aldehyde oxidase，AAO）氧化形成 ABA。ABA 生物合成是通过玉米黄质环酶（zeaxanthin epoxidase，ZEP），NCED 和 AAO 这 3 种酶类完成的，这些酶会严格把控 ABA 的合成与分解，许多研究 ABA 的文章都是以测定这些酶活的变化和酶基因表达水平的高低来判断对 ABA 的影响。而 ABA 生物合成途径中的最关键的一步就是 NCED 的氧化和裂解，因而 NCED 也是 ABA 生物合成过程中的关键限速酶。植物内部 ABA 水平的降解和分解主要是通过羟基化和糖基化的两种途径。在羟基化中，ABA 分子中环结构的 C-7′、C-8′和 C-9′的 3 个位点的甲基羟基化产生 3 种不同生物活性的代谢物。8′-羟基 ABA 经过细胞色素 P450 单氧酶介导，发生环化作用后转变成红花菜豆酸，然后通过进一步的还原反应转变成二氢红花菜豆酸（dihydrophaseic acid，DPA），DPA 是 ABA 分解的终产物，C-8′羟基化作用也被认为是 ABA 羟基化分解的主要途径。糖基化中，ABA 分子中的 C-1 羟基和不同的化学物质结合而形成不同的结合体，其中由 UDP-葡萄糖基转移酶催化产生的 ABA-葡萄糖酯（abscisic acid glucose ester，ABA-GE）是最主要的结合体，ABA-GE 也可以通过 β-Glu 的作用快速释放 ABA，与葡萄糖基结合形成无活性的 ABA-GE，从而调节有活性 ABA 的含量，使植物适应生理和环境的变化。

如图 3-1（2）所示，ABA 信号转导途径中的关键受体，包括 ABA 受体（PYR/PYL）、

ABA 受体 SLP、蛋白磷酸酶 2C（protein phosphatase 2C，PP2Cs）和 SNF1 相关蛋白激酶 2（sucrose non-fermenting 1-related protein kinase 2，SnRK2）。ABA 与受体的结合是其信号转导的第一步，ABA 的识别与结合位点可以在质膜外侧和细胞内部（杨洪强等，2001）。ABA 受体、PP2Cs 和 SnRK2 激酶构成 ABA 信号通路的核心。ABA 受体作为 ABA 信号通路上游调控因子首先感知 ABA 信号，在正常环境下 ABA 含量比较低，不与 ABA 受体结合，这时 PP2C 发挥其磷酸酶的作用使 SnRK2 去磷酸化，去磷酸化后的 SnRK2 无法发挥作用，不能激活下游转录因子；当 ABA 含量增加时会与其受体结合形成受体复合体，之后与 PP2C 结合抑制其磷酸化酶作用，SnRK2 处于磷酸化状态同时激活下游 ABA 反应元件 ABFs 的磷酸化，从而调控 ABA 信号应答。其核心反应首先是 ABA 受体接受 ABA 分子信号后，抑制 PP2C 的活性，从而减轻或消除 PP2C 对 SnRK2 的抑制，增强 SnRK2 激酶对底物蛋白的磷酸化来调节植物 ABA 的总体反应；其次，当感知到外界威胁时植物通过激活编码 ABA 生物合成酶基因的表达，促进 ABA 的生物合成和积累，从而激活 ABA 信号通路中下游胚胎发育晚期丰富蛋白（late embryogenesis abundant protein，LEA）的表达，增多的 LEA 蛋白可以保护细胞膜的稳定性从而增进植物的抗逆性。另外，ABA 在触发保卫细胞气孔关闭方面也起关键作用，也可以调节细胞离子通量，介导气孔闭合，减少水分流失。因此要抑制果实软化需要使 PP2Cs 活性升高从而抑制 SnRK2 进而延缓软化。这些研究都揭示了 ABA 在高等植物中积累和转导的复杂调控机制（杨洪强等，2001；张巧等，2021）。

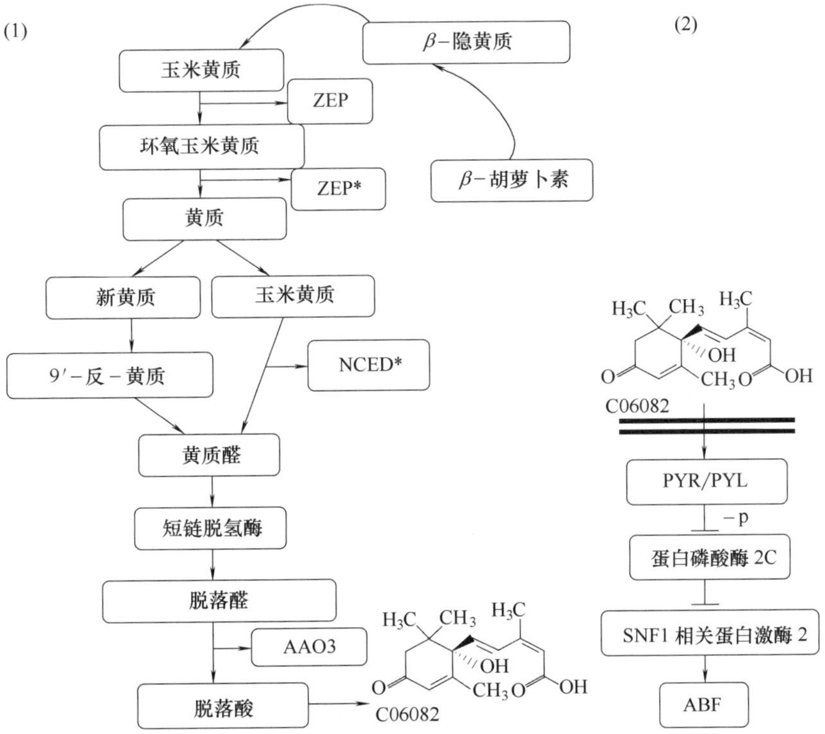

图 3-1　ABA 生物合成（1）及信号转导图（2）

二、蓝莓采后果实软化过程中 ABA 的作用及机理研究

在蓝莓贮藏过程中，ABA 的变化模式与果实硬度呈负相关，因此推断，除了细胞壁降解酶类直接反映蓝莓果实的软化程度之外，植物激素 ABA 也与采后蓝莓果实软化密切相关。在蓝莓果实着色期喷施 50mg/L、100mg/L 和 250mg/L 的 ABA 溶液，喷施浓度为 50mg/L 的外源 ABA 可显著提高蓝莓果实中的可溶性糖含量，提升了果实品质，同时外源 ABA 处理提高了果实中的可溶性蛋白和花色苷的含量，促进了果实着色（曲文颖等，2017）。

为了探讨植物激素对蓝莓果实生长发育及花色苷的影响，以“蓝丰”蓝莓为试材分析了在白果期进行 ABA（600mg/L）、GA（30mg/L）、α-萘乙酸（200mg/L）、清水处理后的果实生长发育和花色苷代谢相关物质的变化情况。结果表明，在蓝莓果实开始转色到成熟的过程中，花色苷的含量与果糖和葡萄糖的含量呈极显著正相关，与类黄酮的含量呈显著负相关，与清水处理相比，ABA 能促进果实软化，显著提高果实花色苷、果糖、葡萄糖的含量（孙莹等，2013）。

Oh 等研究外源 ABA 对北方高丛蓝莓果实特性和花色苷积累的影响。果实在开始着色前用 1.0g/L ABA 处理，在果实发育过程中，ABA 的施用短暂提高了果实中 ABA 的含量，对果实生长无明显影响，但促进了花色苷的积累。然而，外源 ABA 也促进了果实软化，这在采收和货架期是不可取的。而 Buran 等用 3 种质量浓度（0mg/L、200mg/L 和 400mg/L）的 ABA 水溶液，对蓝莓进行了试验。结果表明，ABA 能显著提高蓝莓的硬度，具有延缓成熟的作用。综上所述，ABA 可以延缓蓝莓的成熟，但不影响成熟蓝莓的总酚含量、抗氧化能力或个别植物化学物质的含量。

蓝莓果实在采后常温贮藏期内硬度下降较快，伴随蓝莓细胞壁降解相关的酶类 PG、PE、β-Gal 以及 Cx 活性的上升，且在蓝莓软化过程中，蓝莓果肉细胞的排列变的松散，伴随 SSC、淀粉含量、维生素 C 和总酚含量的波动以及 TA 含量的下降和还原糖含量的上升，随着贮藏期的延长色调角 $h°$ 值不断上升，说明软化后期的蓝莓果实色泽变暗。ABA 处理通过上调编码细胞壁水解酶的基因 *VcPGs*、*VcPEs*、*VcCx* 以及 *Vcβ-Gal* 的表达水平来上调 PG、PE、Cx 以及 β-Gal 酶类活性，同时 ABA 通过诱导蓝莓果实的细胞壁水解酶活性的升高和促进 EDTA 溶解性果胶（extracted soluble pectin，ESP）、NSP 朝 WSP 的转变来促进果实硬度的下降，直接影响蓝莓果实的软化。在果实的软化过程中，ABA 通过调控合成基因 *VcNCEDs*、*VcZEPs*、*VcAAO* 的变化来促进内源 ABA 含量增加，从而间接促进了果实的软化。外源 ABA 处理的蓝莓果实的硬度在贮藏期内显著低于对照果实，且细胞壁降解相关的酶类活性均受到外源 ABA 的调控，在 ABA 处理的果实中无论是 PG、PE、β-Gal 以及 Cx 的活性还是编码它们的基因的表达量都被上调。同时 ABA 处理的果实含有较高的 WSP，较低的 ESP 和 NSP 含量以及 CEL 和 HCEL 含量。此外，ABA 处理促进了蓝

莓果实的营养物质，比如糖、维生素 C 和总酚的积累，同时促进内源 ABA 的大量自我积累。施用 ABA 的合成抑制剂 NDGA 则可通过降低 *VcNCED1*、*VcNCED6*、*VcZEP2* 以及 *VcAAO3* 的基因表达来抑制内源 ABA 合成，减少 ABA 积累，从而延缓蓝莓果实硬度的下降，维持采后蓝莓果实的品质（张帆，2020）。

第四节　ETH 在蓝莓采后果实软化过程中的作用及机理研究

ETH 是一种仅含两个碳原子的简单的气态植物激素，它在植物的生长发育过程中起着重要作用。它是所有植物激素中结构最简单的一种，对植物的代谢调节可贯串其整个生活周期。作为信号物质，它的生物合成主要由 ACS 和 ACO 调控。人们掌握了很多在 ETH 信号转导中发挥作用的生化组分，如其可以调节与 Raf 激酶极为相似的 CTR1，进而将信号传递给下游的 *EIN3*，*EIN3* 是一个转录子，可结合到与 ETH 反应相关的启动子特殊序列上，从而使植株出现与 ETH 反应相关的诸多表型特征（陈涛等，2006）。

一、ETH 的生物合成途径

ETH 生物合成的主要途径可以概括如下：蛋氨酸→SAM→ACC（O_2）→ETH，如图 3-2 所示，这条途径的主要步骤分述如下：

1. 蛋氨酸循环

植物体内的蛋氨酸首先在 ATP 参与下转变为 *S*-腺苷蛋氨酸（*S*-adenosy-1-methionine，SAM），SAM 是植物体内主要的甲基供体用做许多生化合成途径的底物，如 ETH 合成途径和精胺/亚精胺合成途径等。SAM 被转化为 1-氨基环丙烷 1-羧酸（1-aminocyclopropane-1-carboxylic acid，ACC）和甲硫腺苷（5′-methylthioadenosine，MTA），MTA 进一步被水解为甲硫核糖（5-methylthioribose，MTR），通过蛋氨酸途径又可重新合成蛋氢酸。ETH 的生物合成中具有蛋氨酸→SAM→MTA→蛋氨酸这样一个循环，其中形成甲硫基在组织中可以循环使用。

2. ACC 的合成

由于 ACC 是 ETH 生物合成的直接体，因此植物体内 ETH 合成时从 SAM 转变为 ACC 这一过程非常重要，催化这个过程的酶是 ACS，这个过程通常被认为是 ETH 形成的限速步骤。在从 SAM 转变为 ACC 这一过程中，受氨基乙氧基乙烯基甘氨酸（aminoethoxyvinylglycine，AVG）和氨基氧乙酸（aminooxyacetic acid，AOA）的抑制。

3. ETH 的合成（ACC→ETH）

从 ACC 转化为 ETH 是一个酶促反应，也是一个需 O_2 的氧化反应，ACO 是催化 ETH 生物合成中 ACC 转化为 ETH 的酶。缺氧、高温（>35℃）、解偶联剂、某些金属离子等可抑制

ACC 转化为 ETH，从 ACC 转化为 ETH 应在细胞保持结构高度完整的情况下才能进行。

4. 丙二酰基 ACC

ACC 除了转化为 ETH 外，另一个代谢途径是与丙二酰基结合，生成 ACC 代谢末端产物丙二酰基 ACC（malonyl-1-aminocyclopropane-1-carboxylic acid，MACC），MACC 的生成可看成是调节 ETH 形成的另一条途径。

综上所述，ETH 在果蔬中的生物合成途径中，ACS 是 ETH 生成的限速酶，因为该酶的出现使果实大量合成 ACC，并进一步氧化生成 ETH。ACO 是催化 ETH 生物合成中 ACC 转化为 ETH 的酶。

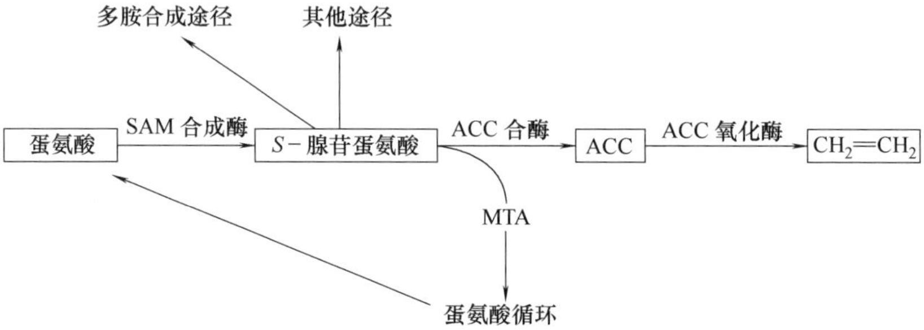

图 3-2 ETH 的生物合成图

二、 ETH 的信号转导途径

如图 3-3 所示，ETH 信号转导的前几步可总结如下：当没有 ETH 存在时，ETH 受体处于活性有功能的状态，与 CTR1 结合，CTR1 抑制了下游的 ETH 反应；当 ETH 存在时，受体失活，不能与 CTR1 结合，CTR1 抑制的下游 ETH 反应开启，表现为 ETH 反应，即 ETH 的信号转导并非完全依赖于 CTR1。虽然存在不依赖于 CTR1 的 ETH 信号转导途径，

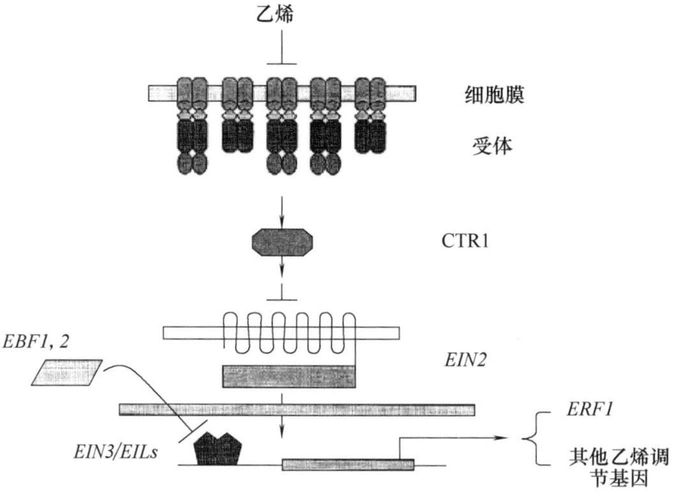

图 3-3 ETH 的信号转导途径图

但总体上来说，植物体内的大部分 ETH 反应是通过 CTR1 转导的。CTR1 作为一个有激酶活性的 MAPKKK，可能通过激活 MAPK 级联信号系统来行使功能（Chang et al.，2003）。

在 CTR1 之后是 EIN2，EIN2 是目前为止利用遗传学方法鉴定到的位于受体 CTR1 复合物下游的 ETH 信号转导途径中的第一个正调控组分，也是 ETH 信号转导途径的一个关键组分。*EIN*2 功能缺失突变体表现为 ETH 完全不敏感。因此在 ETH 信号转导途径中，*EIN*2 具有关键性的作用，*EIN*2 位于 *CTR*1 的下游，*EIN*2 编码一个 1294 个氨基酸的膜蛋白，它有 12 个跨膜结构域，其 N 端与阳离子转运蛋白 Nramp 家族有较高的同源性，而其 C 端是一个未知的结构域。*EIN2* 的 C 端参与了 ETH 的信号转导，在 *EIN2* 缺失突变体 *EIN*2-5 中过量表达 *EIN2* 的 C 端，成年的转基因植株显示组成型的 ETH 反应和组成型表达 ETH 调控的基因，但在暗生长的幼苗不能诱导三重反应。这个结果说明 *EIN2* 的 N 端作为一个信号接受域与上游的信号因子相互作用，而 C 端是将此信号向下转导所必需的结构域。由于 *EIN2* 与 Nramp 家族蛋白类似，所以 *EIN2* 被假设能作为二价阳离子转运蛋白发挥作用，然而并没有发现 *EIN2* 的金属结合或金属转运功能。所以 *EIN2* 在 ETH 信号转导中究竟如何发挥作用至今仍不清楚。可能其胞质 C 端结构域可将信号传递给下游的 *EIN3* 家族，*EIN3* 转录因子传递给 *ERF1*，而 *ERF1* 是第二级转录因子家族成员之一，可作为 ERE 乙烯反应元件的结合蛋白作用于基因的启动子上调节相应基因表达引起 ETH 反应发生（潘延云等，2003）。

三、蓝莓采后果实软化过程中 ETH 的作用及机理研究

为了探索外源 ETH 气体处理对采后蓝莓果实感官性状和呼吸代谢的影响，在 1℃条件下，将蓝莓果实在浓度为 0.1mL/L、1.0mL/L 和 10mL/L 的 ETH 环境中密闭处理 48h 后进行贮藏，贮藏期间测定了蓝莓果实的感官性状、果肉 ETH 含量、鲜果 ETH 释放量、呼吸速率、果实硬度、腐烂率以及抗病与衰老相关酶的活性等指标。实验结果表明，与对照相比，不同浓度的 ETH 处理均可提高蓝莓果实 PPO、POD 和 PAL 这 3 种抗病相关酶的活性，但 10mL/L 的 ETH 处理增加了内源 ETH 的合成，进而加快了呼吸代谢和衰老的速率。而 0.1mL/L 和 1.0mL/L 的 ETH 处理提高了蓝莓果实的抗性和贮藏效果，蓝莓果实的亮度差值和感官评定结果间存在着极显著相关性关系（姜爱丽等，2011）。

采用 qRT-PCR 和 Race 技术首次从高丛蓝莓中获得了 *ACS* 基因的全长 cDNA 序列，该基因的 cDNA 序列全长为 1747 碱基对，其开放阅读框长为 1323 碱基对，编码 440 个氨基酸，命名为 VcACS。VcACS 为亲水性蛋白，无跨膜结构域，预测定位于细胞核或细胞质，含有 AAT like-吡哆醛-5-磷酸保守结构域。进化树分析表明，蓝莓 VcACS 蛋白和中华猕猴桃 ACS 蛋白的亲缘关系最近。转录表达水平检测结果表明，*VcACS* 基因主要在花托、花瓣、雄蕊和根中表达，在花托中表达量最高，在嫩茎有低水平的表达，在叶中不表达。干旱、低温和乙烯利都能诱导 *VcACS* 基因的表达上调，但表达水平存在差异，该研究成

果为蓝莓 *ACS* 基因的进一步利用奠定了基础（陈秋红等，2018）。

为了揭示乙烯吸收剂（ethylene absorben，EA）处理对冷藏期间蓝莓果实软化的影响，将蓝莓果实在0℃储存56d以评价未采用EA处理的果实和采用EA处理的果实的品质属性、ETH生物合成以及果实软化指标的变化。结果表明，EA处理抑制了果实软化，减少了重量损失和腐烂，并且降低了总酚含量的损失。同时，EA通过抑制ACS和ACO活性来降低果实中的ETH产量，进而通过抑制细胞壁降解酶活性来保持果实品质（李亚敏，2019）。

第五节　蓝莓采后果实软化过程的转录组学分析

近年来，组学技术已被广泛应用在果实的各种生理生化研究当中，而转录组学测序则是发展最迅速且被广泛使用的。截至目前，许多学者和大量研究都已经使用转录组技术对果实生长发育及采后发生软化过程中的基因变化进行了深入的研究。通过转录组测序鉴定出4个草莓品种中 *FaEXPA2*、*FaEXPA4*、*FaXTH1*、*FaXTH2* 和 *FaPG1* 的基因表达水平均与果实质地相关，并且在最软的草莓品种中，这5个基因的表达水平比更硬的果实中的表达水平高出许多。通过转录分析鉴定纤维素合成酶亚基A基因、激素代谢和信号基因以及 *NAC-MYB* 转录因子均参与CEL生物合成。另外，也有许多研究利用二代或三代转录组测序技术去对果实的特定单核苷酸多态性（single nucleotide polymorphism，SNP）结合位点进行分析，或者对基因的可变剪切进行分析，从而挖掘更多的果实的分子方面的遗传信息。但是迄今为止，使用转录组学研究蓝莓果实的研究都集中在与抗氧化剂相关的结构基因的鉴定，本节通过转录组测序获取了在蓝莓果实软化进程中产生显著变化的目标差异基因的准确序列，为以后在分子水平研究果实软化奠定基础。

一、材料与条件

1. 材料与主要试剂

实验的“蓝丰”蓝莓果实采收于辽宁省沈阳市“时圣”蓝莓基地（北纬41°39′55.82″，东经123°05′12.46″）。取贮藏期0d新鲜蓝莓果实（采收当天）、贮藏期4d中度软化蓝莓和贮藏期8d重度软化的蓝莓果实进行转录组相关试验，每个取样点做三个生物学重复，且命名为W001、W002、W003、W401、W402、W403、W801、W802、W803。

多糖多酚植物RNA提取试剂盒（CWBIO）、HiFiScript cDNA反转录第一链合成试剂盒（CWBIO）、UltraSYBR Mixture（Low ROX）荧光定量试剂盒（CWBIO）。

2. 主要仪器设备

快速梯度PCR仪：德国Peqlab GmbH公司；DU-640核酸蛋白分析仪：美国Beckman

Coulter 公司；马弗炉：济南天舜生物技术有限公司；Qubit® 2.0 流量计：Life Technologies，CA，美国；安捷伦生物分析仪：安捷伦科技公司，CA，美国；纳米光度计：IMPLEN，CA，美国；QuantStudio 6 仪器：Life Technologies，Camarillo，CA，美国。

二、试验方法

（一） RNA 的提取及测定

取 10g 果实，放入经过马弗炉 180℃ 灭菌的研钵中，在液氮下研磨至粉碎后加到 1.5mL 离心管中与裂解液在冰浴中进行混合及孵育，随后离心，其余操作参照植物多糖多酚 RNA 提取试剂盒 Kit（CWBIO）进行操作。

（二） RNA 的质量检测

在 1%琼脂糖凝胶上检测提出的 RNA 是否有降解和污染。用纳米光度计（IMPLEN，CA，美国）测定 RNA 的纯度，用 Qubit® RNA 试剂盒和 Qubit® 2.0 流量计来检查 RNA 的浓度；用安捷伦生物分析仪（安捷伦科技公司，CA，美国）来检测 RNA 的完整性。

（三）文库构建及文库质控

当 RNA 样品检测合格后，取每个样品的 RNA 进行文库构建，首先合成全长 cDNA，使用 PCR 方法将 cDNA 扩增为全长，再对全长 cDNA 的末端进行修复，连接 SMRT 哑铃形接头，最后进行核酸外切酶消化，获得测序文库。文库构建完成后，使用分子生物学先进设备对文库质量进行检测，然后上机测序。

（四） RNA-Seq 结果的数据处理及转录本结构分析

原始数据需要通过脚本处理去除低质量的数据来得到没有冗余的干净数据，同时计算数据中的 Q20、Q30、GC 含量和序列重复水平，然后利用 python 数据库对已知的参考转录本的注释进行验证，同时利用 TAPIS 进行 APA 分析。

（五）基因功能注释与基因表达水平的量化与差异表达分析

根据 NCBI 非冗余蛋白质数据库等相关数据库对鉴定出的基因功能进行注释，使用 DESEQ R 包（1.10.1）对各组蓝莓间的基因表达差异进行分析，用 Benjamini 和 Hochberg 的方法对得到的 *P* 值进行校正，其中 $P<0.05$ 且差异倍数>2 的基因为差异表达基因。

（六）差异基因的功能富集分析

基于 KEGG 和 GO 两个数据库对差异表达的基因进行富集分析，在富集分析之后使用

KOBAS 软件对这两种富集分析方法得到的差异表达基因进行统计。

（七）差异基因序列获取

在获取到差异表达的基因后，将获取到的差异表达基因额序列与相关物种的基因组进行比对和匹配（蛋白质间相互作用存在于 STRING 数据库中），取相似度较高的序列即可用于后续的研究和分析。

（八）蓝莓果实 RNA 提取、反转录以及基因的实时荧光定量（qRT-PCR）

1. RNA 的提取和第一链 cDNA 的合成

使用 HiFiScript cDNA 反转录试剂盒（CWBIO）按照手册操作后将混合溶液及提取出的完整的 RNA 同时加入且在 85℃ 中孵育 5min，随后在 37℃ 孵育 15min 以得到用于荧光定量的 cDNA 模板。qRT-PCR 的引物使用 primer 5.0 进行设计，并且由金唯智公司合成。各个基因的表达量参照 *Actin* 基因，以 $2^{-\Delta\Delta Ct}$ 方法测定。

2. qRT-PCR 验证差异基因表达

使用 UltraSYBR Mixture（Low Rox）Kit 试剂盒，qRT-PCR 的混合体系参照康维世纪 UltraSYBR 说明书操作。qRT-PCR 条件为预变性 95℃ 15min，变性 15s，退火 60℃ 1min，循环 40 次 95℃ 延伸 15s。各个基因的表达量根据蓝莓果实 *Actin* 基因和 QuantStudio 6 Flex 仪器对基因 *Ct* 值进行定量，使用 $2^{-\Delta\Delta Ct}$ 的方法计算相对表达量。使用转录组测序得到的基因全长序列，通过 Primer Premier 5.0 软件设计引物如表 3-1 所示。

表 3-1　用于 PCR 验证的引物序列

基因名称	基因序号	上游引物（5′~3′）	下游引物（5′~3′）
Vcactin		5′-ACTACCATCCACTCTATCACCG-3′	3′-AACACCTTACCAACAGCCTTG-5′
VcPG2	c126208	5′-TCCGTACTCGTCCCAACCG-3′	3′-ACCCAGATTCCTGCACAAAC-5′
VcPG3	c128720	5′-GCTATGGCATTACAAAGACAA-3′	3′-CCATGAATGGTACTGGTGGA-5′
VcPE1	c115925	5′-GGATTTGAATGAAGCGTTGTAGT-3′	3′-ATTTCTCCTTATTTGCCTCACG-5′
VcPE2	c112899	5′-GTTCGTTTGGGTCTGTTCGG-3′	3′-AATGCGGCGGTCGTGTTT-5′
Vcβ-Gal	c124596	5′-TTCCTCGTTCGTGGCTTTA-3′	3′-CATACACTATCTATTTCTCGCTA-5′
Vcβ-Gal	c131271	5′-TGAAGAGGTGGATAATGGGACT-3′	3′-TGAGGAAACAGGAGGCAAC-5′
VcCx	c119790	5′-GATCGAGGAAATGGCTGTC-3′	3′-TTGAGCAAATGTATCTGGGTT-5′
VcNCED1	c126206	5′-GATTTCCCTCCAACAGCCTACT-3′	3′-CGGACATCTTGAACACCACCT-5′
VcNCED6	c109767	5′-CATCAGGTGGTGTTCAA-3′	3′-GACTCGTCCGTATCATTT-5′
VcZEP1	c121590	5′-CGGCCCGATTCAACTCCT-3′	3′-TCCGGTCTCCGGTAACAC-5′
VcAAO3	c127974	5′-TGGACAAGAGGGCTACCG-3′	3′-GCTGGCTGGACATTTGAG-5′
VcPYL	c121430	5′-AGTTGATGTTAAATCTGGGCTTCC-3′	3′-TGGGCTCGGTCCTGTCTTC-5′
VcPL18	c111350	5′-ACATCACATCCTCGAACACTTT-3′	3′-TCTGGCACCGCTAATCCT-5′

续表

基因名称	基因序号	上游引物（5′~3′）	下游引物（5′~3′）
VcCYP707	c121781	5′-TATGAATTGGGCGGTAGG-3′	3′-AAAGCGATTATGGGAACG-5′
VcGlu	c115891	5′-TGGTGGAGGAGTCAGGGAT-3′	3′-GGAAGGGTGAGTGTTGTCGT-5′
VcGlu	c116178	5′-AAATGGGACAAGGGAAACG-3′	3′-GGAAGCAGGCAAGAAGGAAC-5′
VcGlu	c126138	5′-GGTATCCGCCCAACTCAA-3′	3′-GGTATCCGCCCAACTCAA-5′
Kinase	c156015	5′-AATGCGGTTGAGGGTGGT-3′	3′-TCTGTAAGGATTTAGGTCGTTA-5′

（九）数据处理

全部试验结果采用 SPSS 16.0 以及单因素方差分析（ANOVA）对数据进行平均数，标准差的计算及显著性的统计分析，得到的结果使用 Origin 8.0 进行制图。

三、结果与分析

（一） RNA 质量统计及二代测序数据产出统计

1. RNA 样品浓度检测

如表 3-2 所示，3 个取样点的蓝莓果实提取出的 RNA 浓度较高，样品量较大，OD 分析值和 RIN 值都在范围内，可以使用。

表 3-2　RNA 样品浓度测定

RNA 浓度/（μg/mL）	RNA 总量/μg	OD_{260}/OD_{280}	OD_{260}/OD_{230}	RIN
393.1	10.22	2.17	1.86	10.00
250.1	6.3	1.95	2.07	9.90
394.1	9.9	1.96	2.06	9.70
157.8	5.2	2.16	1.82	9.10
252.8	6.3	1.80	1.98	8.30
272.6	6.8	1.82	1.99	9.20
158.9	7.2	1.91	1.97	8.31
176.9	8.1	1.85	2.01	8.62
236.4	6.9	2.10	1.86	7.51

2. 测序数据产出统计

在截除 Reads 中的测序接头以及引物序列以及过滤掉低质量值数据之后，得到 45.04 Gb 的清除数据，对其评估如表 3-3 所示。

%≥Q30 代表错误识别率，碱基质量值越高表明对碱基的识别越可靠，准确度越高。如表 3-3 所示，各个取样点的碱基数均高于 6387948358 个，而且识别到的 GC 含量>30% 的碱基的清除数据数目占比很高，代表碱基质量可靠，且准确度高。

表3-3 样品测序数据评估统计表

样本	编号	阅读数量/个	基数/个	GC 含量/%	%≥Q30
W001	T01	29727046	8834890798	48.06	94.39
W002	T02	23253533	6942801094	47.57	93.48
W003	T03	24301286	7257378504	47.55	92.37
W401	T04	22095654	6590723410	47.98	92.80
W402	T05	25149767	7504757214	47.70	91.78
W403	T06	26686687	7957077058	47.91	92.83
W801	T07	23044046	6878727278	47.91	93.48
W802	T08	21411148	6387948358	48.02	92.90
W803	T09	28896773	8625283384	47.55	92.98

（二）转录本功能注释及差异表达基因数目分析

1. 转录本功能注释

使用 BLAST 软件（version 2.2.26）将得到的新转录本序列与 NCBI 中的非冗余蛋白质数据库（non-redundant protein sequence database，NR）、PIR（protein information resource）、PRF（protein research foundation）、PDB（protein data bank）蛋白质数据库、Swissprot、Gene ontology（GO）、Clusters of orthologous group（COG）、Karyotic ortholog groups（KOG）、Protein family（Pfam）、Kyoto encyclopedia of genes and genomes（KEGG）数据库进行比对，获得了转录本的注释信息。发现在 COG 数据库中鉴别到 7123 个新的转录本，在 GO 数据库中鉴别到 12425 个新的转录本，在 KEGG 数据库中鉴别到 7337 个新的转录本，在 KOG 数据库中鉴别到 10959 个新的转录本，在 Pfam 数据库中鉴别到 14262 个新的转录本，在 Swissprot 数据库中鉴别到 12133 个新的转录本，在 eggNOG 数据库中鉴别到 15900 个新的转录本，在 NR 数据库中鉴别到 16198 个新的转录本。

2. 差异表达基因数目分析

在差异表达基因检测过程中，将差异倍数≥2 且 FDR<0.01 作为筛选标准。差异倍数表示两样品（组）间表达量的比值。如图 3-4 所示，在贮藏期 0d 与贮藏期 4d 的蓝莓果实样本中鉴别出 2852 个差异表达基因，其中 1043 个基因被上调表达，1809 个差异基因被下调表达。在贮藏期 0d 与贮藏期 8d 的蓝莓果实样本中，鉴别出 3301 个差异表达基因，其中 1058 个上调表达基因，2243 个下调表达基因。在贮藏期 4d 与贮藏期 8d 的蓝莓果实样本中，鉴别出 204 个差异表达基因，其中 41 个上调表达基因，163 个下调表达基因。由此发现，在贮藏期 4d 与 8d 间的差异基因数目较少，说明蓝莓果实采后的生理变化很快，可能会在 0~4d 内完成。

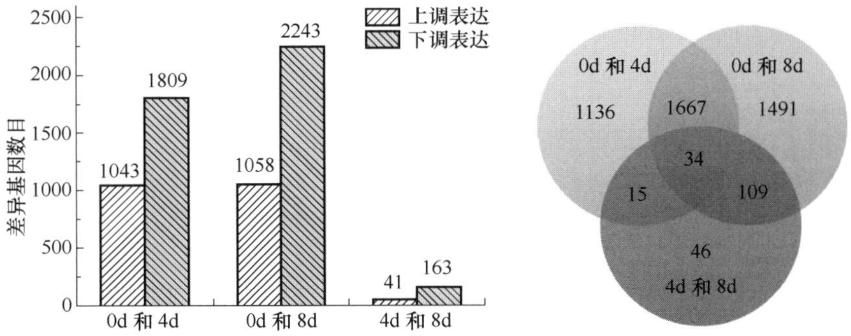

图 3-4　差异表达基因数量与韦恩图

彩图 3-4

（三）转录组学结果的生物学分析

1. GO 分类

如图 3-5 所示，经过对鉴别出的基因的功能进行 GO 分类和 KEGG 分析。发现 GO 注释系统主要包含 3 个主要分支，并且这些差异表达基因主要集中于：生物过程、分子功能和细胞组分 3 个部分。进一步分析表明，在 0d 和 4d 对比的果实中，在生物过程的 20 个类别中都鉴定到了差异基因，在细胞组分除病毒体和病毒体部分外的 13 个类别中鉴别到差异基因，在分子功能部分除蛋白破布，金属伴侣蛋白活性和翻译调节外的 12 个类别中鉴别到差异基因［图 3-5（1）］。如图 3-5（2）所示，在 0d 和 8d 对比的果实中，在生物过程的 20 个类别中都鉴定到了差异基因，在细胞组分除核苷酸外的 14 个类别中鉴别到差异基因，在分子功能部分除金属伴侣蛋白活性和翻译调节外的 12 个类别中鉴别到差异基因。

如图 3-5（3）所示，在 4d 和 8d 对比的果实中，在生物过程中除运动、节律过程、生物粘合和细胞死亡外的 16 个类别中鉴别到差异基因，在细胞组分部分除超分子复合体、金属伴侣蛋白活性、翻译调节和核苷酸外的 11 个类别中鉴别到差异基因，在分子功能中除了核酸结合转录因子活性、分子转导活性、蛋白破布、转录因子活性蛋白结合、金属伴侣蛋白活性和翻译调节外的 8 个类别中鉴别到差异基因。0d 和 4d 对比、0d 和 8d 对比与 4d 和 8d 对比的果实差异基因的数目分布在 24~243 个、20~205 个与 1~14 个，被分类到生物过程的差异基因最多，细胞组分部分其次，分子功能部分最少。

2. KEGG 分析

与 GO 分类相似，KEGG 分类也是经常采用的一种分类方法，在 0d 和 4d、0d 和 8d、4d 和 8d 的蓝莓果实中，代谢类所包含的差异基因途径数目最多，分别为 39、38、16 种途径，其次是遗传信息处理，分别包括 5、6、4 种途径；再次是细胞过程，有机系统与环境信息处理各组在分类环境信息过程分类中均只包含 1 种途径。

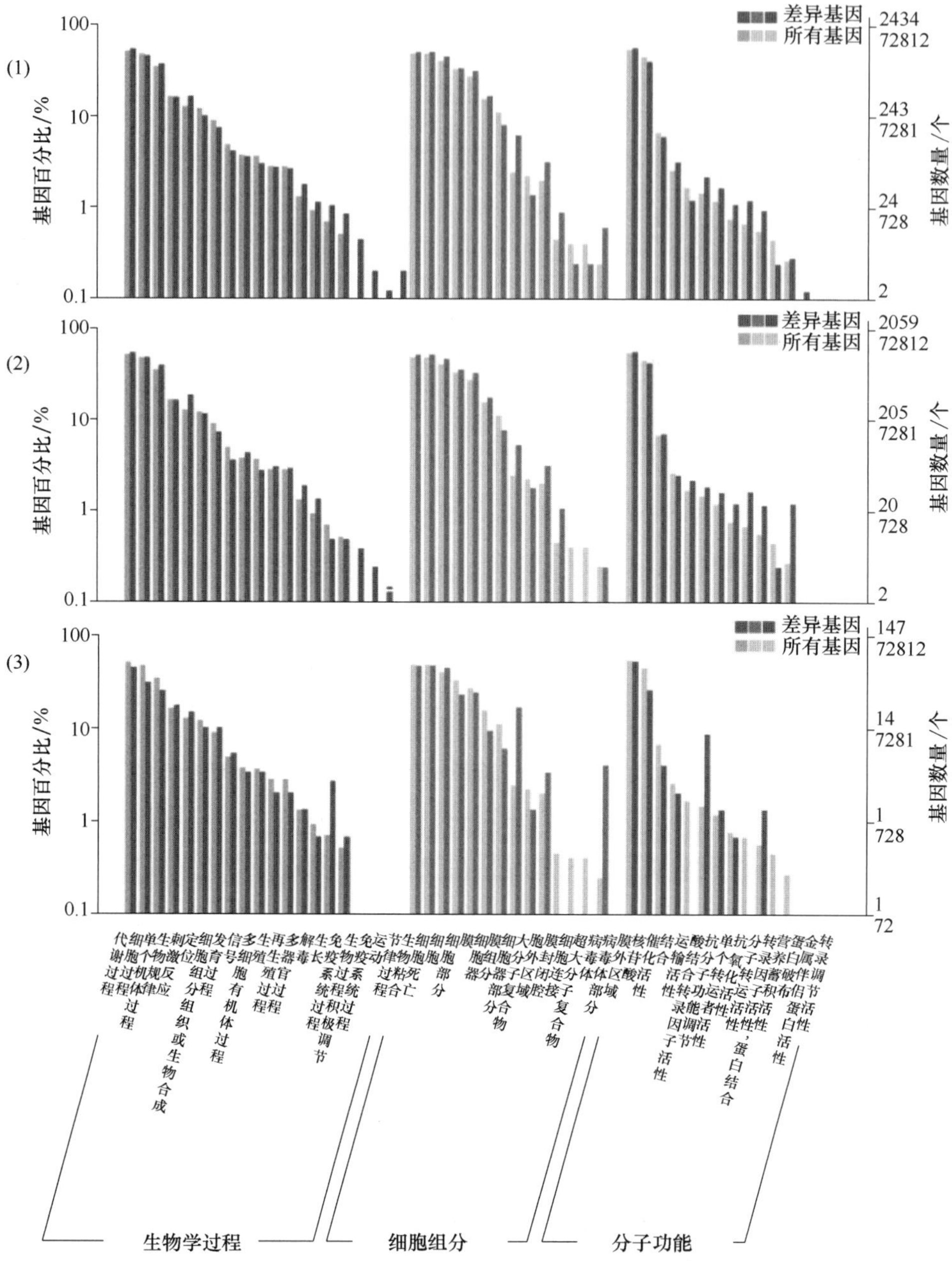

图 3-5 差异基因的 GO 分类：（1） 0d 和 4d（2） 0d 和 8d（3） 4d 和 8d

进一步分析发现，在 0d 和 4d 果实中，差异基因数目最多的 5 个途径分别是内质网中的蛋白质加工，植物激素信号转导，碳代谢，氨基酸的生物合成，光合作用，分别包含 57、54、52、47 和 40 个差异基因。由此可见，蓝莓果实的采后贮藏期的前 4d 内，生理生化的变化与蛋白质类、植物激素、碳代谢类、氨基酸类和光合作用有着密不可

彩图 3-5

分的联系。在 0d 和 8d 果实中，差异基因数目最多的 5 个途径分别是植物激素信号转导、淀粉和蔗糖代谢、内质网中的蛋白质加工、氨基糖和核苷酸糖的代谢和碳代谢，分别包含 62、57、53、52 和 49 个差异基因。由此可见，蓝莓果实的采后贮藏期内，生理生化的变化还与淀粉类及糖类代谢密不可分。进一步分析发现即便有大部分基因还是聚集在代谢类，但聚集差异基因数目较多的途径变化为戊糖和葡萄糖醛酸之间的相互转化、淀粉和蔗糖代谢、植物激素信号转导和植物-病原相互作用。

（四）差异基因的差异表达及其代谢途径分析

根据上述结果，筛选出了包含差异基因数目最多的通路，它们可能是在蓝莓果实软化过程中变化最显著的基因，在以上的通路中筛选出所需的目的基因进行表达模式的研究。如下所示：

1. 光合作用，内质网的蛋白质加工及昼夜节律通路变化

正如通路分析里的结果那样，ko0195 光合作用、ko4141 内质网中的蛋白质加工和 ko4712 植物昼夜节律途径中的差异基因十分丰富。其中光合作用途径包含 15 个下调基因和 2 个上调基因，其中下调最显著的是编码光系统 I 亚基 PsaO 蛋白的基因；在 ko4712 植物昼夜节律途径中，包含 7 个基因下调和 2 个基因上调，其中下调最显著的基因是编码 70ku 热休克蛋白 5 个基因，在 ko4141 内质网中的蛋白质加工途径中，有 5 个基因下调表达，2 个基因上调表达，其中编码转录因子 *HY5* 的基因上调表达最显著，达到 3. 01 倍。

2. 糖类代谢相关途径变化

发现糖类代谢相关的途径中有 6 条途径都包含显著上、下调的基因，其中包含很多细胞壁降解相关的糖类代谢过程，涉及的途径有：ko0030 戊糖和葡萄糖醛酸之间的相互转化（图 3-6）；ko0051 果糖和甘露糖代谢（图 3-7）；ko0052 半乳糖代谢（图 3-8）；ko0500 淀粉和蔗糖代谢（图 3-9）和 ko0520 氨基酸和核苷酸糖的代谢（图 3-10）。

其中 ko0030 戊糖和葡萄糖醛酸之间的相互转化途径中，3 个基因下调表达，1 个基因上调表达。*PL* 基因在此过程中下调表达至原来的 34%，上调表达的则是编码葡萄糖-1-磷酸尿苷酰基转移酶的基因，上调表达至原来的 1. 2 倍。在 ko0051 果糖和甘露糖代谢中鉴定出 5 个下调表达基因，其中编码果糖-二磷酸醛缩酶的基因下调表达最显著，下调表达至原来的 34%。在 ko0052 半乳糖代谢途径中，鉴别到 5 个基因显著下调，3 个基因显著上调；其中下调最为显著的基因是编码 α-半乳糖苷酶的基因，下调表达至原来的 32%。在 ko0500 淀粉和蔗糖代谢途径中鉴别到 6 个下调表达基因和 5 个上调表达基因。其中下调表达最明显的是编码 β-Glu 的基因，在此过程中下调至原来的 32%。上调表达最明显的是编码 α-淀粉酶的基因，上调表达至原来的 3 倍。进一步研究鉴别出编码 β-Glu 的 10 个基因下调表达。在 ko0520 氨基糖和核苷酸糖的代谢途径中鉴别出，14 个下调表达的基因和 1 个上调表达的基因，其中下调表达最显著的是 *PG* 基因在整个过程中下调到原来的 42%。

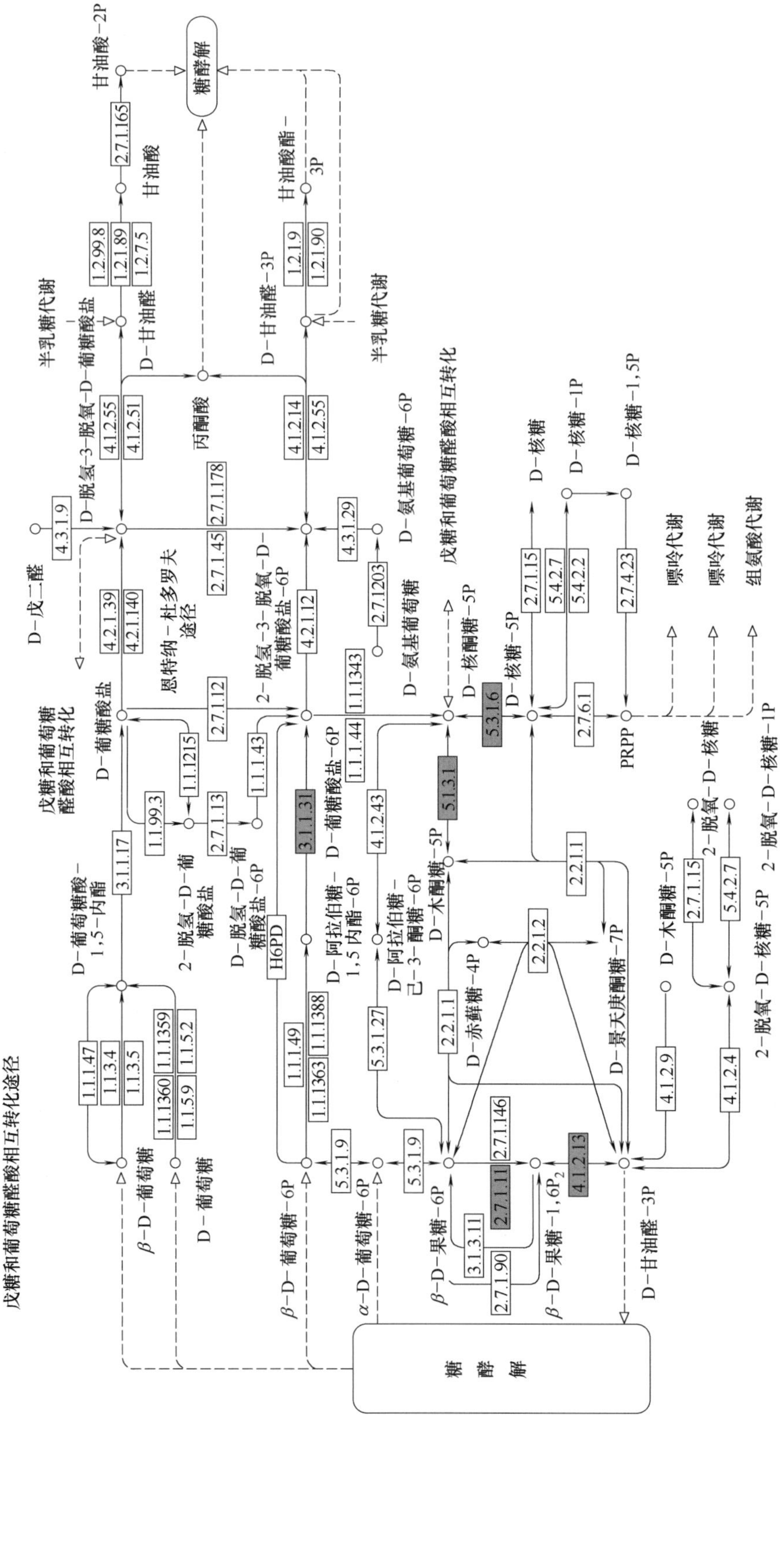

图 3-6 蓝莓果实采后软化过程中差异基因的 ko0030 戊糖和葡萄糖醛酸相互转化代谢途径变化

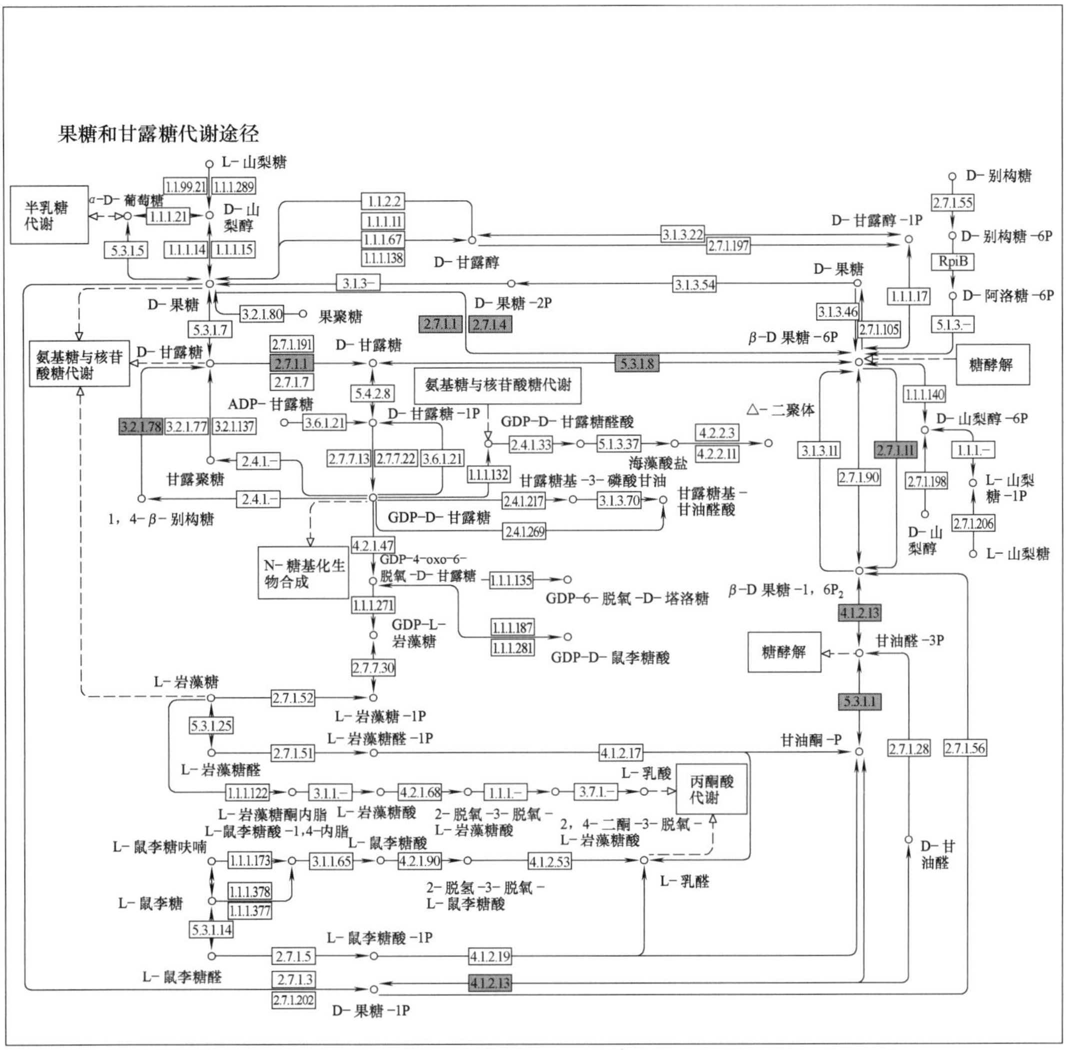

图 3-7　蓝莓果实采后软化过程中差异基因的 ko0051 果糖和甘露糖代谢途径变化

3. 植物激素合成及代谢通路相关途径变化

发现激素类代谢相关的途径中有 3 条途径都包含显著上下调的基因，其中涉及的途径有：ko0906 类胡萝卜素代谢（图 3-11）、ko4075 植物激素信号转导（图 3-12）。在 ko0906 类胡萝卜素代谢途径中，发现变化最显著的上调基因是编码 NCED 的基因，在此过程中，该基因表达上调到原来的 2.3 倍。在 ko4075 植物激素信号转导植物激素信号转导途径中鉴别出 8 条植物激素转导通路。在 IAA 代谢途径中，鉴定出 20 个上调表达基因和 3 个下调表达基因，在细胞分裂素（cytokinine）信号转导途径中鉴定出 5 个上调表达基因，在 GA_3 信号转导途径中鉴定出 4 个上调表达基因，在脱落酸（abscisic acid）信号转导途径中鉴定 8 个上调表达基因，在油菜素内酯（brassinosteroid）信号转导途径中鉴定 4 个上调表达基因和 3 个下调表达及因，在 JA 信号转导途径中鉴定出 1 个上调表达基因

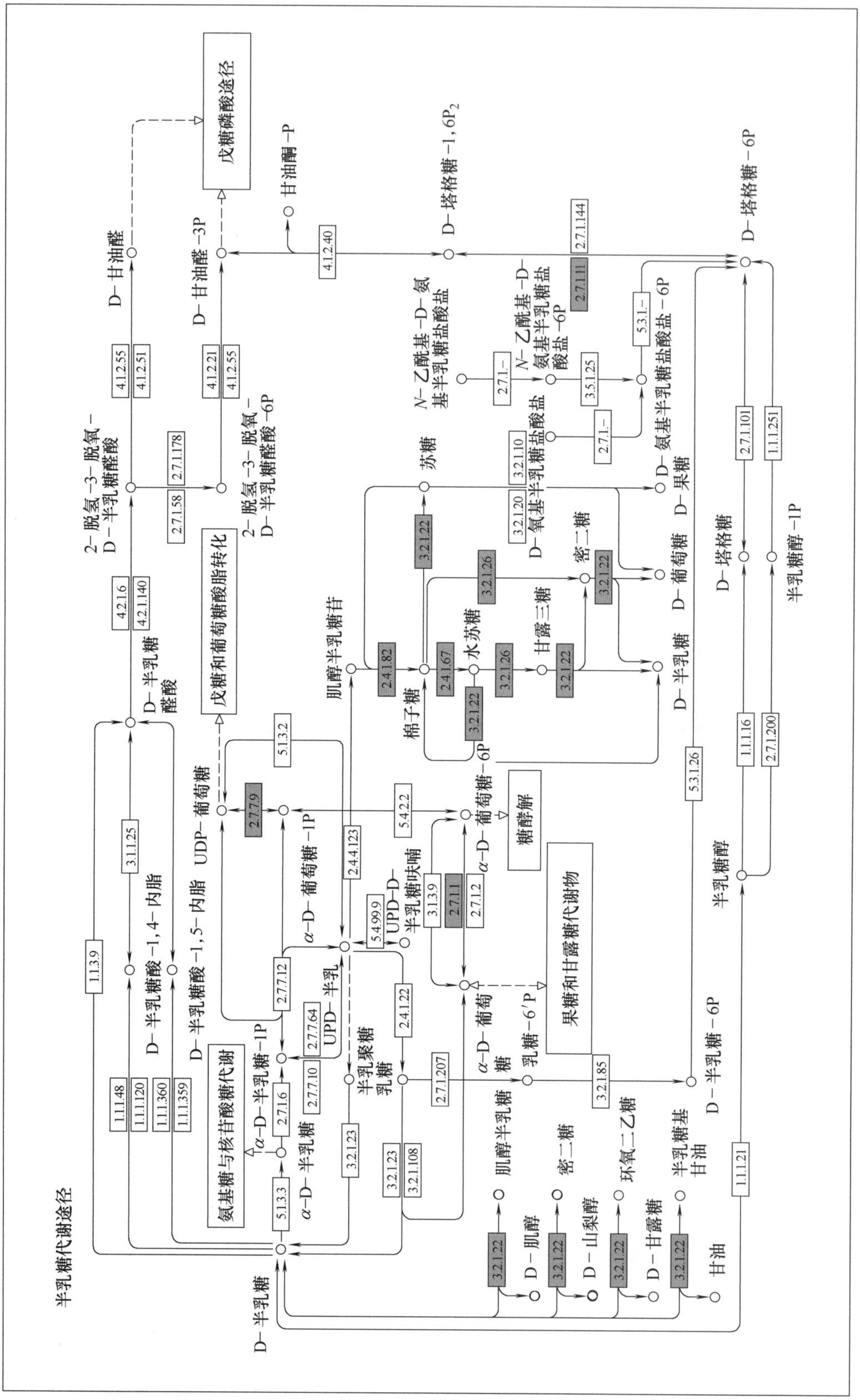

图 3-8 蓝莓果实采后软化过程中差异基因的 ko0052 半乳糖代谢途径变化

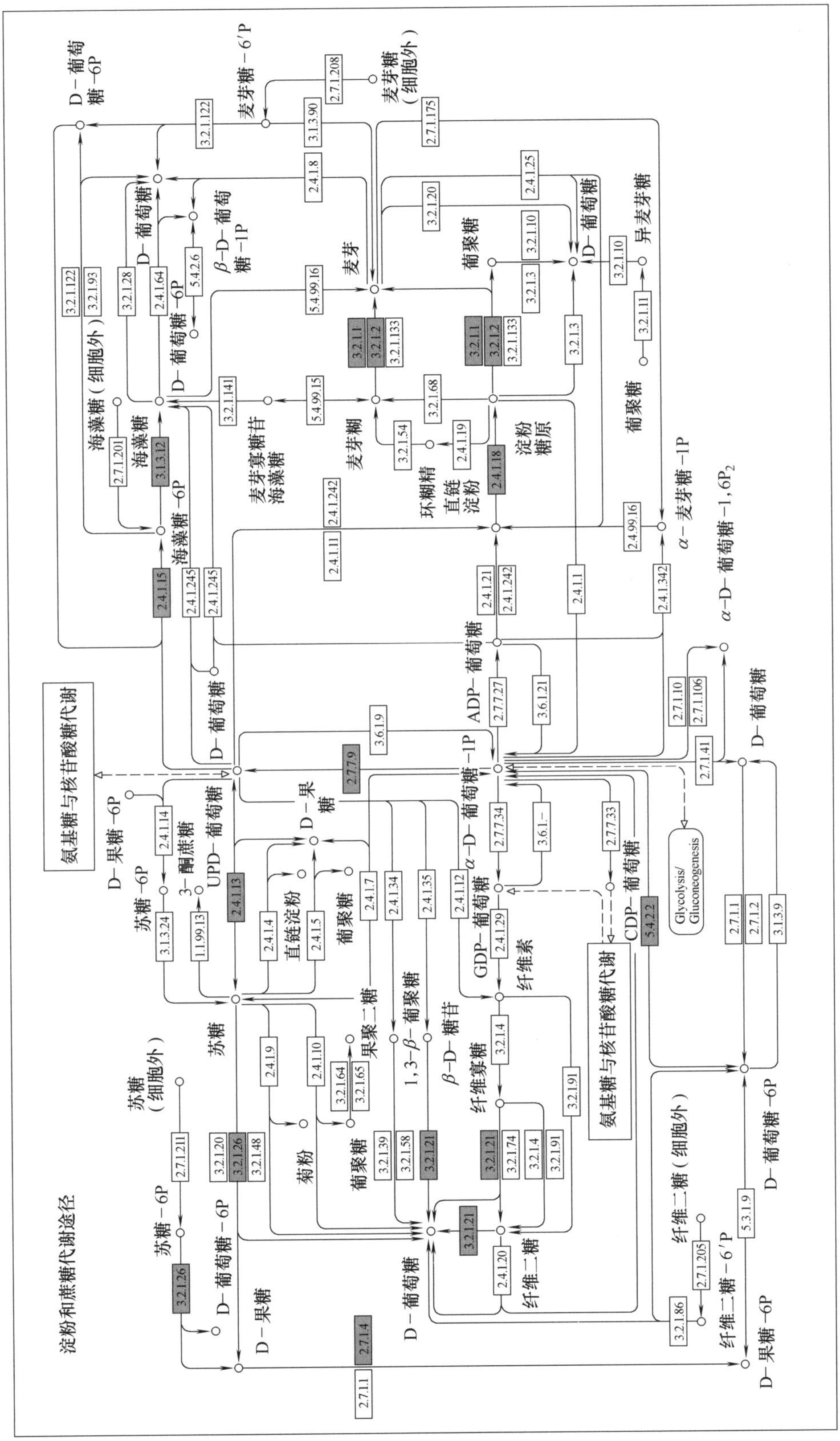

图3-9　蓝莓果实采后软化过程中差异基因的ko0500淀粉和蔗糖代谢途径变化

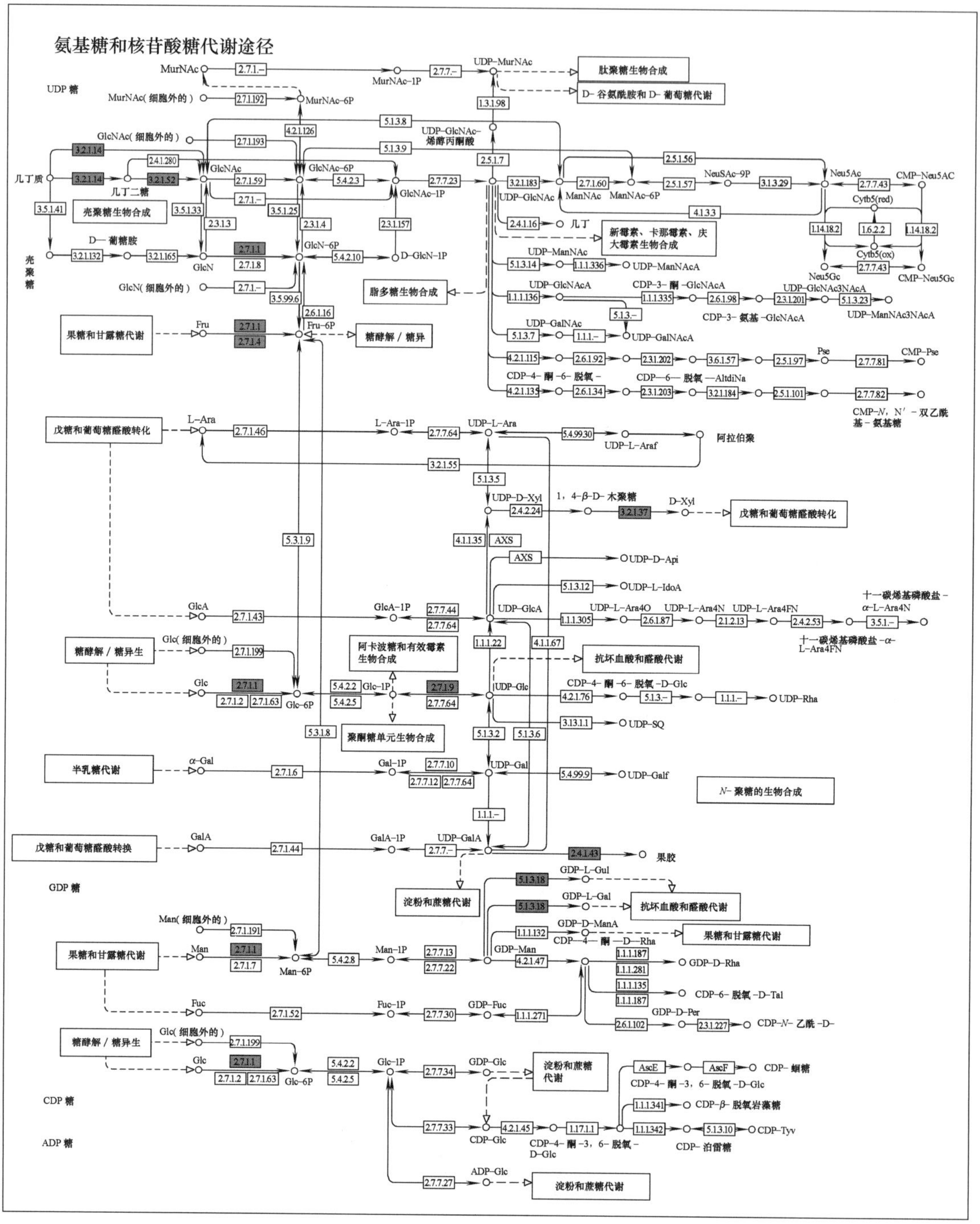

图 3-10 蓝莓果实采后软化过程中差异基因的 ko0520 氨基酸和核苷酸糖代谢途径变化

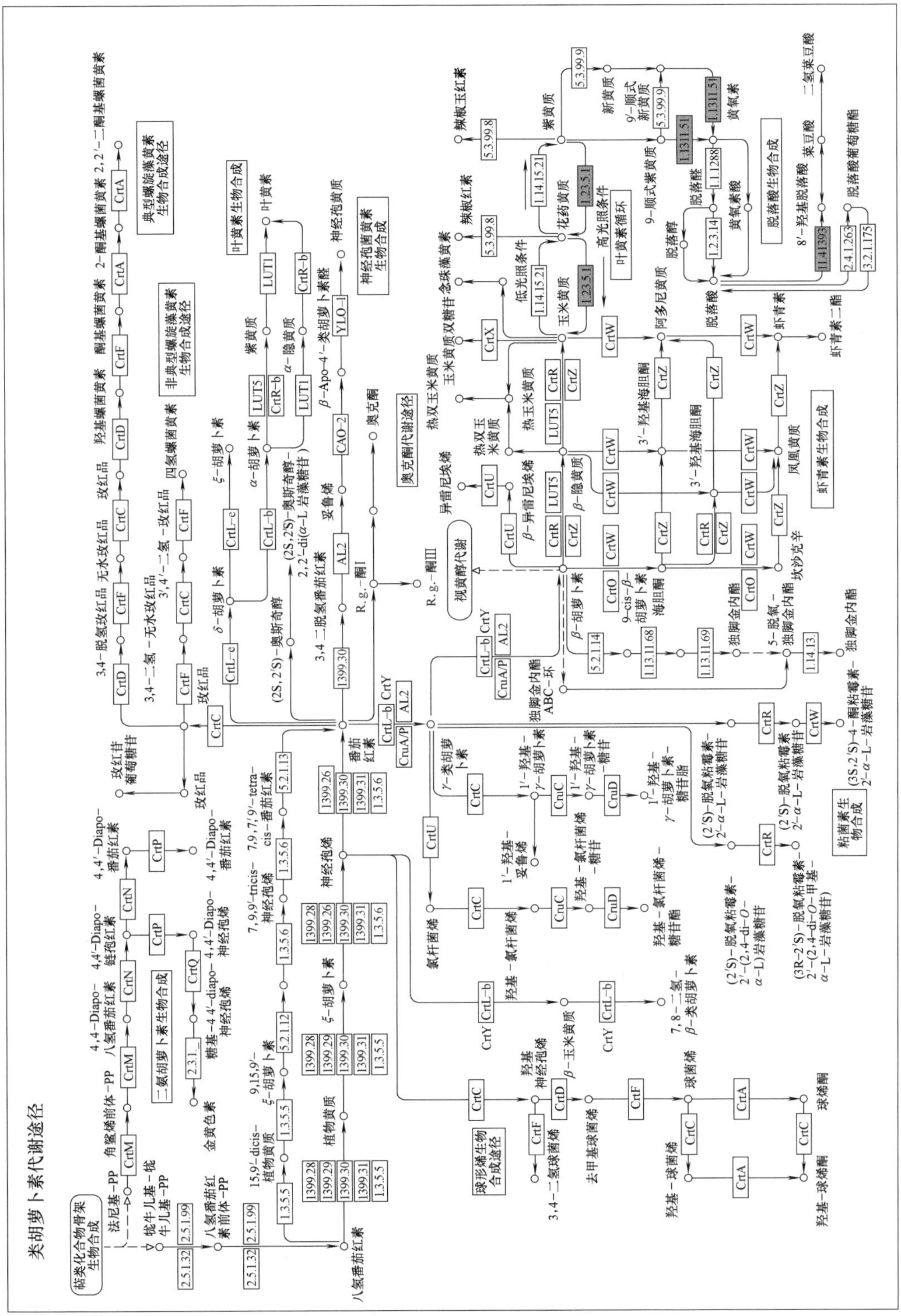

图3-11　蓝莓果实采后软化过程中差异基因的ko0906类胡萝卜素代谢途径变化

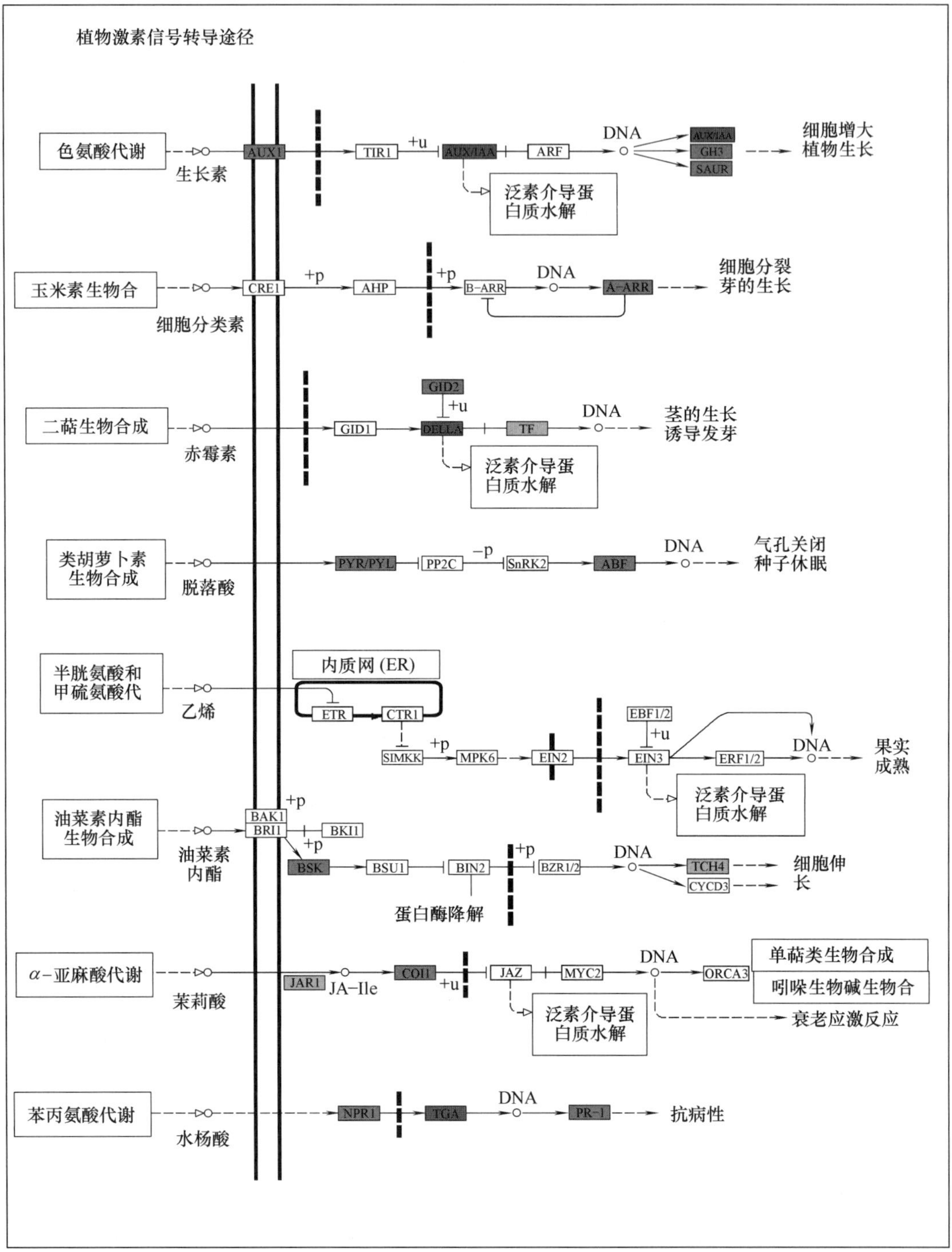

图 3-12　蓝莓果实采后软化贮藏期内差异基因的 ko4075 植物激素信号转导途径变化

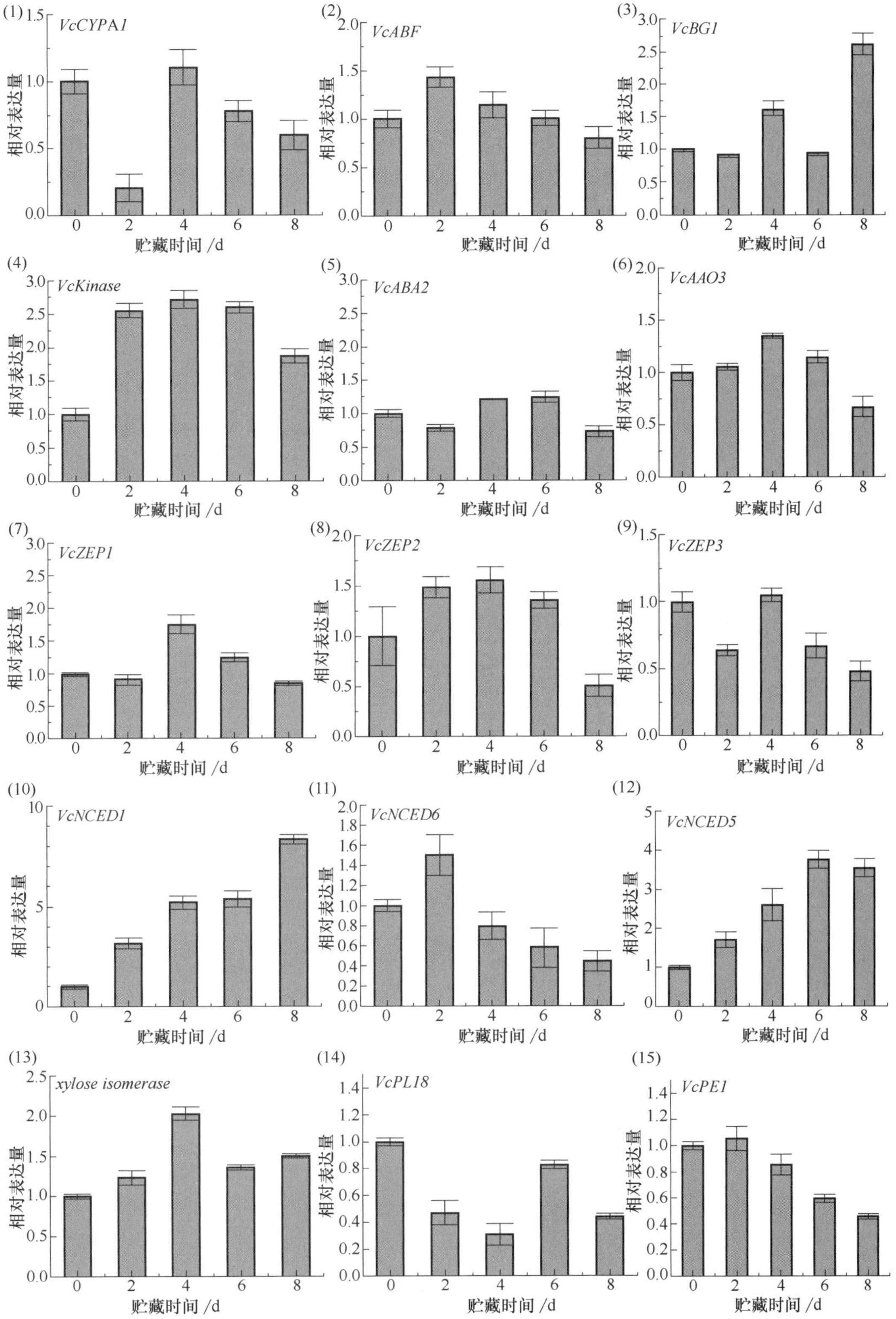

图 3-13　差异基因表达量的 qRT-PCR 验证

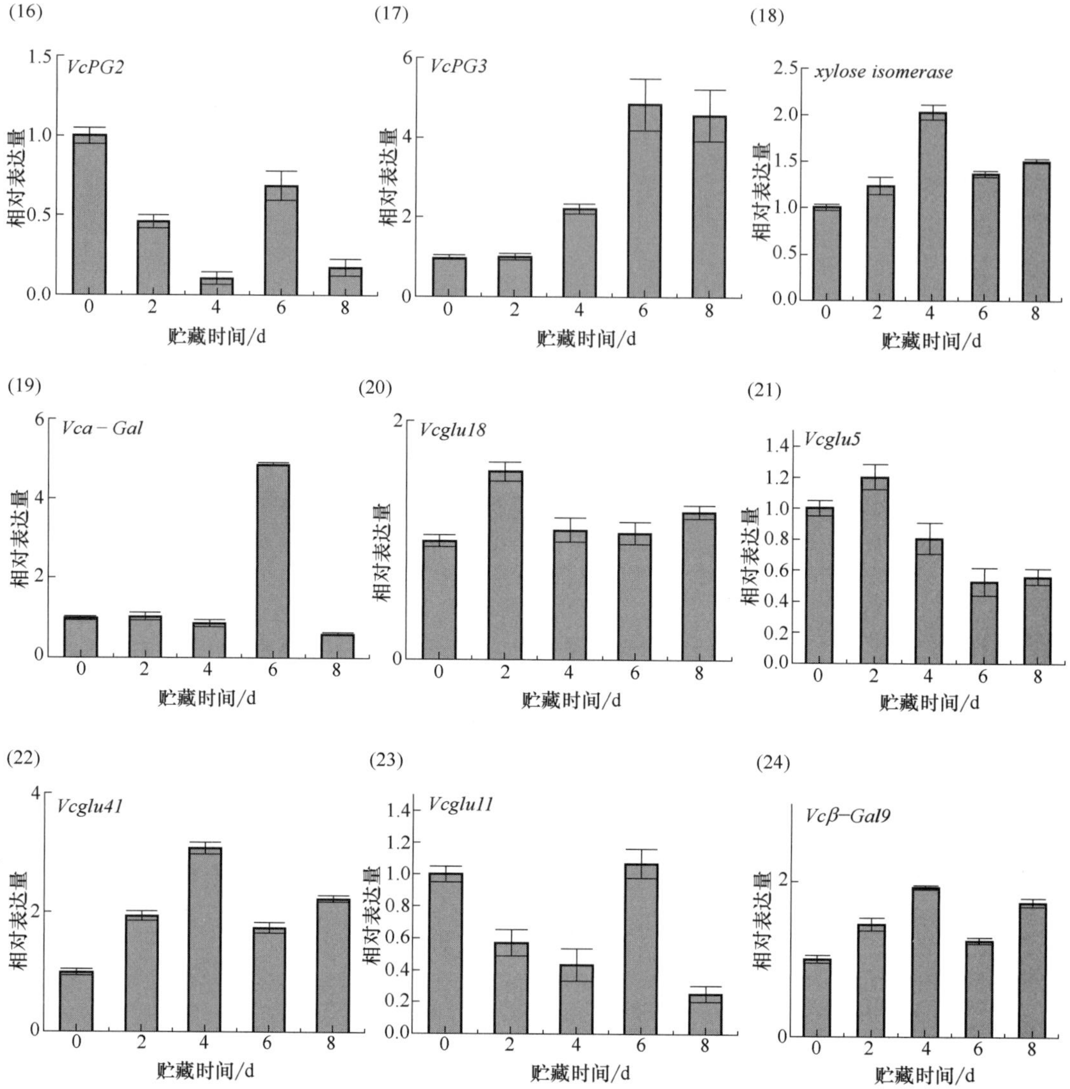

图 3-13 差异基因表达量的 qRT-PCR 验证（续）

和 4 个下调表达基因，在 SA 信号转导途径中鉴定 6 个上调表达基因。

（五） qRT-PCR 对差异显著表达的软化及 ABA 关键基因表达模式鉴定

如图 3-13 所示，用 qRT-PCR 对 24 个差异表达基因的表达模式进行了分析，同时也作为对后续研究的基因的筛选。对 ABA 合成、信号转导的基因和细胞壁降解糖类组分代谢相关的基因在采后贮藏过程中的表达模式进行了鉴定，发现 ABA 的 9 个基因 *VcABF*、*VcKinase*、*VcAAO3*、*VcZEP1*、*VcZEP2*、*VcNCED1*、*VcNCED6*、*VcNCED5* 与细胞壁降解相关的 2 个基因 *Vca-Gal*、*VcPG3* 的基因表达模式在蓝莓果实软化过程中呈现显著变化，且均与转录组结果一致，验证了转录组数据的准确性和可靠性。

综上，在本节研究中鉴定出在蓝莓果实软化过程中产生显著差异变化的基因多数集中在细胞壁多糖组分代谢上，其中包括糖和葡萄糖醛酸相互转化、果糖和甘露糖代谢、半乳糖代谢、淀粉和蔗糖代谢途径、氨基糖和核苷酸糖代谢、植物激素类合成与代谢、光合作用和内质网的蛋白加工途径这几条途径上。说明蓝莓果实的软化是多种因素协同作用的结果，与细胞壁的糖类组分变化和植物激素 ABA 含量的变化密切相关。蓝莓在软化过程中伴随着编码 ABA 的基因的表达量的上调与 ABA 含量的增加，同时伴随着细胞壁降解酶类活性的上升与编码细胞壁降解酶类基因表达量的上调，最终使果实硬度下降，也表明 ABA 确实与蓝莓果实软化密切相关。

第六节　蓝莓采后果实软化过程的磷酸化蛋白质组学分析

蛋白质翻译后修饰（post-translational modification，PTM）是指对翻译后的蛋白质进行共价加工的过程，其通过在一个或多个氨基酸残基上加上修饰基团以影响蛋白质结构、空间构象和理化性质等，进而影响与性状表达密切相关的基因表达、信号传导通路、细胞分裂等生化代谢过程。磷酸化是蛋白质 PTM 中最广泛的共价修饰，也是原核生物和真核生物中最重要的调节修饰。近年来，有关果实类作物蛋白质磷酸化的研究已有报道。在对辣椒果实发育过程中的磷酸化蛋白质组学研究中发现，植物激素对辣椒果实发育具有重要作用（Liu *et al.*，2020）。在甜橙果实成熟过程中色素质体的磷酸化蛋白质组学分析中，共鉴定得到在 135 个磷酸化肽段中的 179 个独特的磷酸化位点定位于 109 个候选磷酸化蛋白上（Zeng *et al.*，2014）。番茄果实中蔗糖合成酶的分配机制受钙调蛋白磷酸化/去磷酸化的调控。此外，在对马铃薯的质谱鉴定中发现，鉴定得到 35 种磷酸化蛋白中部分参与调控细胞壁完整性。目前关于蓝莓中磷酸化修饰的研究还未有报道，因此了解蓝莓果实软化过程中蛋白质磷酸化的调控机制，对蓝莓果实采后贮藏和品质调控具有重要意义。

一、材料与条件

1. 主要试剂与材料

蓝莓果实，品种“蓝丰”采自辽宁省时圣蓝莓基地；2D Quant kit 试剂盒，通用电气医疗生物科学有限公司；甲醇、胰蛋白酶、TMT 试剂、二氧化钛、四乙基溴化铵。

2. 主要仪器与设备

Ultimate RSLCnano 3000 超高效液相色谱：美国 Dionex 公司；真空浓缩仪：德国 Thermo 公司；Q Exactive HFX 四级杆轨道阱质谱：德国赛默飞公司；常温离心机：德国 Thermo 公司；PowerPac 电泳仪：美国 BIO-RAD 公司；液质联用仪：安捷伦科技公司，CA，美国。

二、试验方法

（一）蓝莓全蛋白的抽提及测定

取20g蓝莓果实液氮条件下研磨成粉末，加入沉淀6倍体积的预冷的甲醇，过夜沉淀；离心后，弃去上清液，采用预冷过的甲醇清洗三遍后，加入裂解液1000μL。冰浴30min后，继续超声直至溶解。然后，将样品置于4℃，20000×*g*离心10min，取上清液。蓝莓果实蛋白质浓度采用2D Quant试剂盒进行测定。蛋白质的完整性的检测采用12% SDS-PAGE凝胶电泳。

（二）蛋白质的酶解、除盐和标记

对蓝莓果实中提取的蛋白质进行下一步酶解，除盐和标记，各样本中等量取出4200μg蛋白后进行还原烷基化后，加入1000μL的0.1mol/L四乙基溴化铵，置于冰上超声，蛋白质沉淀溶解后，加入84μg胰蛋白酶，并置于37℃酶解过夜。然后加入42μg胰蛋白酶，酶解4h后，加入1%的终止液使反应终止。标记反应按照TMT试剂说明书进行。

（三）标记肽段的高效液相色谱预分离

肽段标记后混合，置于20000×*g*离心2min取上清液。碱性条件下，采用C18柱，利用高效液相色谱（high performance liquid chromatography，HPLC）反向梯度分离，肽段合并后真空抽干。

（四）磷酸化肽段富集

第一步是复溶抽干肽段，用二氧化钛材料从总肽段中结合出磷酸化肽段；第二步是将结合的磷酸化肽段洗脱后真空浓缩仪抽干；第三步是复溶抽干肽段，除盐后再次抽干。

（五）液质联用分析

液质联用（liquid chromatography-tandem mass spectrometry，LC-MS/MS）分析采用超高效液相和四级杆轨道阱质谱进行。柱温为40℃，流速20nL/min，其中四级杆轨道阱质谱电压为2.8kV，MS1扫描范围为（350~1800）*m/z*，温度设定为250℃。每个组分进行1.5h LC-MS/MS分析。

（六）生物信息学分析

分别对蓝莓果实样品的差异磷酸化蛋白进行COG注释和KEGG注释，并进行GO和KEGG pathway富集分析。

三、结果与分析

（一）蓝莓总蛋白提取质量分析

根据果实硬度及果实形态分析，选取采收当天的新鲜蓝莓果实（0d）以及20℃贮藏8d发生软化的蓝莓果实样品进行总蛋白提取，设置三次生物学重复取样，并将提取后的蛋白质进行凝胶电泳和蛋白质浓度检测，果实样品的浓度如表3-4所示，均达到后续试验要求。此外，6个蓝莓果实样品蛋白质条带清晰（图3-14），结果表明果实样品中蛋白质提取符合下一步试验要求。

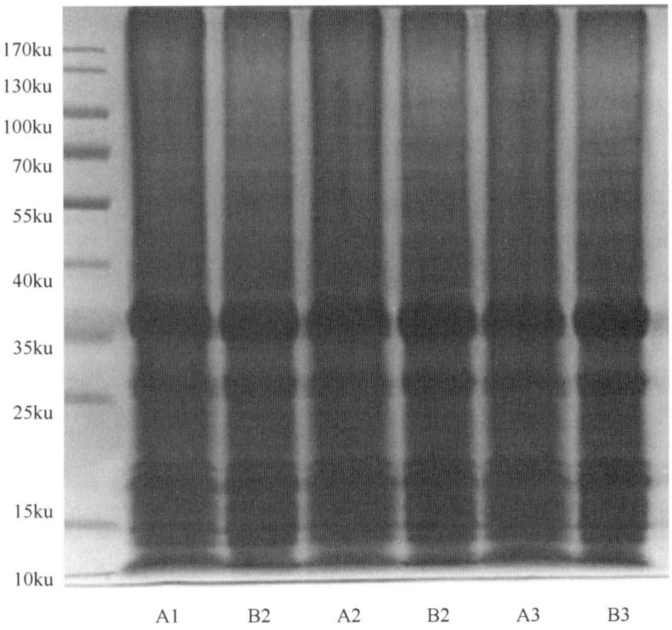

彩图 3-14

图3-14　蓝莓总蛋白 SDS-PAGE 电泳图

新鲜蓝莓果实（A1，A2，A3）　常温货架期8d蓝莓果实（B1，B2，B3）

表3-4　蓝莓总蛋白提取浓度

样品名称	0d（A1）	0d（A2）	0d（A3）	8d（B1）	8d（B2）	8d（B3）
浓度/（ng/μL）	4.5	4.4	4.0	7.8	8.4	8.1

（二）蓝莓磷酸化修饰蛋白鉴定及磷酸化差异蛋白筛选

结果如图3-15所示，试验共鉴定出5092个肽段，位于2530个蛋白质上。发生磷酸化修饰的蛋白质数量为2282，共鉴定出5635个磷酸化位点［图3-15（1）］。在可磷酸化的氨基酸中，丝氨酸、苏氨酸和酪氨酸是主要影响蛋白质功能的3种氨基酸，三者之间发

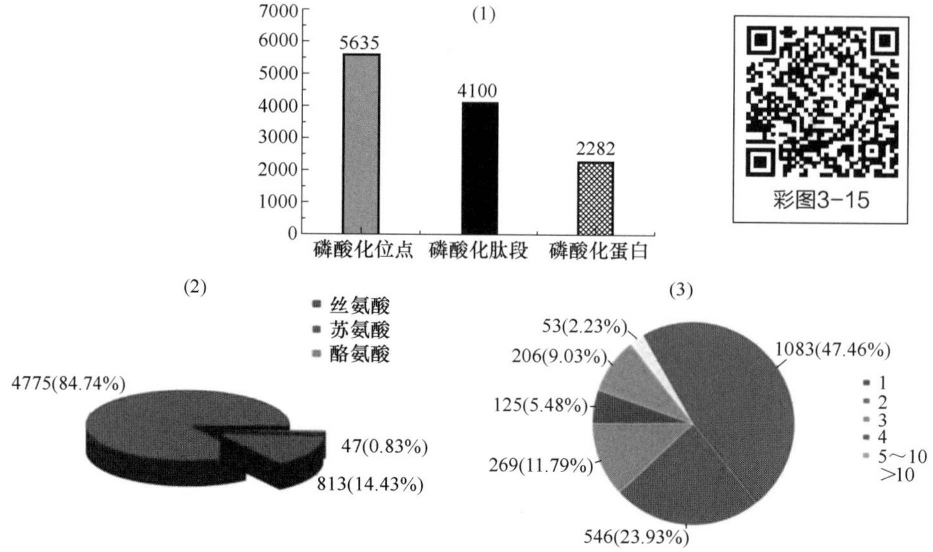

图 3-15 磷酸化蛋白质组学产量统计

(1) 磷酸化蛋白组鉴定统计结果 (2) 发生修饰的丝氨酸、苏氨酸、酪氨酸个数统计
(3) 蛋白质修饰位点数分布

生修饰的比例差别较大。经鉴定蓝莓果实样品中发生磷酸化修饰的主要是磷酸丝氨酸，其磷酸化位点为 4775 个，占总数的 84.74%，占比最大，其次是磷酸苏氨酸，其磷酸化修饰位点数量为 813，占比 14.43%，而在蓝莓果实样品中鉴定到的磷酸酪氨酸的数量仅有 47 个，仅占总数的 0.83%，远少于其他两种氨基酸 [图 3-15 (2)]。在蓝莓果实样品中鉴定出的 5635 个磷酸化位点中，5099 个位点被准确定量，这些磷酸化位点位于 2282 个磷酸化蛋白质中，其中 1083 个蛋白质（47.46%）只有一个磷酸化位点，546 个（23.93%）有 2 个磷酸化位点，269 个（11.79%）有 3 个或更多磷酸化位点，经鉴定共有 52 个蛋白质磷酸化位点超过 10 个 [图 3-15 (3)]。在定量结果中显著性差异标准按照上调≥1.5 或下调≤0.67，显著性 $P \leqslant 0.05$ 进行相应的筛选，试验共鉴定出到 742 个磷酸化修饰蛋白中的 1181 个磷酸化位点，其磷酸化水平在蓝莓果实软化过程中发生显著变化，其中上调 651，下调 530（表 3-5）。以上结果表明，蓝莓果实软化过程中大量蛋白质发生了磷酸化差异修饰。

表 3-5 样品间磷酸化位点显著差异数量

组名	总定量数	上调	下调	总差异
B : A	5099	651	530	1181

（三）磷酸化肽段的基序（motif）分析

motif 分析结果如图 3-16 所示，以丝氨酸和苏氨酸为中心修饰位点时，推算出具有统

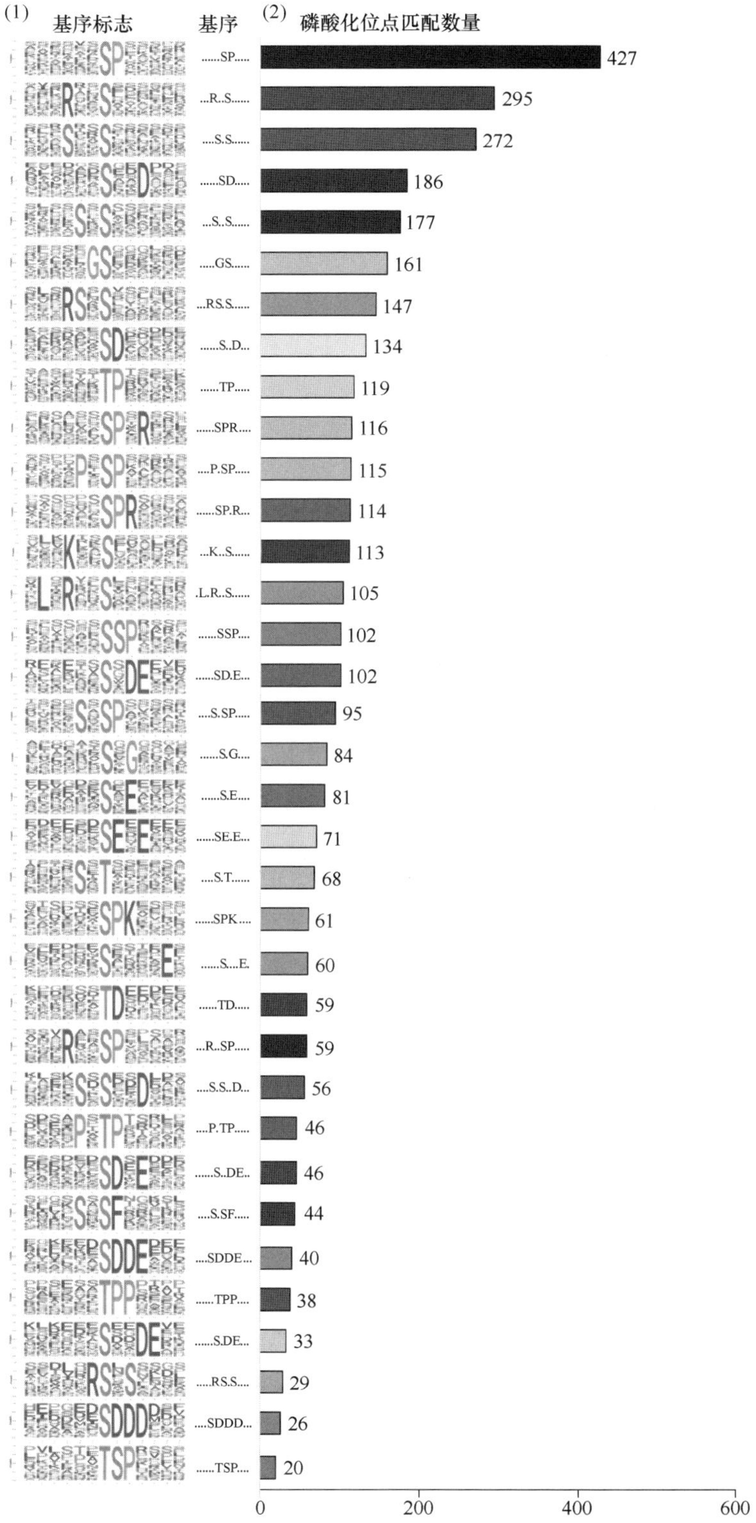

图 3-16　磷酸化肽段的 motif 分析

（1）磷酸化位点的 motif 序列　（2）每个基序中被识别出的含有磷酸化位点的肽的数量

彩图 3-16

计学显著性的motifs的数量分别为29和6，但并未鉴定到以络氨酸残基为中心修饰位点motifs。在29个pSer基序中，基序［sP］和［Rxxs］所占比例最高，分别为427个和295个。而磷酸化肽在这些基序中所占比例最低的是［sDDD］，仅鉴定出26个磷酸化肽段。在6个pThr基序中，基序［tP］和［sT］所占比例最高，为199和68个磷酸化肽段。结果表明，中性和碱性残基（P和R）周围的丝氨酸/苏氨酸残基更容易磷酸化。

（四）亚细胞定位分析

亚细胞定位分析结果表明，996、496、412、173和103个磷酸化蛋白分别位于细胞核、叶绿体、细胞质、质膜和线粒体（图3-17）。相比之下，细胞外等其他腔室中的磷酸化蛋白仅占4.91%。本研究中，除了细胞核外，蛋白质定位最多的细胞器是叶绿体，这可能与透射电镜结果中蓝莓果实软化后叶绿体损伤严重相关。

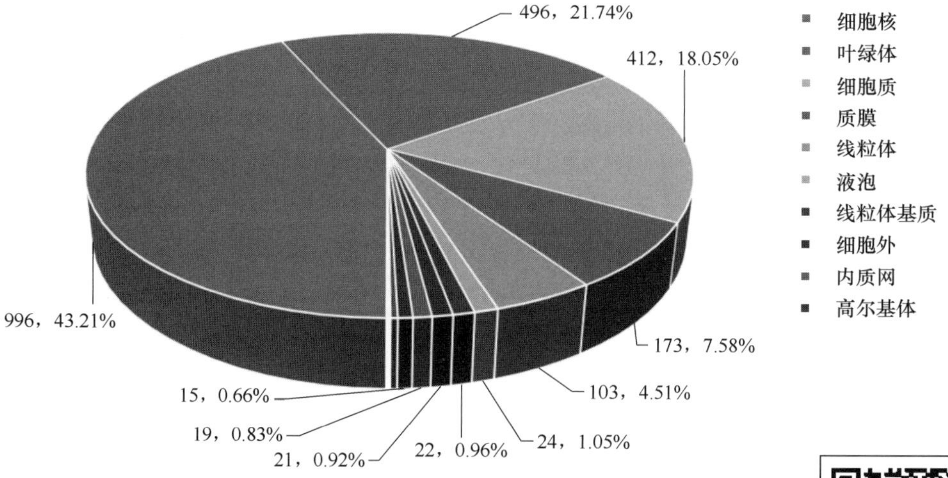

图3-17 磷酸化差异蛋白亚细胞定位

彩图3-17

（五）生物信息学分析

1. COG分类分析

利用COG数据库进行数据分析，在采后蓝莓果实软化过程中共检测到439个差异磷酸化前体蛋白及22个功能簇。如图3-18所示，仅一般功能预测、信号转导机制、转录后修饰、转录、复制、重组和修复以及碳运输和代谢中磷酸化差异蛋白数量较多。

2. KEGG注释分析

KEGG通路注释分析显示采后蓝莓果实软化过程中共有71个代谢通路发生磷酸化显著差异。其中共注释到606个功能蛋白，被富集到139条代谢通路中。如图3-19所示，将发生磷酸化显著差异的各代谢通路中蛋白质数量进行统计，列出差异磷酸化蛋白质数量

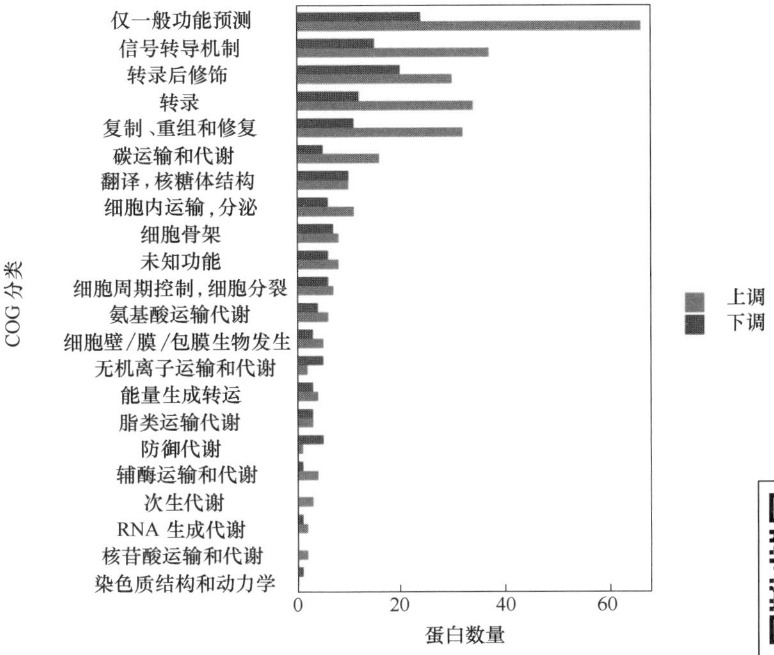

图 3-18　差异磷酸化蛋白的 COG 分类

彩图 3-18

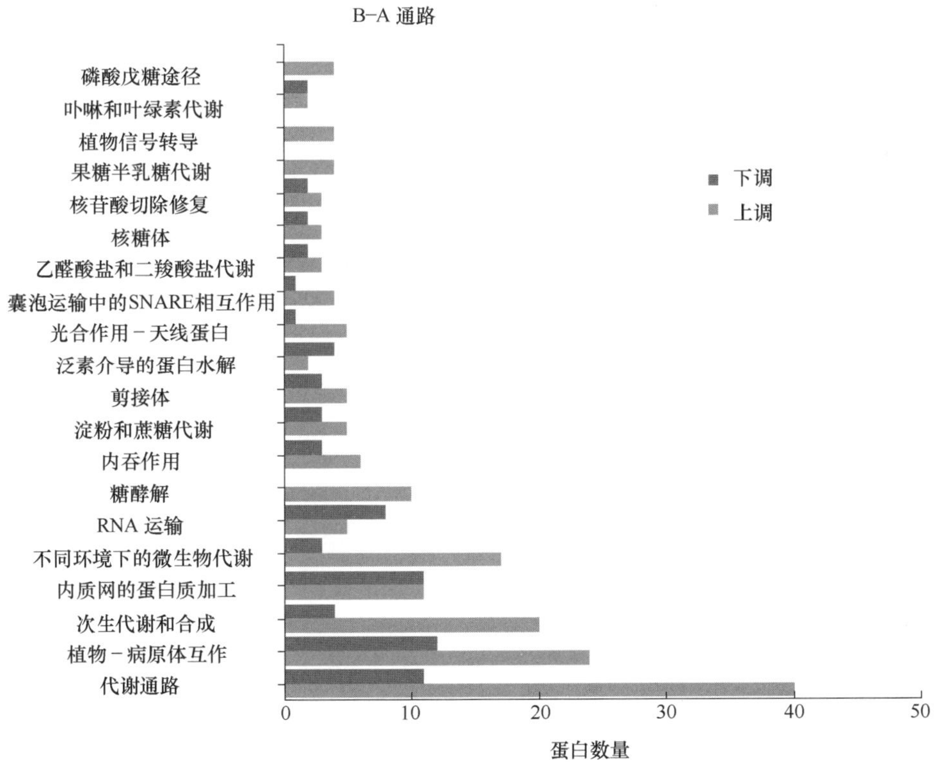

图 3-19　差异磷酸化蛋白的 KEGG 注释

彩图 3-19

最多的前 20 个代谢通路。代谢通路、植物-病原体互作、内质网的蛋白质加工、次生代谢和合成、剪接体、淀粉和蔗糖代谢、糖酵解和植物信号转导途径等。途径均富集了大量差异磷酸化蛋白。以上结果表明，在常温货架期间采后蓝莓果实软化发生时，蓝莓果实体内大量的蛋白发生差异磷酸化修饰从而参与了多种生理代谢过程。

（六）蓝莓果实软化过程中磷酸化差异蛋白及代谢通路分析

1. 参与碳水化合物代谢的磷酸化蛋白质

通过进一步分析代谢为 KEGG 通路图次级分类排名第一的代谢通路，其中碳水化合物代谢中富集到的差异磷酸化蛋白数量最多。具体涉及的途径有：ko00500 淀粉和蔗糖代谢途径；ko00010 糖解与糖代谢合成；ko00630 乙醛酸盐和二羧酸盐代谢；ko00051 果糖和甘露糖代谢；ko00030 戊糖磷酸途径；ko00520 氨基糖和核苷酸糖的代谢；ko00052 半乳糖代谢；ko0030 戊糖和葡萄糖醛酸之间的相互转化。

其中 ko00500 淀粉和蔗糖代谢途径（图 3-20）在蓝莓果实软化过程中发生显著差异的磷酸化蛋白质分别是 PE［EC：3. 1. 1. 11］、海藻糖磷酸合酶［EC：2. 4. 1. 15］、UD-葡萄糖-6-脱氢酶［EC：1. 1. 1. 22］、淀粉酶［EC：3. 2. 1. 2］、葡萄糖磷酸合成酶［EC：2. 4. 1. 14］、葡萄糖-6-磷酸异构酶［EC：5. 3. 1. 9］、蔗糖磷酸合成酶［EC：2. 4. 1. 14］和葡萄糖磷酸变位酶［EC：5. 4. 2. 2］。

2. 参与植物激素信号转导的差异磷酸化蛋白质

在采后蓝莓果实软化过程中 ko4075 植物激素信号转导途径中我们鉴别出 2 条植物激素转导通路；在 ETH 信号转导途径中鉴定 3 个差异磷酸化蛋白质；在 ABA 信号转导途径中鉴定 1 个差异磷酸化蛋白质。其中 ETH 信号转导途径的 3 个差异磷酸化蛋白质均为 CTR1。此外，如图 3-21 所示，在半胱氨酸和蛋氨酸代谢途径中，仅发现一个磷酸化差异蛋白质，即 ACO，该蛋白质对 ETH 合成具有催化作用。综上，我们推测植物激素信号转导路径中的 ETH 信号转导途径在蓝莓果实软化进程中可能发挥重要作用。

本节鉴定了许多应答果实软化并且发生磷酸化修饰的蛋白质，试验共鉴定出 5092 个肽段，位于 2530 个蛋白质上，发生磷酸化修饰的蛋白质数量为 2282，共鉴定出 5635 个磷酸化位点，其中 742 个蛋白质在果实软化过程中发生显著变化。通过生物信息学分析，采后蓝莓果实磷酸化蛋白在 GO、COG 和 KEGG 中分别注释得到 1534、831 和 606 个差异磷酸化蛋白，并且 3 个数据库注释结果中均出现了大量与碳水化合物代谢相关的磷酸化差异蛋白。GO 分类结果表明这些差异磷酸化蛋白主要参与“细胞过程”“代谢过程”“刺激应答”和“结合”。KEGG 代谢通路分析显示“代谢途径”“植物病原互作”“内质网的蛋白质加工”“次生代谢物生物合成”“剪接体”“淀粉和蔗糖代谢”“糖酵解”和“植物激素信号转导”途径均富集了大量差异磷酸化蛋白。这些研究结果为进一步深入研究蓝莓果实软化机理奠定了生物学基础。

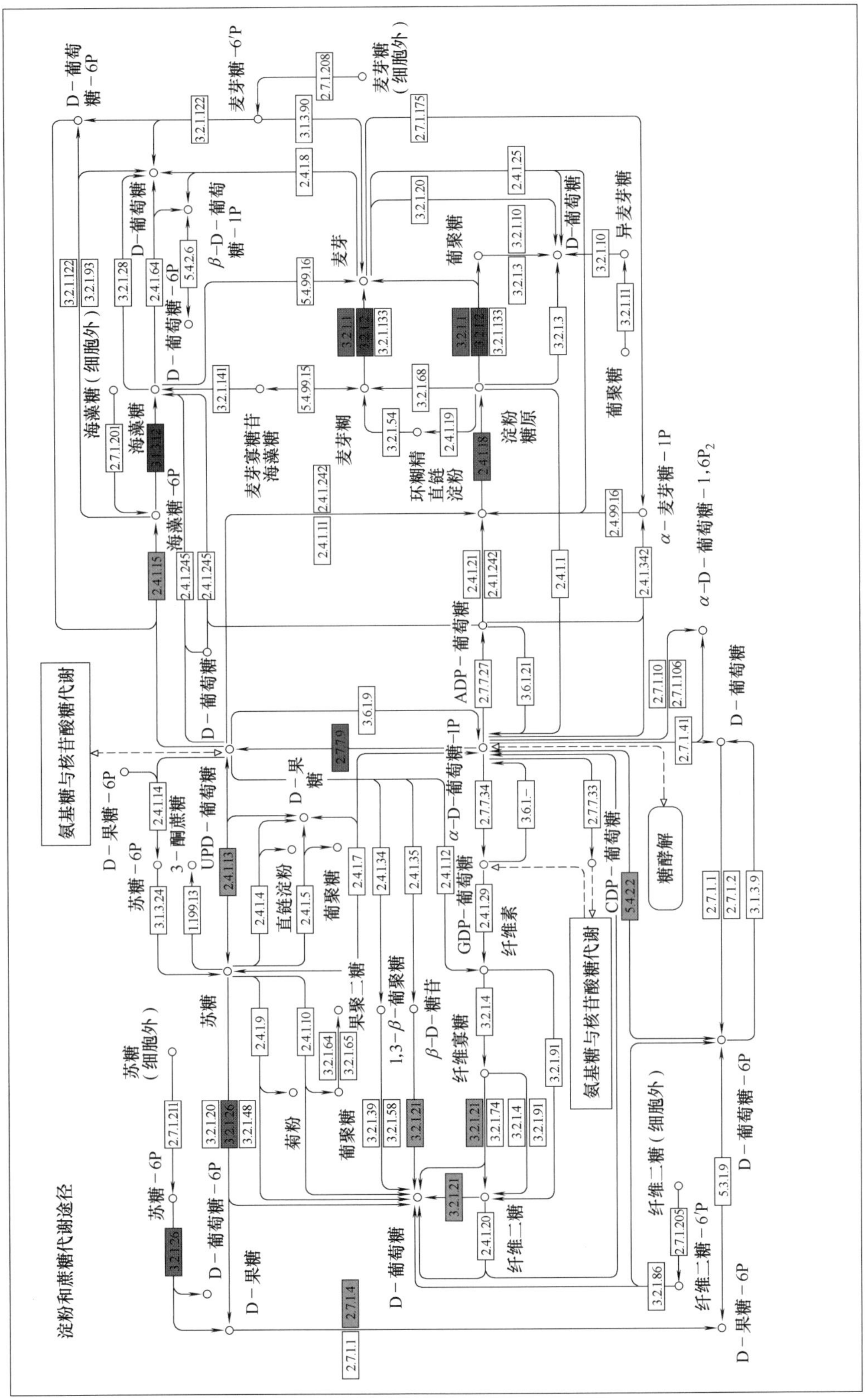

图 3-20　蓝莓软化过程中淀粉和蔗糖代谢途径中的差异磷酸化蛋白质

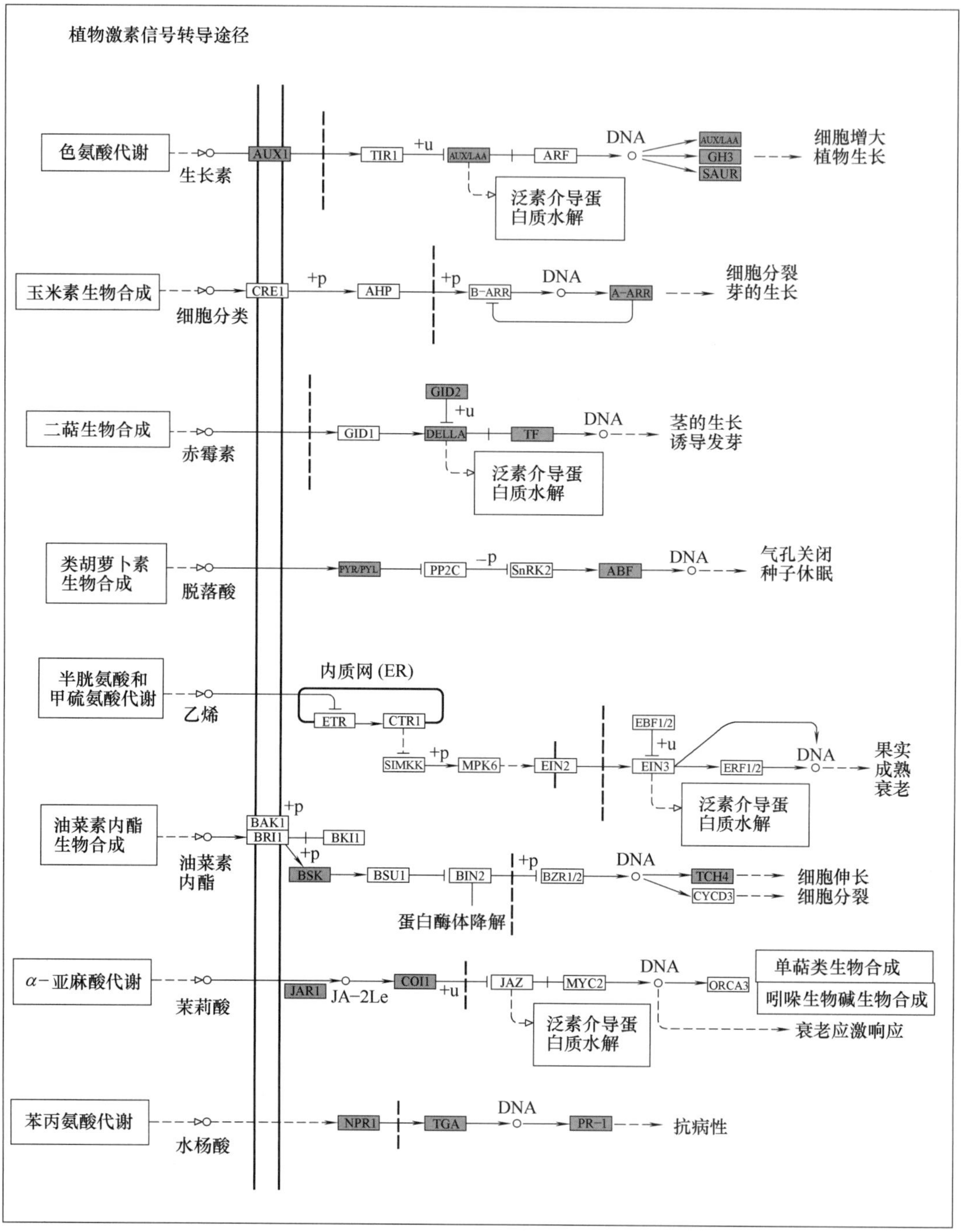

图 3-21 蓝莓软化过程中植物激素信号转导途径中的差异磷酸化蛋白质

第四章

冷藏蓝莓果蒂凹陷基本理论研究

第一节 影响蓝莓果实冷害的因素

1. 蓝莓果实冷害发生的表现特征

温度是影响果蔬采后贮藏期的重要因素，不适宜的贮藏温度极易影响果蔬品质，破坏果蔬正常生理代谢平衡，造成内部细胞膜组织结构性损伤，会发生冷害。冷害是指果蔬在冰点以上的不适低温环境中受到的生理伤害，是冷敏性果蔬对逆境胁迫的一种不良反应（张敏等，2016）。低温逆境胁迫下果蔬表现的生理伤害症状主要是果蔬表面和内部出现局部组织坏死，具体表现为表皮出现干疤、凹陷和水浸状斑点，内部出现褐变、黑心，产生异味。其他由于果蔬发生冷害后，其抗病能力发生下降，因此果蔬极易受到病原微生物的侵染。随着蓝莓冷藏时间的增长会出现一系列异常现象包括：出汁率增加、果皮和果肉粘连、水渍状斑点增多、果蒂凹陷现象严重以及果肉黏稠和软化败坏等现象。

2. 影响蓝莓果实冷害的内在因素

果蔬发生冷害的内在因素包括果蔬的品种、原产地、成熟度和采收期等。果蔬采后低温贮藏时冷害的发生以及严重程度是由果蔬本身的冷敏性所决定的，其冷敏性则受到内在因素的影响。此外，对于同一果蔬而不同品种发生冷害的温度也都不相同，都存在较大的差别。果蔬采收时的成熟度也影响着冷害发生。例如，辣椒还处于绿熟期则较容易发生冷害，然而处于红熟期的辣椒往往不易发生冷害问题。因此，蓝莓的品种、原产地和采收时的成熟度等构成了蓝莓采后贮藏冷害发生及其严重程度的主要内在因素（张敏等，2016；韩帅等，2021）。

3. 影响蓝莓果实冷害的外在因素

影响蓝莓果实冷害的外在因素包括温度、相对湿度、光照、大气的成分和栽培管理条件等（Sayyari，2012）。在这些外界环境因素中，温度的影响是最显著的。在蓝莓采后冷藏期间，贮藏温度的高低和冷藏时间的长短是蓝莓是否发生冷害和冷害严重程度的决定性因素。通常情况下，在果蔬冷害发生的阈值温度范围内，贮藏温度越低时，果蔬冷害表现得越早，冷害程度也越严重。冷藏蓝莓果实转入常温货架期发生的凹陷现象，影响了果皮的光洁度和内在风味品质，降低了蓝莓果实的商品价值和市场竞争力，也给运输、贮藏和销售带来诸多不便。深入研究其凹陷的发生机理对于进一步探讨其调控技术具有重要意义。

第二节 冷藏蓝莓果蒂凹陷的蛋白质组学分析

近年来，植物非生物逆境（冷胁迫、热胁迫、盐胁迫和干旱胁迫等）的研究已大量应用了蛋白质组学技术，已有很多报道。蛋白质组学（proteomics）是1994年由Marc Wikins提出的，是指在大规模上研究蛋白质的特征，并在整体水平上呈现出蛋白质组成与调控规律，并阐明全部蛋白质的表达及功能模式，尤其可以观察在某一时刻某物质完整的蛋白质组在特殊生理或病理状态下的变化。蛋白质组学研究的主要技术包括双向凝聚电泳-质谱检测技术、蛋白质芯片、酵母双杂交、同位素亲和标签以及近年来新研发的相对和绝对定量同位素标记等，其中，比较成熟、应用较广的是双向凝胶电泳-质谱检测技术。该技术具有同时、大量和简便地分离蛋白质的特点，随后可进行计算机定量分析，是目前蛋白质组学研究中应用最多的技术之一（魏雯雯等，2012；李开阔，2011）。目前蛋白质组学已经在番茄、苹果、芒果、甜樱桃和草莓等果蔬上得到了广泛应用（Bautista *et al.*，2024；Wu *et al.*，2023；Zhao *et al.*，2022；Wang *et al.*，2024），但在冷藏期间蓝莓果实发生冷害伴随着哪些蛋白质的变化仍有待研究，因此在本节将从蛋白质层面揭示影响蓝莓冷害的机理。

一、材料与条件

1. 材料与试剂

蓝莓采收后于1h内运回实验室，并进行分装处理，保证蓝莓成熟度一致且大小基本相同，蓝莓果实分装成5组，每组约4kg。在常温下散去田间热后将第一组蓝莓作为对照组，贮藏在相对湿度80%且温度在（20±1）℃条件下。将其余四组蓝莓果实未处理组放入（0±0.5）℃的冷库中，分别经过15d、30d、45d和60d冷藏转入（20±1）℃常温货架，每隔一天测定相关数据一次，每次测定3次重复。其中取对照组0d和6d的果实以及处理组（0±0.5）℃条件下贮藏30d后转常温期0d和6d的蓝莓果实进行蛋白质组学相关试验，每组重复三次。

试剂：Real Master Mix（SYBR Green）试剂盒（CWBIO）；抗体稀释液Ⅱ，Protein Simple公司；BCA蛋白浓度测定试剂盒，北京鼎国；HiFiScript cDNA合成试剂盒，CWBIO；OminiPlant RNA试剂盒，CWBIO。

2. 主要仪器与设备

高速台式离心机：德国Herolab公司；实时荧光定量PCR仪：美国Bio-Rad公司；快速梯度PCR仪：德国Peqlab GmbH公司；超低温冰箱：美国赛默飞公司；QuantStudio 6仪器：Life Technologies，Camarillo，CA，美国；液质联用仪：安捷伦科技公司，CA，美国。

二、试验方法

（一）凹陷率及腐烂率的测定

凹陷率统计：选取N（$N>100$）个蓝莓果实，检查发现凹陷果数N_0，计算果蒂凹陷率。

$$凹陷率=(N_0/N)\times100\% \tag{4-1}$$

式中　N_0——出现凹陷的蓝莓数，个；

N——调查总蓝莓数，个。

腐烂率统计：选取 M（$M>100$）个蓝莓果实，检查发现腐烂果数 M_0，计算果实腐烂率。

$$腐烂率=(M_0/M)\times100\% \tag{4-2}$$

式中　M_0——出现腐烂的蓝莓数，个；

M——调查的总蓝莓数，个。

（二） iTRAQ 蛋白质组学分析实验流程与方法

1. 实验流程

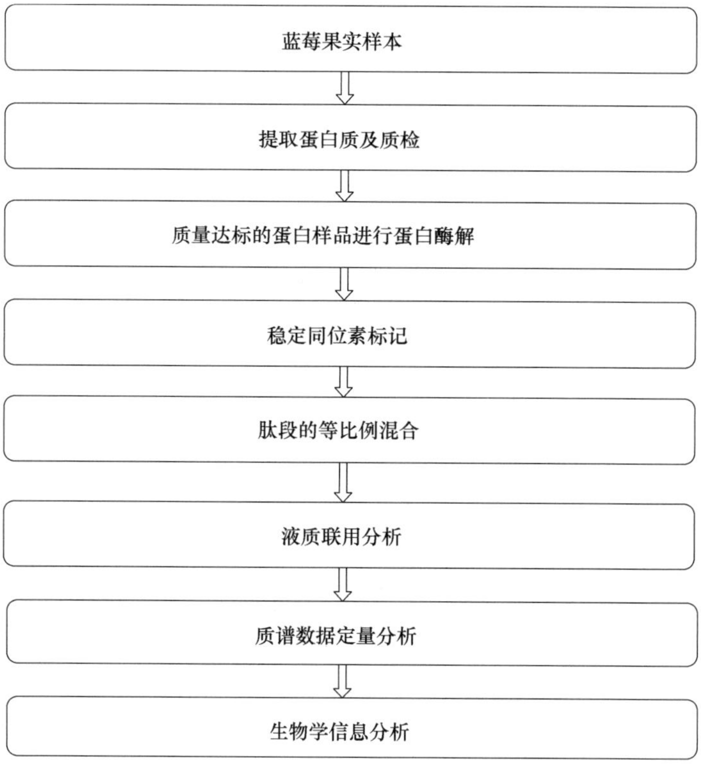

2. 蛋白质提取及测定

取 2g 果实组织，研磨、振荡、离心和孵育等步骤后，复溶于裂解液（生工）中，之后参照 BCA 试剂盒（鼎国）测定蛋白质浓度。

3. 标准曲线的测定

将蛋白标准品按照 0μL、2μL、4μL、6μL、8μL 和 10μL 加到 96 孔板的蛋白标准品孔中，加灭菌双蒸水补足到 10μL；取 10μL 待测样品加入 96 孔板。酶标仪 562nm 波长下测定吸光度。绘制标准曲线，计算样品的浓度。最终样本浓度为 2mg/mL。

4. 蛋白质酶解、 iTRAQ 标记及混合

蛋白质的酶解采用胰酶消化法，将蛋白酶解为肽段后，利用 iTRAQ labeling kit 分别对蛋白样本进行稳定同位素标记，最后将来源于不同样品酶解多肽采用不同稳定同位素标记后等量混合。

5. 液质联用及质谱定量分析

利用液质联用仪对混合后的样本进行串联质谱分析，得到包含一级和二级谱图的原始数据，在用 Mascot 软件进行肽段的鉴定与定量，定量变化在 1. 3 以上的蛋白为显著差异蛋白。

6. 生物信息学分析

通过对显著差异蛋白进行 GO （function），KEGG （pathway），Pfam （domain/motif），CORUM （complex） 的生物信息学分析，了解显著差异所在蛋白在细胞内的功能、通路与蛋白复合物等信息，获得差异组学数据后，进行数据比较分析和功能注释。

（三） Western bolt 验证差异蛋白

1. 抗体的复溶剂稀释

将 0. 2mg 的抗体加入 200μL 的水中，轻柔颠倒混匀后将试管于冰箱中静置 4h，其间每小时轻柔颠倒混匀一次。最终配制成 1mg/mL 的工作液，储存于-20℃冰箱。一抗的稀释使用 ProteinSimple 提供的抗体稀释液Ⅱ稀释。

2. 样本及抗体稀释浓度的优化

根据参考数据确定了 3 个抗体稀释倍数和 3 个样本稀释浓度做进一步的正交试验，其中，抗体稀释倍数的 3 个单因素分别为 1 ∶ 10、1 ∶ 50 和 1 ∶ 250，样本稀释浓度的 3 个单因素分别为 0. 02mg/mL、0. 2mg/mL 和 2mg/mL。

（四） qRT-PCR 分析

1. RNA 的提取及第一链 cDNA 合成

根据 OminiPlant RNA 试剂盒 （CWBIO） 从蓝莓中提取总 RNA，在 260nm 下定量总 RNA，并且在琼脂糖凝胶上确认完整性，RNA 最终浓度定量至 35。使用 HiFiScript cDNA 合成试剂盒（CWBIO）从 5mg 总 RNA 合成第一链 cDNA，该 cDNA 用作 qRT-PCR 分析的模板。

2. qRT-PCR 验证差异蛋白

用 QuantStudio 6 Flex 仪器（Life Technologies，CA）评估基因表达。使用比较 Ct 方法计算相对表达水平，蓝莓 ACTIN （上游：ACTACCATCCACTCTATCACCG；下游：ACTACCATCCACTCTATCACCG）基因作为内部对照以标准化差异。使用 Primer Premier

5.0 软件设计相关基因 qRT-PCR 引物，并由金唯智（Jiangshu，China）合成。根据 RealMasterMix（SYBR Green）试剂盒（CWBIO）的说明书设计 qRT-PCR 程序。

（五）基因序列及蛋白序列的设计

引物序列如表 4-1 所示。对每个样品进行三次独立复制。

表 4-1 蛋白抗体及 PCR 引物设计

蛋白名称		蛋白序列	引物序列
ABDB_blueberry_51749	内切葡聚糖酶 2	ELSHAMDAVKWGTD	上游:CGAGGAGGAGGCGAGAGTAACC 下游:GCGACCGACTACTTGCTGAAGG
ABDB_blueberry_13557	可能的吡哆醛生物合成蛋白 PdX1.1	RRIREGAAMIRTKG	上游:CGGTGGACGGTACAATCAAGGC 下游:CGACCAGTTGCAGAGCGTGAC
ABDB_blueberry_21459	线粒体进口内膜转位酶亚基	DEFRNFDKEGFLDL	上游:AATGAGGAGCCTTGGTCCAGGAG 下游:GGATGTGCAGTCCAGTATGGTAGC
ABDB_blueberry_30849	谷胱甘肽过氧化物酶	MKPLERGRLLGLDV	上游:ACAGCCTGGCCATTCTTGTC 下游:ACAAACACCAAGGCCTGGAA
ABDB_blueberry_14901	脂氧合酶	AEIEGVWADHPKIK	上游:AGGTTCACAATCTTCAGGCTCAGC 下游:TTCCGATGATGGCAGAAGCAGTTC
ABDB_blueberry_61227	ATP 柠檬酸合成酶 α 链蛋白 3	SGAPNEDEVLQYAR	上游:GCCTTGGTGTGGAGGTTGAGATG 下游:GTGGAAGTGTCGCAATCAGAGGAG
ABDB_blueberry_35001	衰老相关蛋白 DH	YSNSDCRLWSNDPS	上游:TTGCCTCTCCTGCGCTCTCC 下游:TTATGGCTCCAGTGGTCCGATCC
ABDB_blueberry_13748	超氧化物歧化酶 [Cu-Zn]	HFNPGGKENGAPED	上游:CTCCGTTGAAGGCGTCGTTACC 下游:CCAGTCGTCCACCTGCATTGC

三、结果与分析

（一）冷藏蓝莓果蒂凹陷规律及腐烂率结果分析

如图 4-1（1）所示，蓝莓果实的腐烂率在货架期迅速增加。长期冷藏果实的衰变发生率在 4d 至 8d 之间显著高于短期冷藏果实。蓝莓果实腐烂率在冷藏 15d 常温货架第 8 天是冷藏 60d 常温货架第 8 天的 46.3%，可见长期贮藏对于蓝莓机体的损害较为严重。如图 4-1（2）所示，直接在 20℃保存 8d 或在 0℃保存 6d，没有出现凹陷的现象。在冷藏 15d 及其常温货架期的蓝莓果实在没有明显的凹陷斑。然而，冷藏 15d 和 30d 转至常温的蓝莓果实在货架期的第 2 天均开始出现凹陷斑，而在第 4 天凹陷率显著高于 15d 的蓝莓果实。冷藏 45d 和 60d 的蓝莓果实，在货架期的第 8 天凹陷率分别达到了 65.3%和 89.4%，冷藏时间越长，凹陷情况相对越严重。

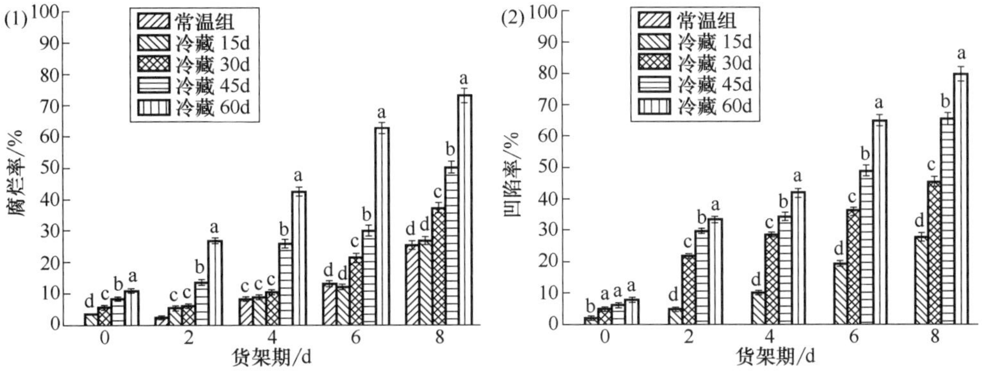

图 4-1　常温及冷藏后常温货架期间蓝莓果实腐烂率（1）和凹陷率（2）变化

不同字母表示在 $P<0.05$ 水平上差异显著

（二）差异表达蛋白鉴定结果及重复性分析

蛋白质的鉴定结果统计如表 4-2 所示，共鉴定 2041 种蛋白质，其中 1411 种蛋白质被定量。蛋白质的相对定量分为两类，数量比超过 1.2 被认为是上调，而数量比率小于 0.83 被视为下调。如表 4-3 所示为不同角度分析的差异蛋白质，其中，A、B 组相比，142 种蛋白质上调表达，166 种蛋白质下调表达；A、C 组相比，154 种蛋白质上调表达，168 种蛋白质下调表达；B、D 组相比，82 种蛋白质上调表达，81 种蛋白质下调表达；C、D 组相比，122 种蛋白质上调表达，106 种蛋白质下调表达。

表 4-2　差异蛋白质中定性及定量的蛋白质数量

组别	已识别的	量化的
蛋白	2041	1411

表 4-3　4 种比较中被定量的蛋白质数量

组别	上调（>1.2）	下调（<0.83）
A 和 B	142	166
A 和 C	154	168
B 和 D	82	81
C 和 D	122	106

（三）差异蛋白质生物信息学分析

1. GO 富集分析

分别对这些差异蛋白质参与的生物学功能包括分子功能、生物过程、细胞组分和蛋白域（protein domain）进行聚类分析并进行分类比较。

分子功能分析结果（图 4-2）显示，差异蛋白在抗氧化活性、谷胱甘肽过氧化物酶

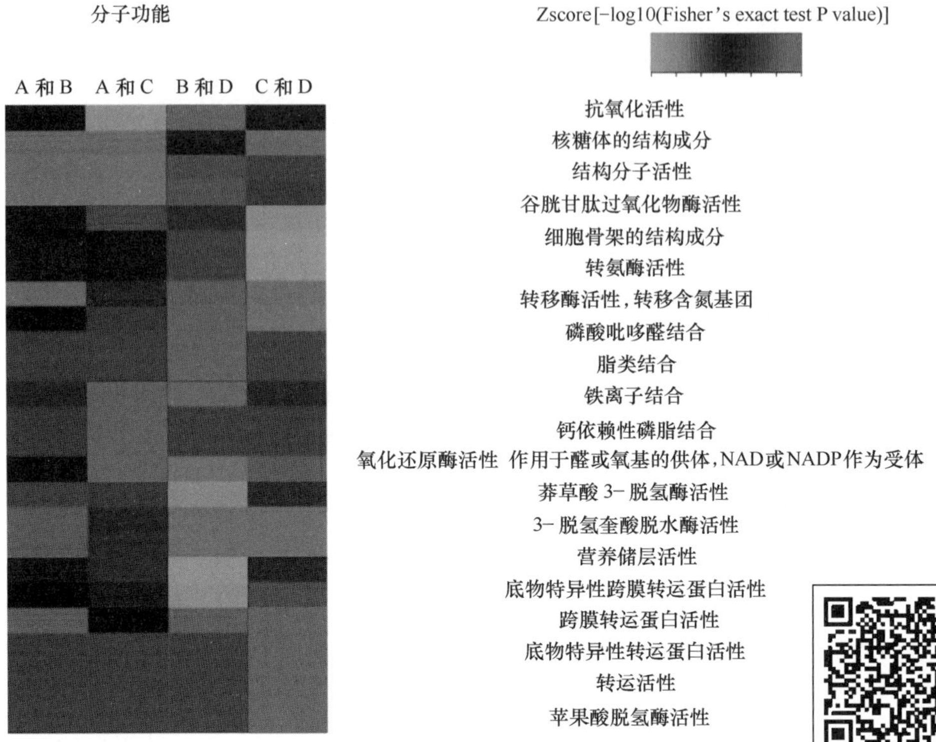

图 4-2 差异蛋白质按照分子功能分类

彩图 4-2

活性、磷酸吡哆醛结合、脂类结合、铁离子结合、钙依赖性磷脂结合、氧化还原酶活性、苹果酸脱氢酶活性等方面有明显差异。

生物过程分类结果（图 4-3）表明，这些差异蛋白质在刺激反应、负向调节生物过程、负调节代谢过程、细胞壁大分子代谢过程、离子传输、光合作用、糖蛋白代谢过程、碳水化合物衍生物的生物合成过程和跨膜运输过程中差异性较为明显。细胞功能分类结果（图 4-4）显示，差异表达的蛋白质在无膜包裹细胞器、质子运输 ATP 合酶复合物、线粒体内膜、线粒体膜和线粒体气囊等中差异明显。

蛋白域分类结果（图 4-5）显示，乙酰辅酶 A 羧基转移酶、糖基水解酶家族 32、水通道蛋白、莽草酸脱氢酶底物结合、核糖体蛋白、线粒体载体结构域、甘油醛-3-磷酸脱氢酶和翻译蛋白是差异蛋白差异表达较大的区域。研究结果表明，以上的细胞组分和生物功能对蓝莓果蒂凹陷的发生起到了十分重要的作用。

2. KEGG 代谢途径富集分析

在每一个生物体内，蛋白质并不是独立存在并调控机体的，而是不同蛋白质相互协调完成一系列生化反应以行使其生物学功能。所以通过 KEGG 分析由低温导致的与蓝莓冷害现象发生的差异蛋白质定位于具体的代谢通路过程中更有助于系统、全面地了解低温胁迫蓝莓果蒂凹陷发生的生理机制。我们分别对 B 和 D、A 和 C 和 C 和 D 中差异蛋白进行了 KEGG 分析，结果如下。

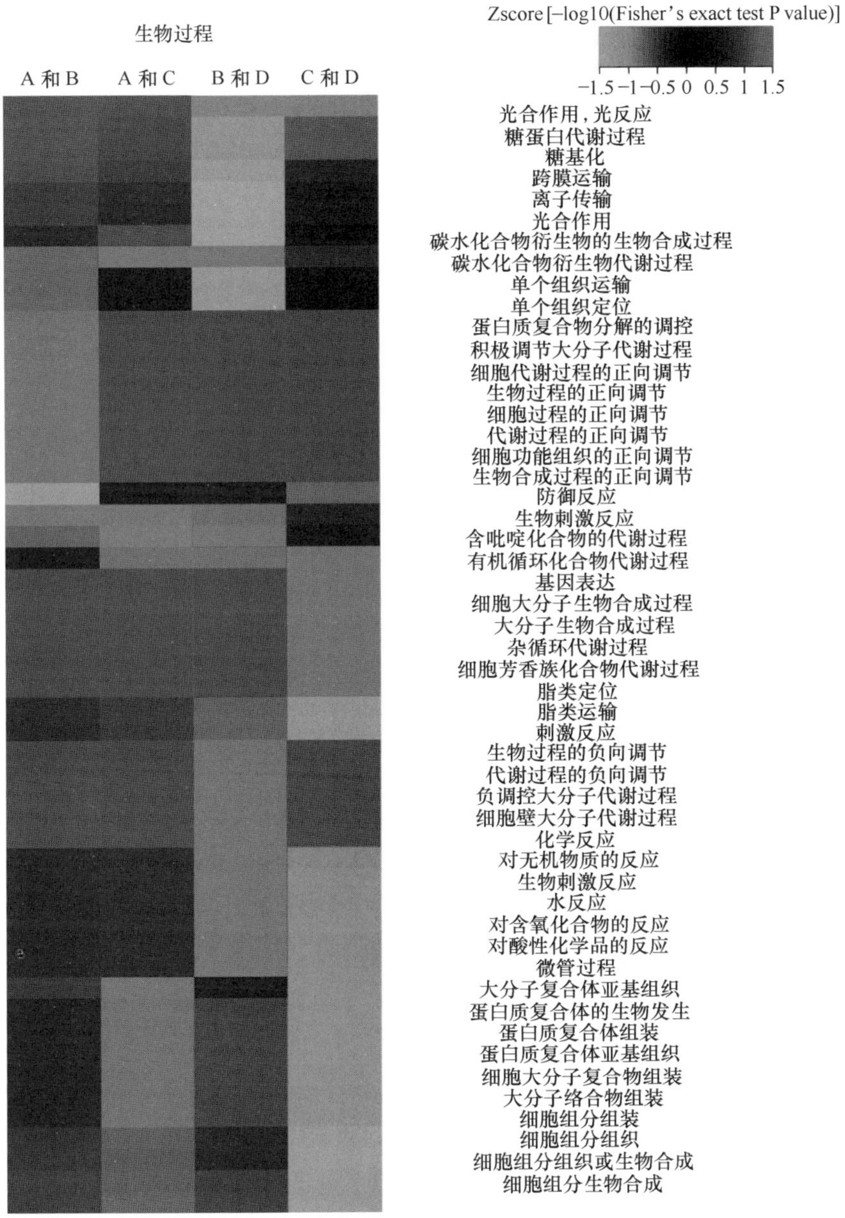

图 4-3　差异蛋白质按照生物过程分类

彩图 4-3

彩图 4-4

图 4-4　差异蛋白质按照细胞功能分类

（1）冷藏影响的可能与凹陷形成有关的差异蛋白（B 和 D）KEGG 分析

如图 4-5 所示，结果显示 B 和 D 组差异蛋白质可定量总数为 163 个，其主要分布的代谢通路包括：蛋白质输出（protein export）、蛋白内质网加工（protein processing in endoplasmic reticulum）、GSH 代谢（glutathione metabolism）、花生四烯酸代谢（arachidonic acid metabolism）、苯丙氨酸、酪氨酸和色氨酸的生物合成（phenylalanine，tyrosine and tryptophan biosynthesis）、苯丙烷生物合成（phenylpropanoid biosynthesis）、类黄酮生物合成（flavonoid biosynthesis）、糖酵解（glycolysis）、氨基丙氨酸代谢途径（phenylalanine metabolism）和磷脂酰肌醇信号系统（phosphatidylinositol signaling system）10 个代谢途径。其中，内质网蛋白质加工途径（图 4-6）中有 8 个上调蛋白，3 个下调蛋白；蛋白质输出途径（图 4-7）有两个上调蛋白；GSH 代谢途径（图 4-8）包含两个下调蛋白；花生四烯酸代谢途径（图 4-9）含有 2 个下调蛋白；苯丙氨酸、酪氨酸和色氨酸的生物合成途径（图 4-10）含有 6 个上调蛋白；苯丙烷生物合成代谢途径（图 4-11）有 14 个上调蛋白；类黄酮生物合成代谢途径（图 4-12）有 12 个上调蛋白；苯丙氨酸代谢途径（图 4-13）包含 13 个下调和 2 个上调蛋白；EMP 代谢途径（图 4-15）包含 1 个上调蛋白和 3 个下调蛋白；磷脂酰肌醇信号系统途径（图 4-14）包含 4 个上调蛋白。

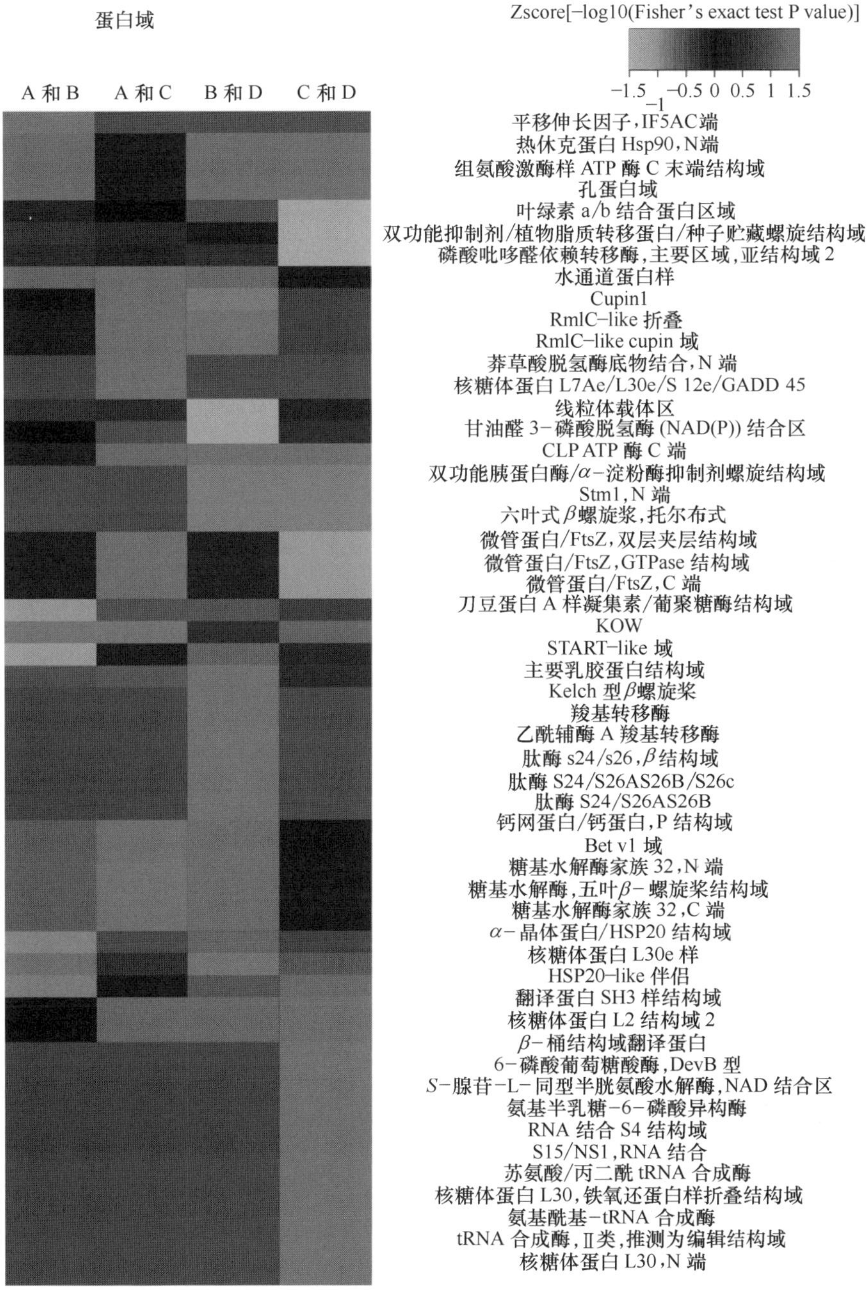

图 4-5 差异蛋白质按照蛋白域分类

彩图 4-5

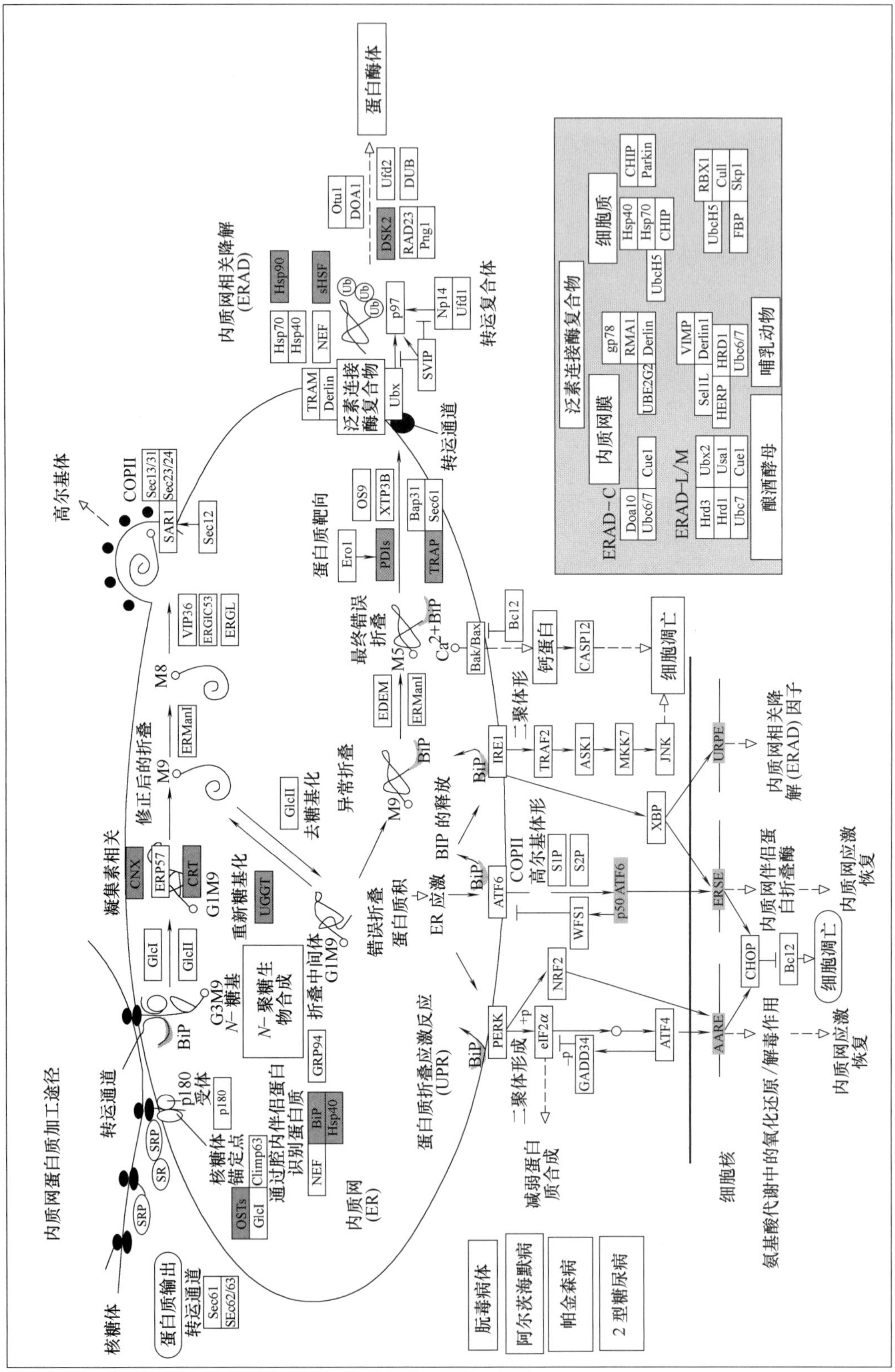

图 4-6 蓝莓冷藏凹陷过程中差异表达蛋白质的内质网蛋白质加工途径结果

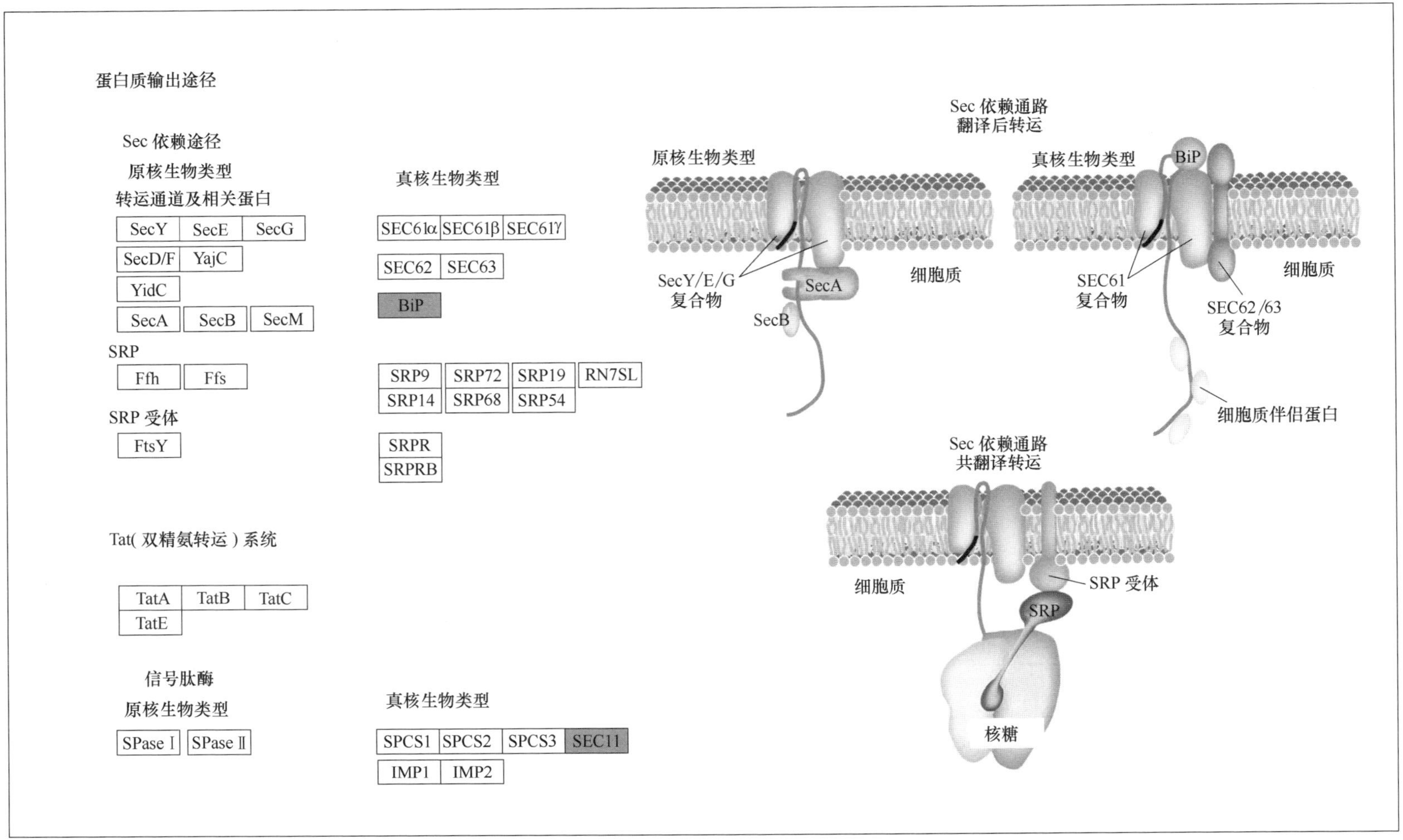

图 4-7　蓝莓冷藏凹陷过程中差异表达蛋白质的蛋白质输出途径结果

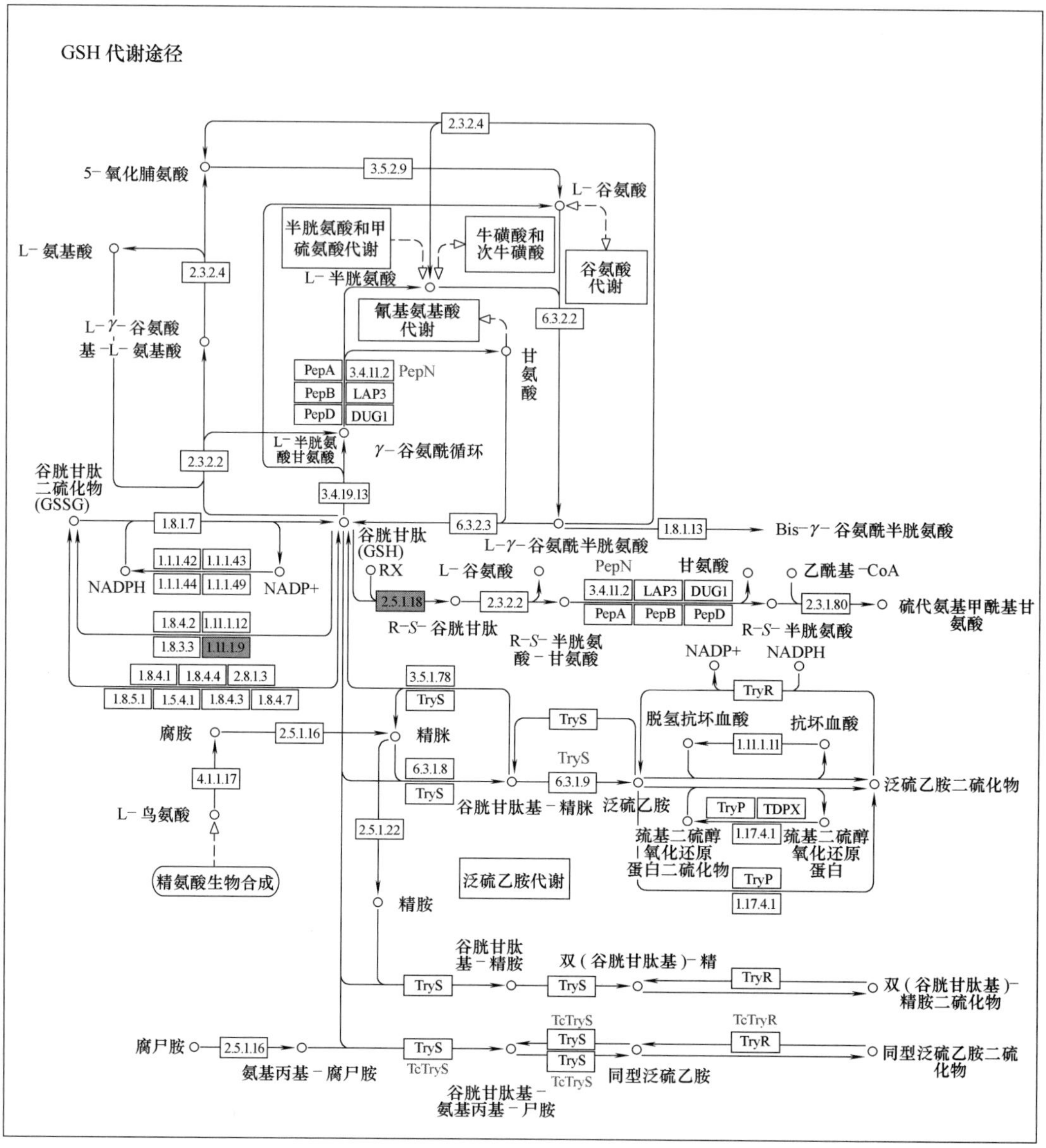

图 4-8　蓝莓冷藏凹陷过程中差异表达蛋白质的 GSH 代谢途径结果

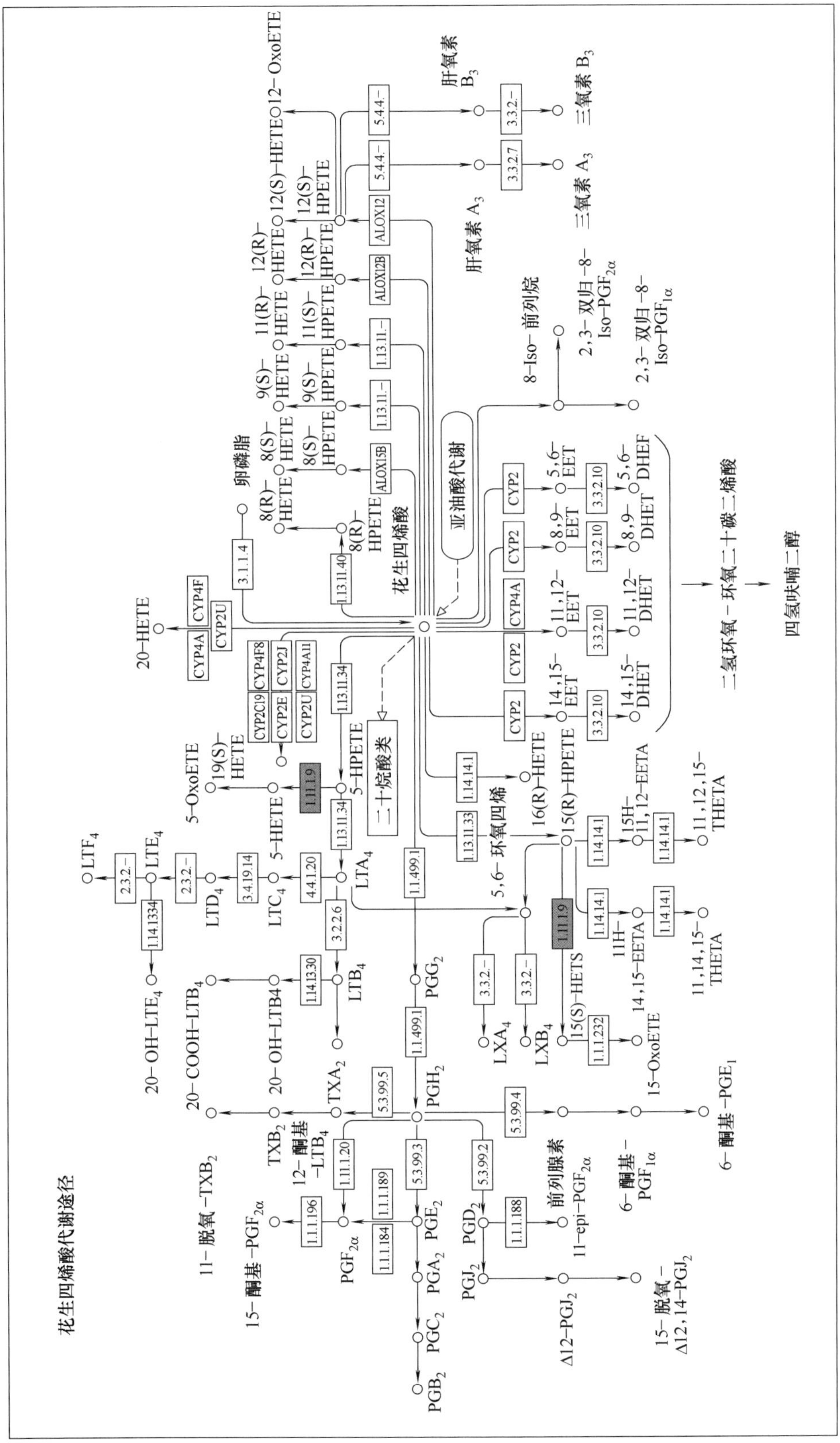

图4-9　蓝莓冷藏凹陷过程中差异表达蛋白质的花生四烯酸代谢途径结果

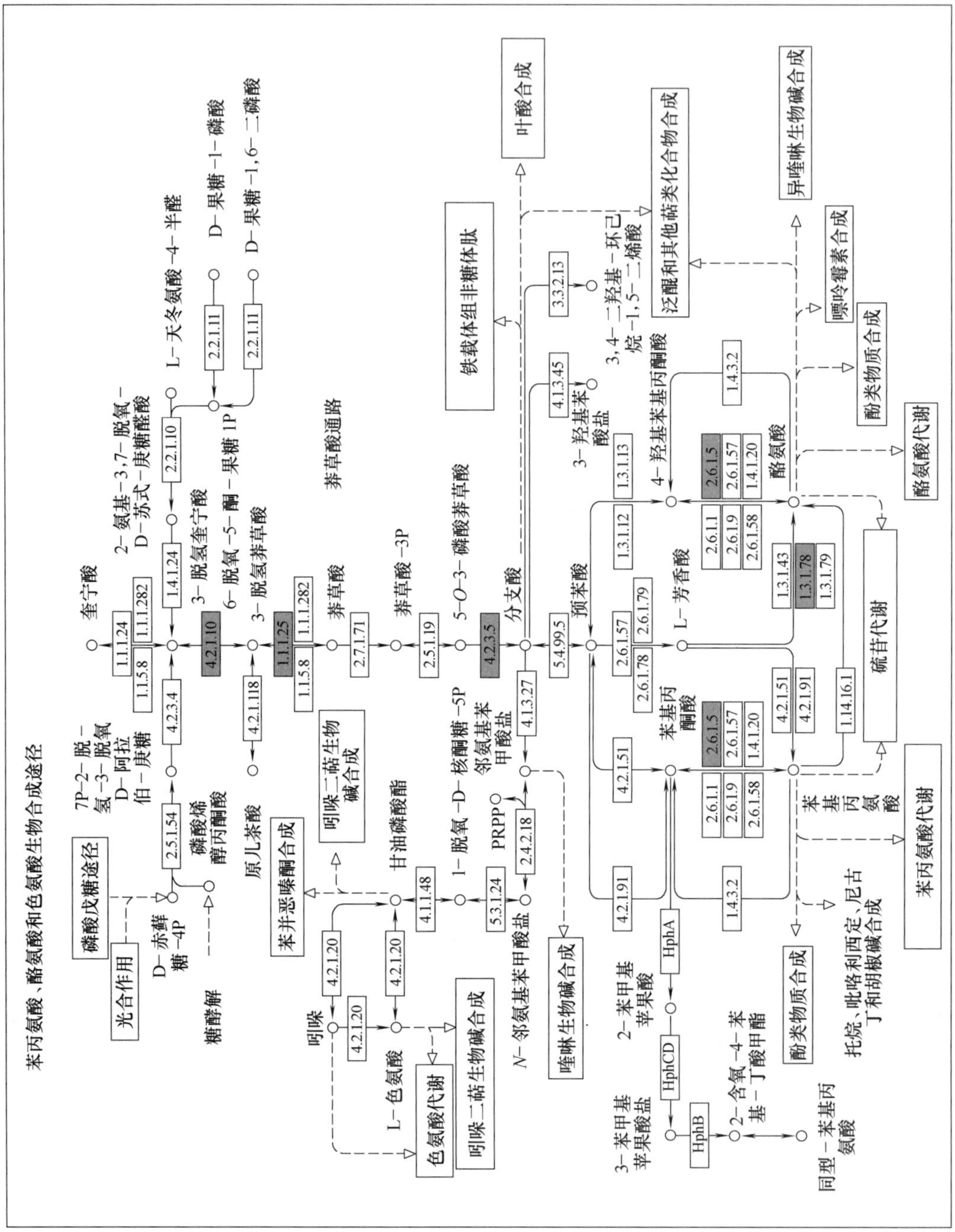

图 4-10 蓝莓冷藏凹陷过程中差异表达蛋白质的苯丙氨酸、酪氨酸和色氨酸生物合成途径结果

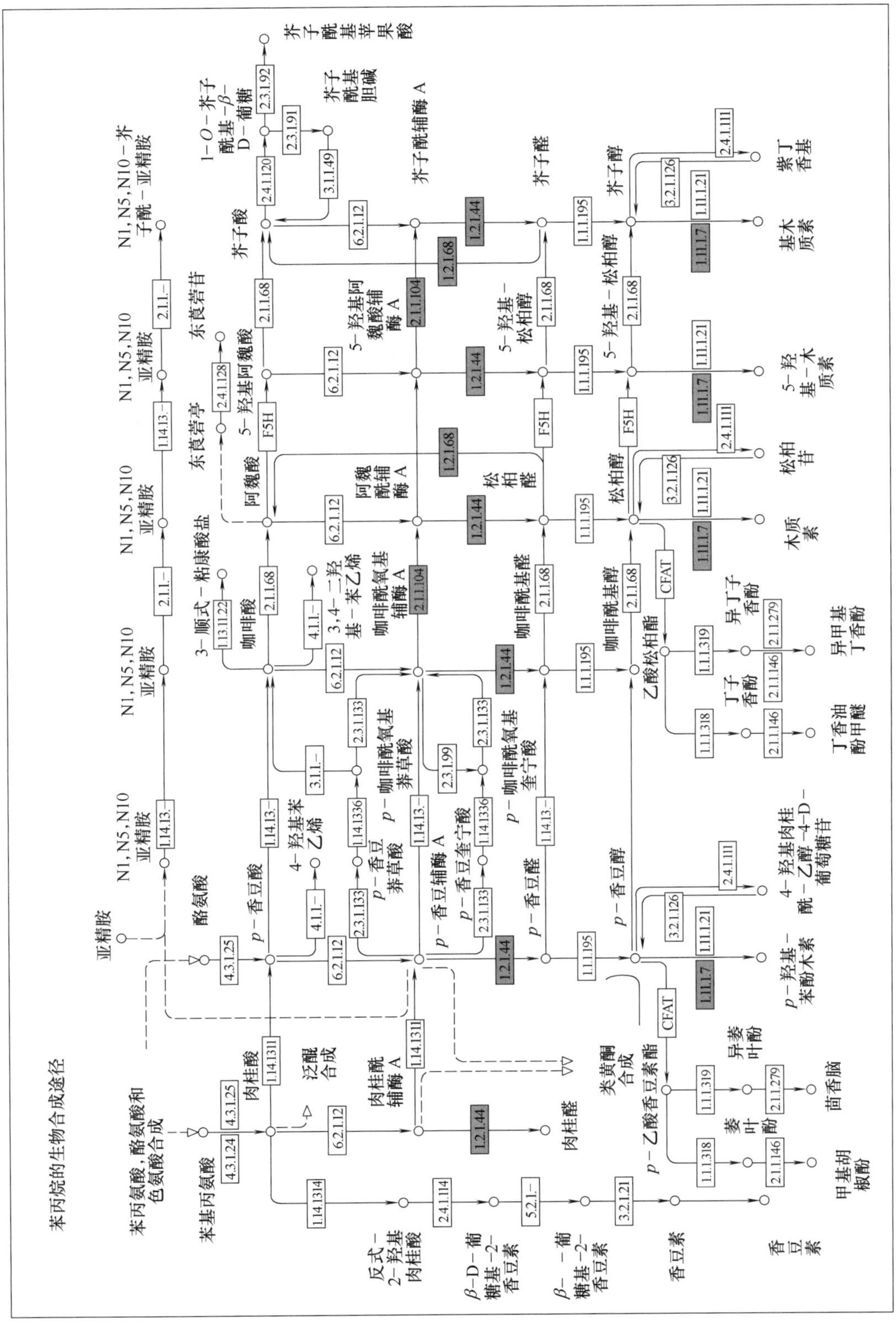

图 4-11　蓝莓冷藏凹陷过程中差异表达蛋白质的苯丙烷生物合成途径结果

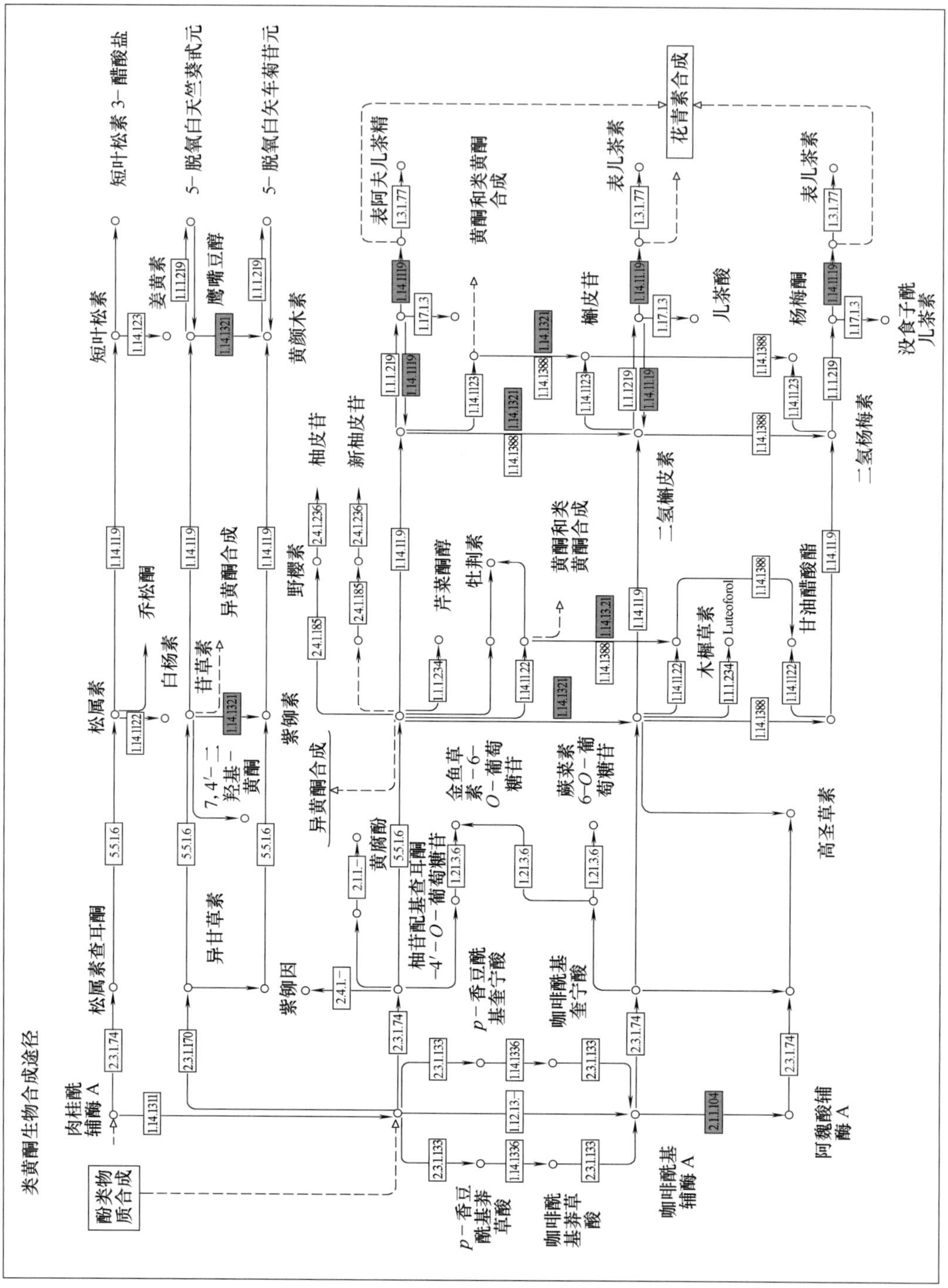

图 4-12 蓝莓冷藏凹陷过程中差异表达蛋白质的类黄酮生物合成途径结果

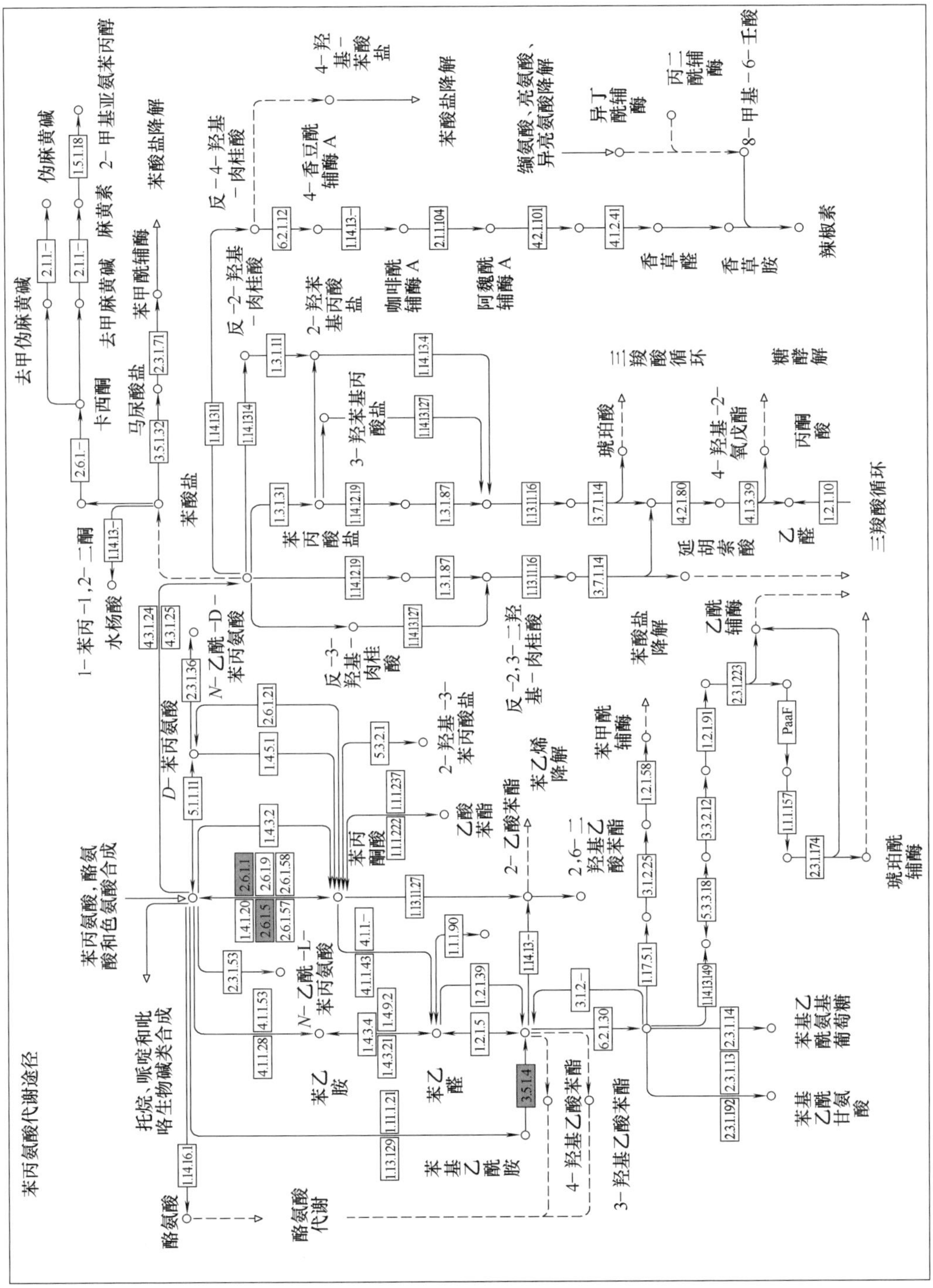

图4-13　蓝莓冷藏凹陷过程中差异表达蛋白质的苯丙氨酸代谢途径结果

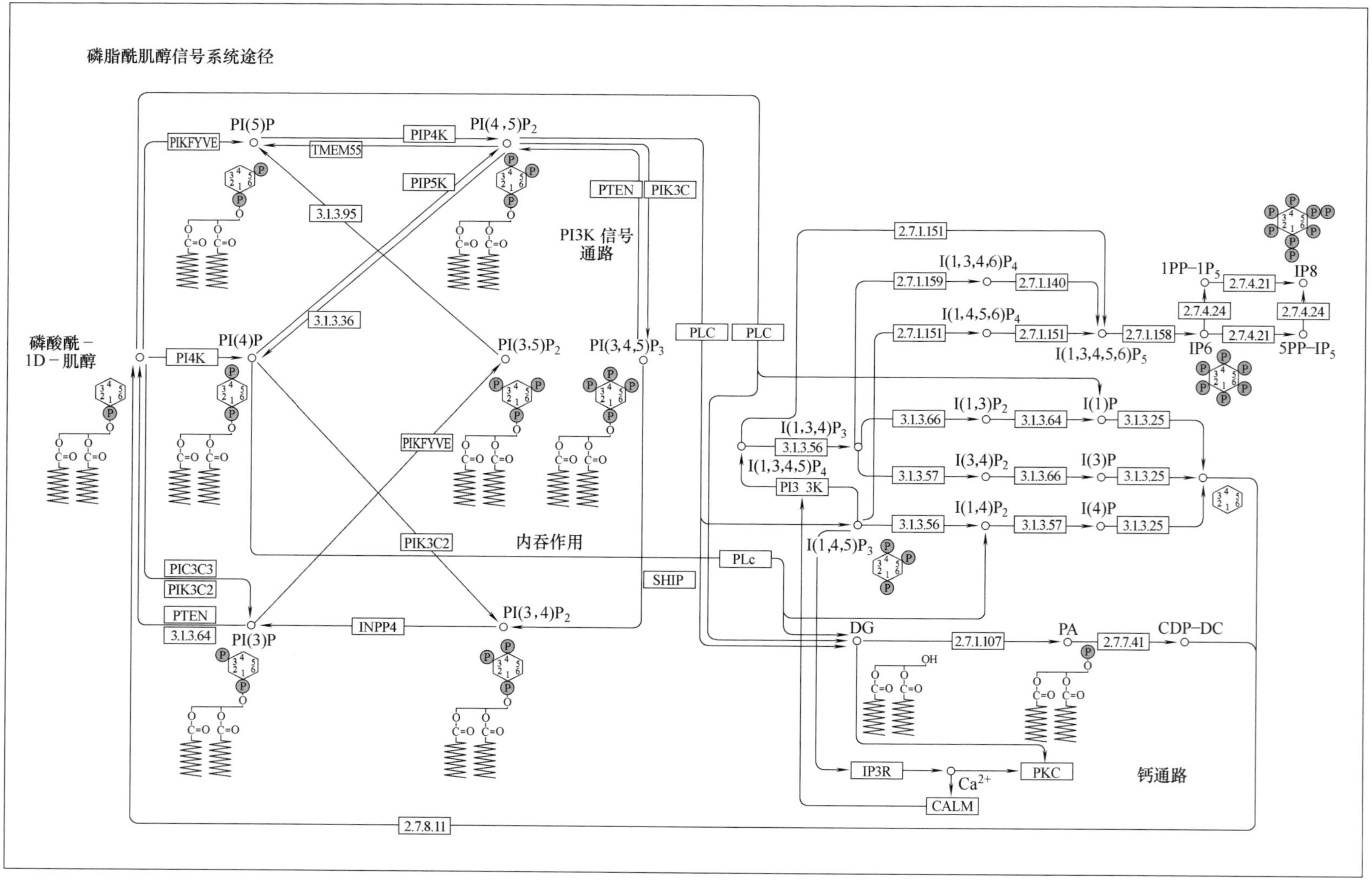

图 4-14　蓝莓冷藏凹陷过程中差异表达蛋白质的磷脂酰肌醇信号系统途径结果

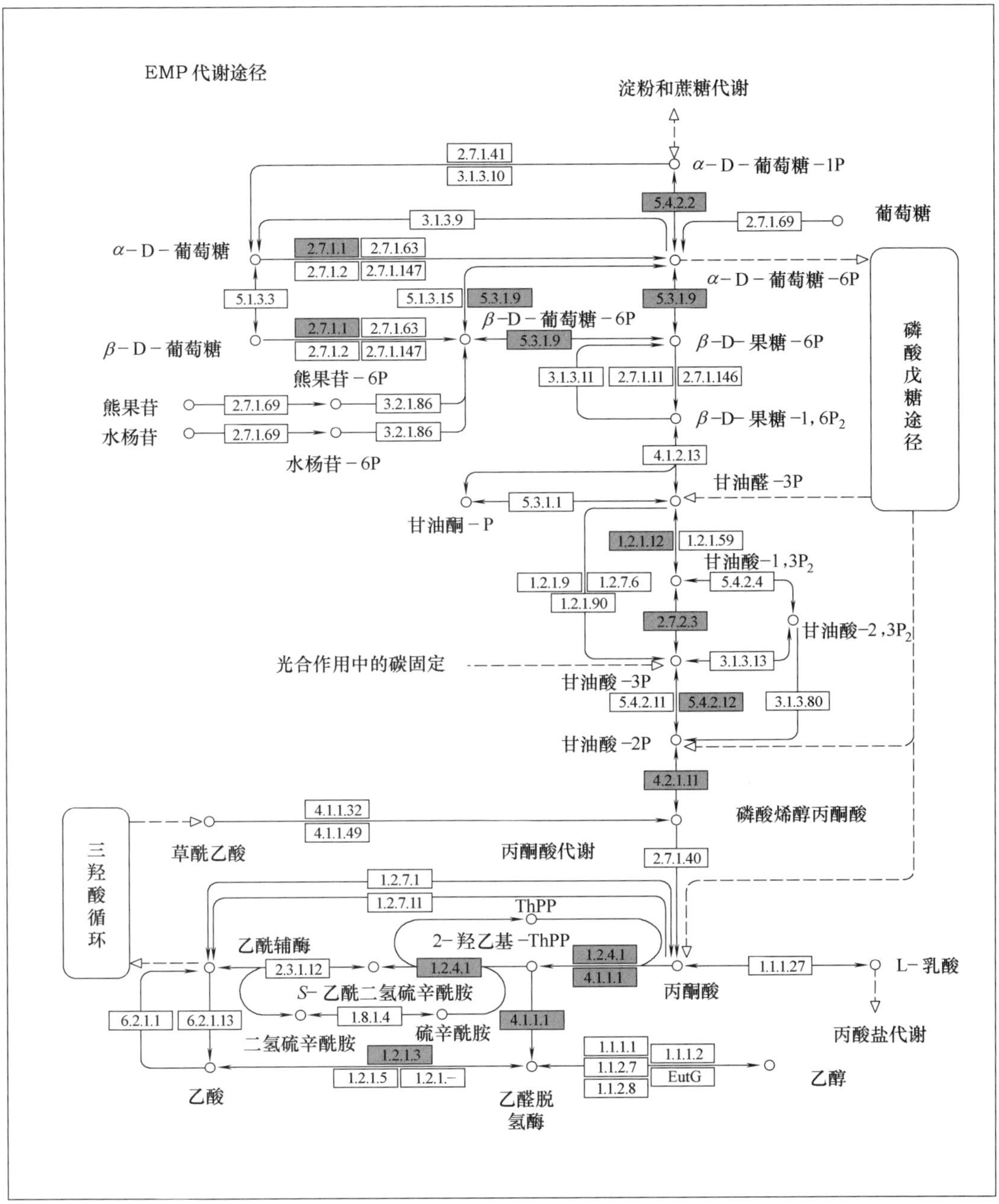

图 4-15　蓝莓冷藏凹陷过程中差异表达蛋白质的 EMP 结果

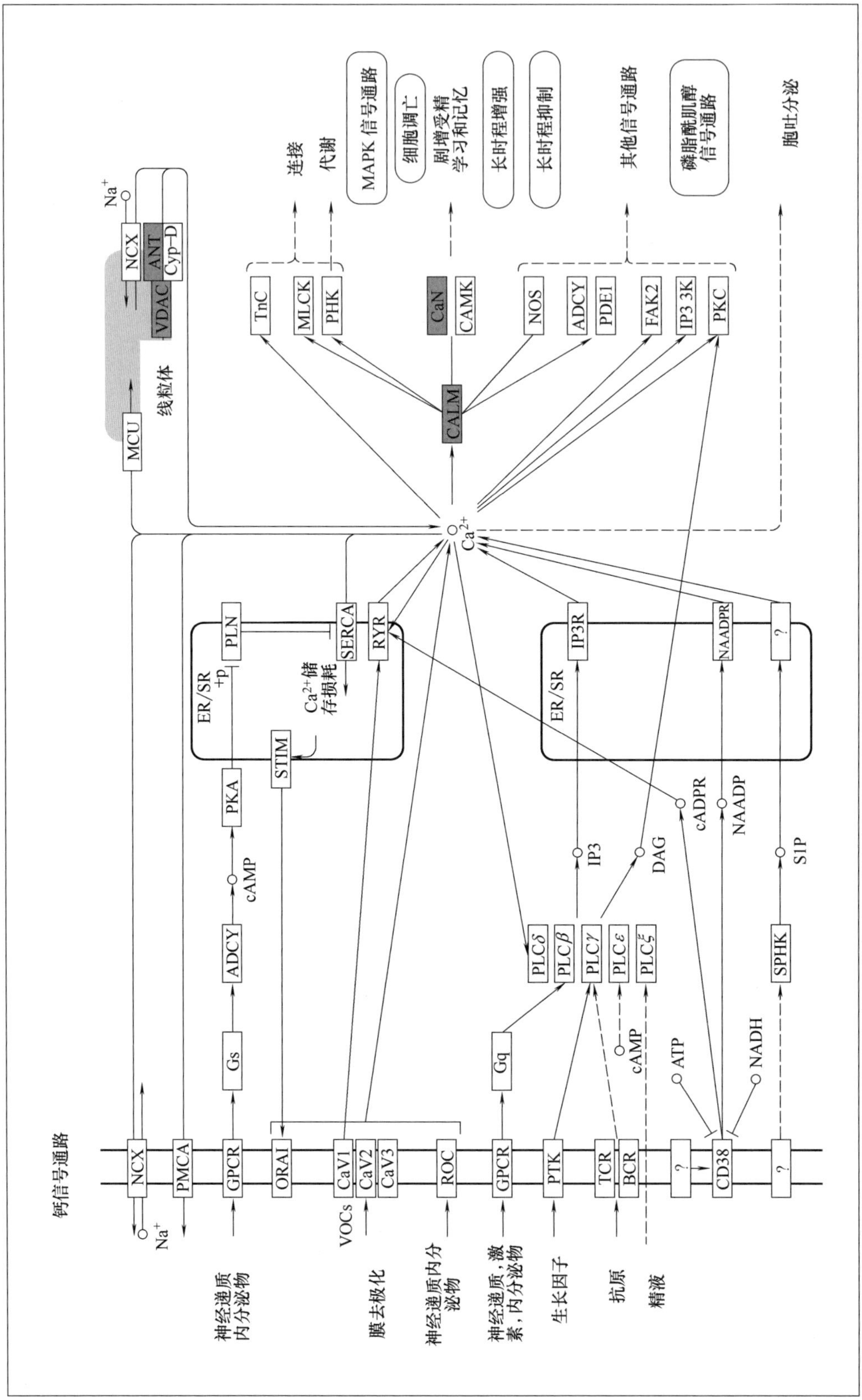

图 4-16 蓝莓果实冷藏凹陷过程中差异表达蛋白质的钙信号通路结果

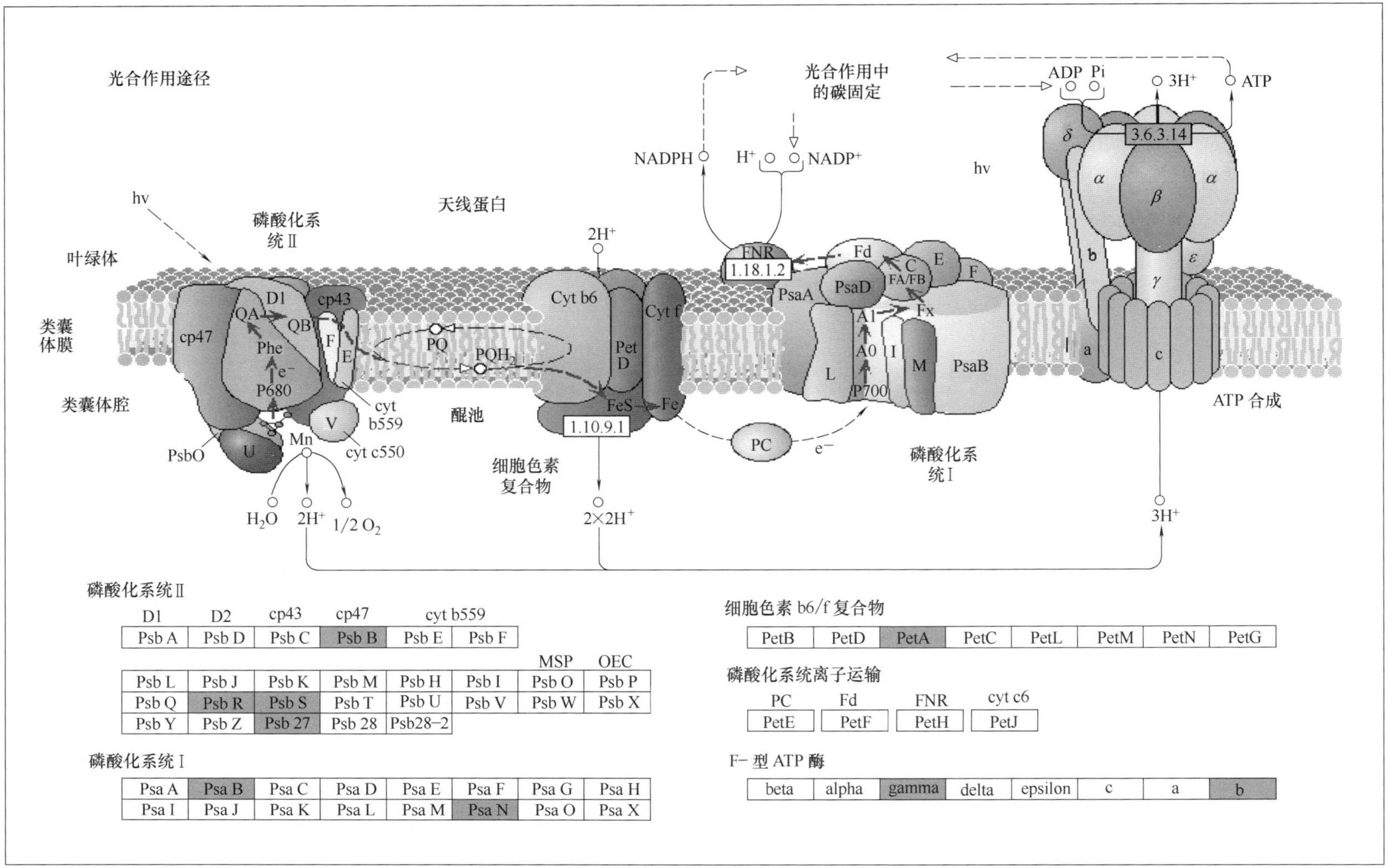

图 4-17　蓝莓果实冷藏凹陷过程中差异表达蛋白质的光合作用途径结果

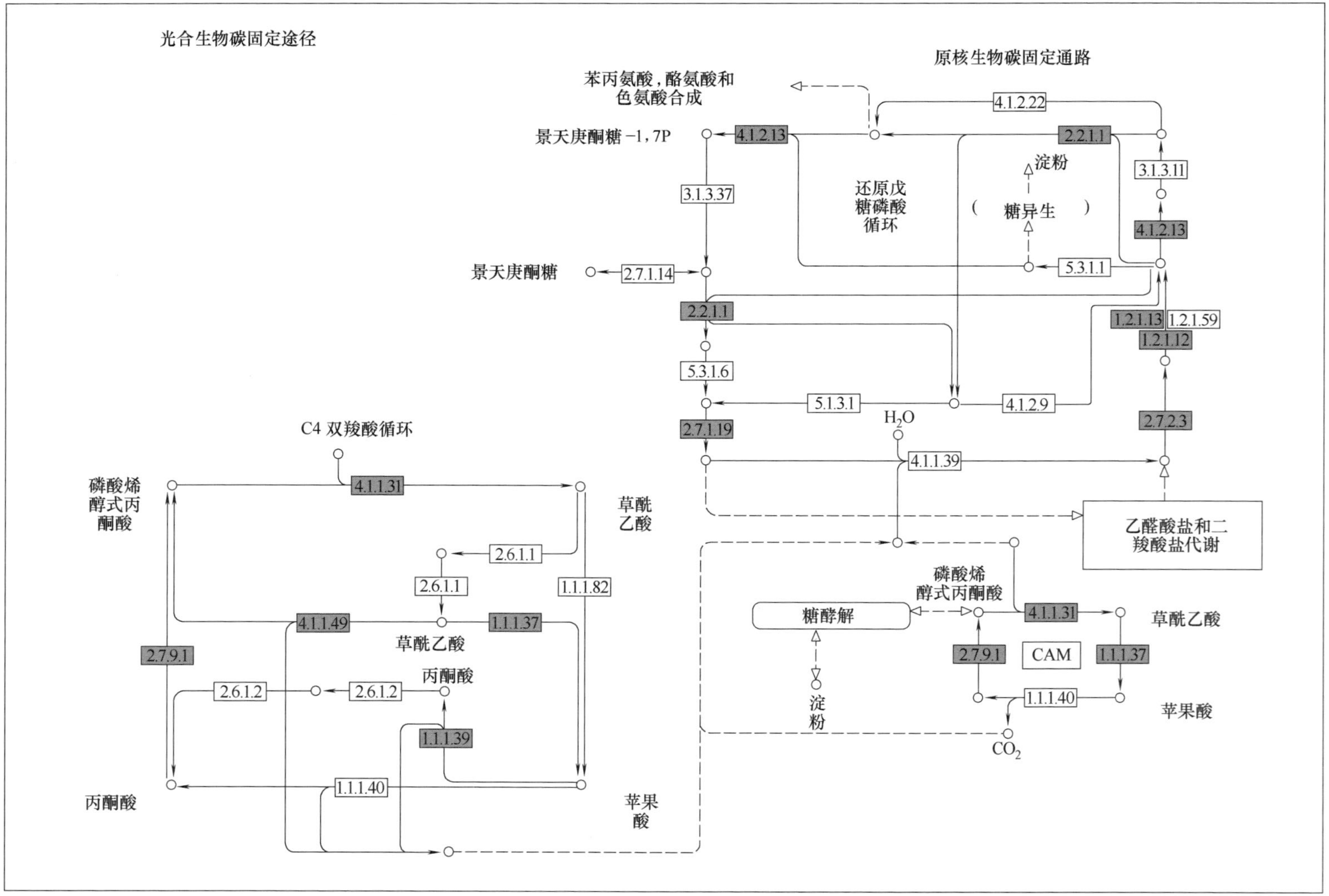

图 4-18　蓝莓果实冷藏凹陷过程中差异表达蛋白质的光合生物碳固定途径结果

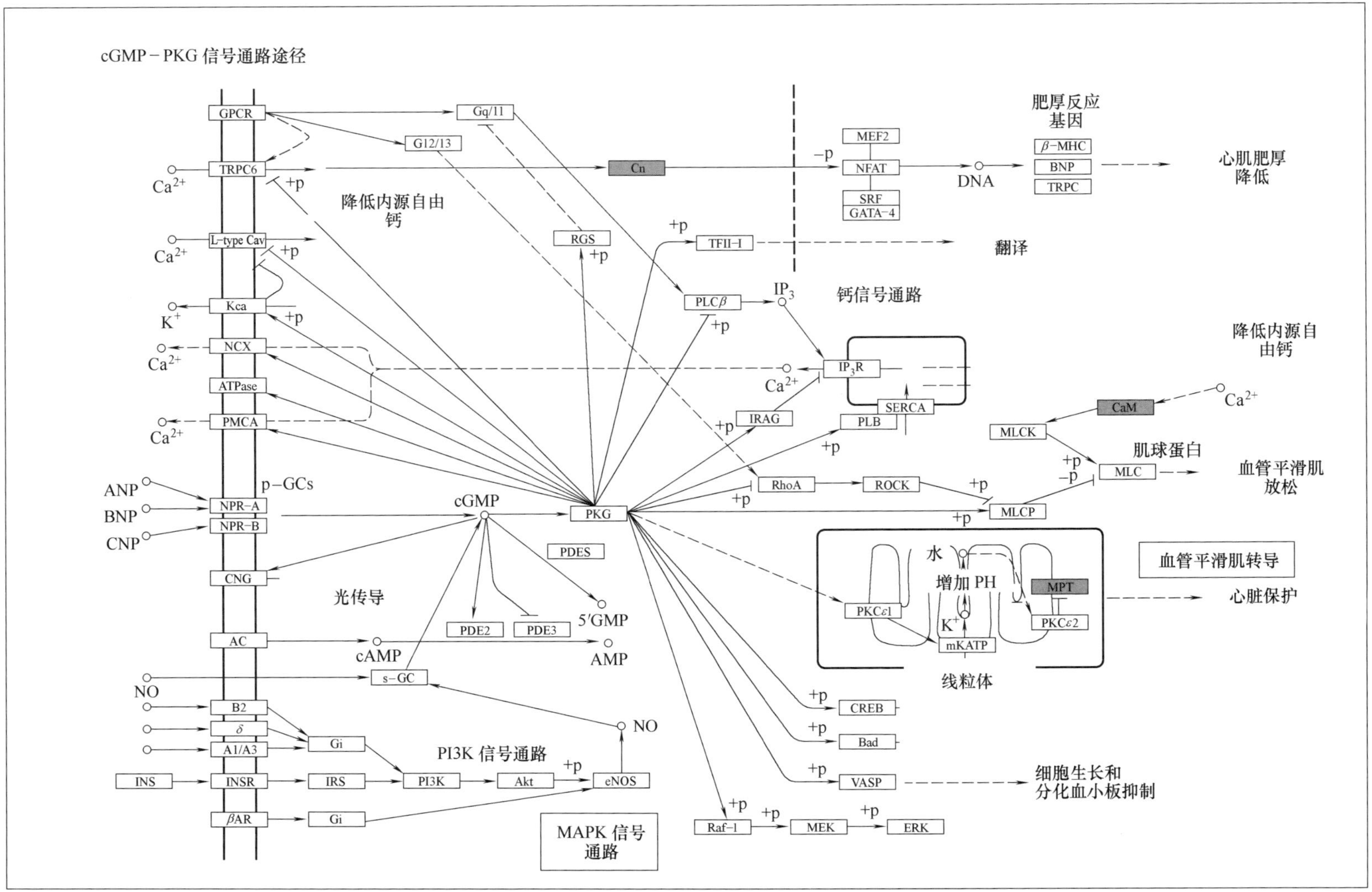

图 4-19　蓝莓果实冷藏凹陷过程中差异表达蛋白质的 cGMP-PKG 信号通路途径结果

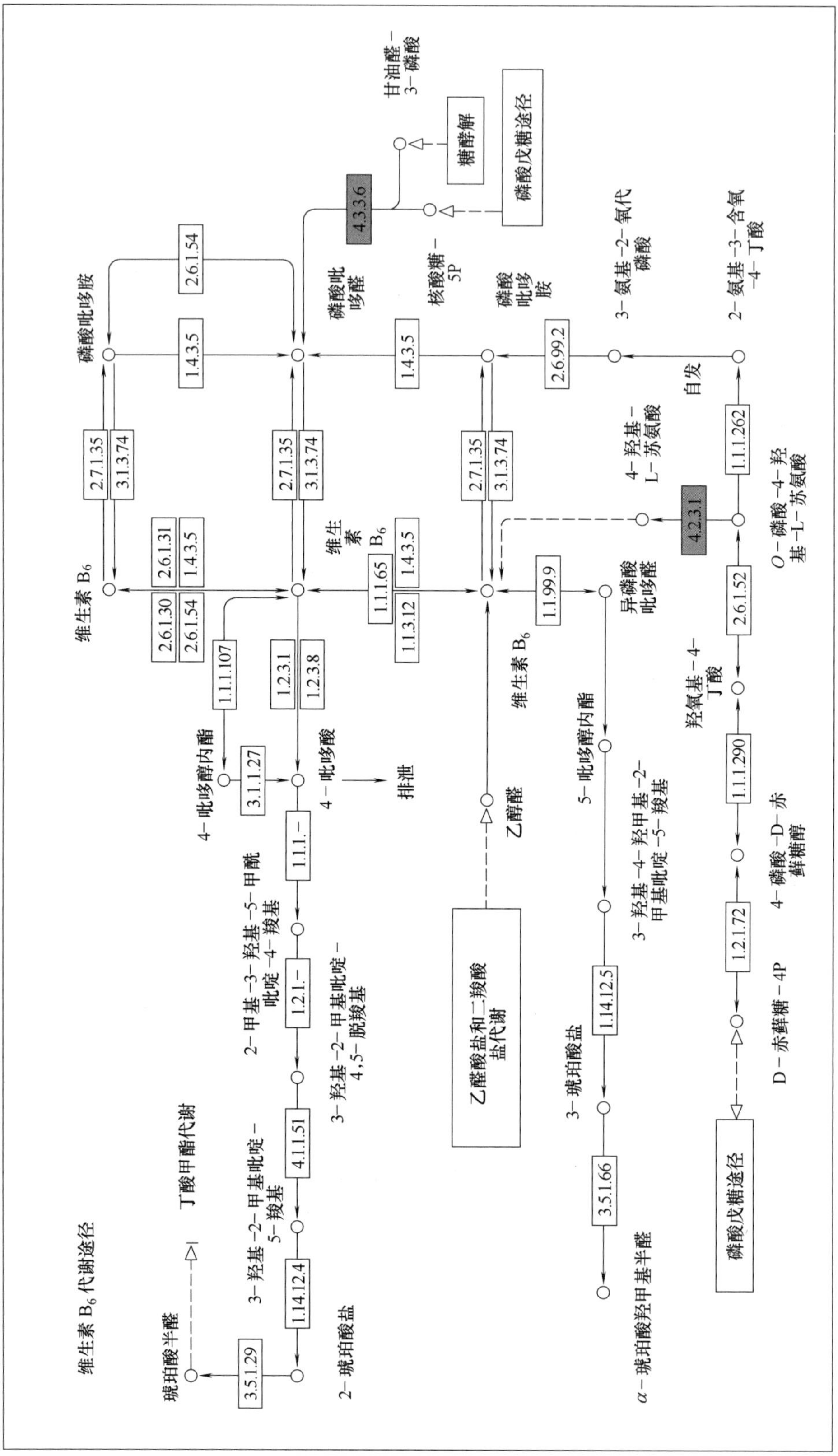

图 4-20 蓝莓果实冷藏凹陷过程中差异表达蛋白质的维生素 B_6 代谢途径结果

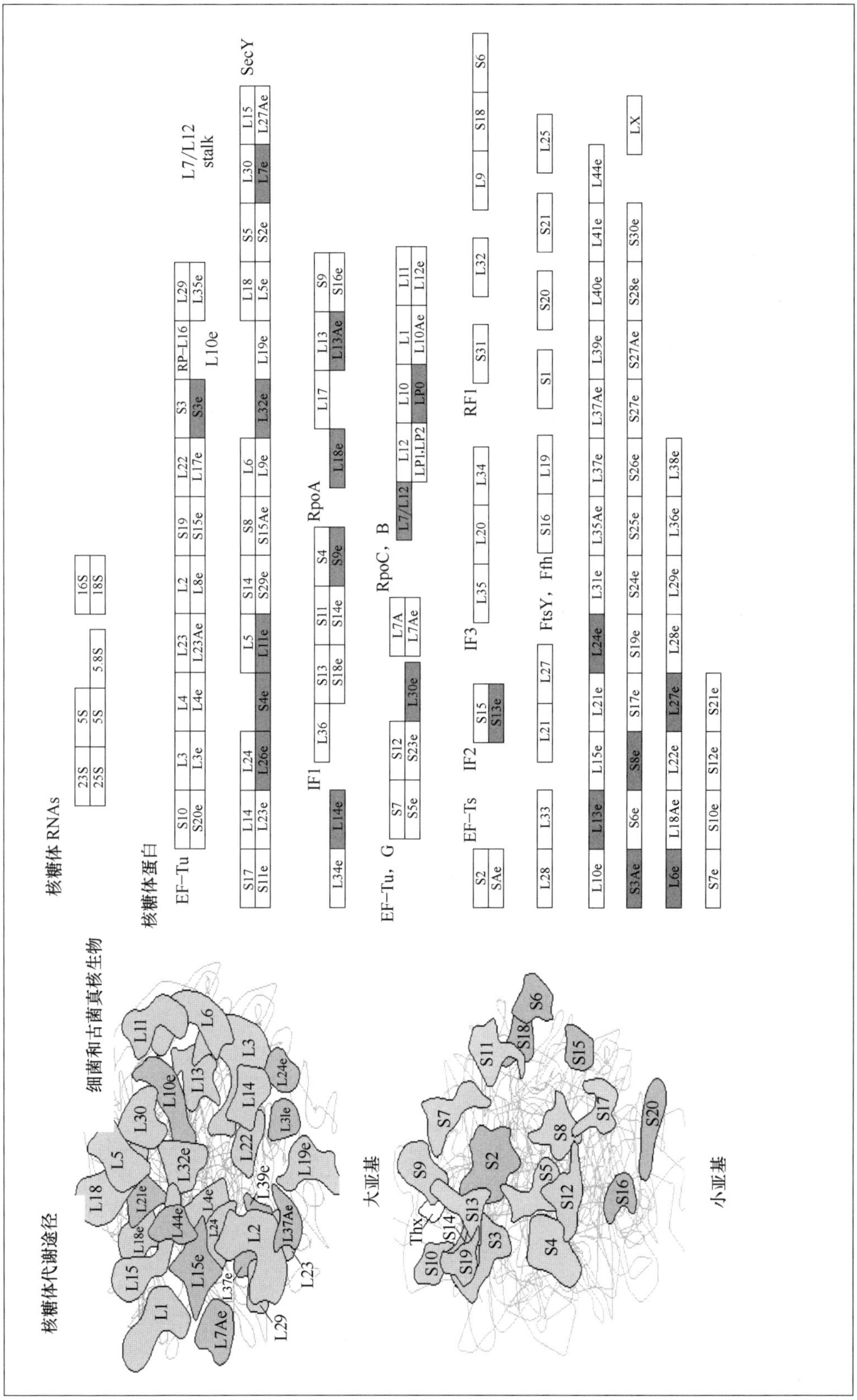

图 4-21　蓝莓果实冷藏凹陷过程中差异表达蛋白质的核糖体代谢途径结果

（2）发生在冷藏过程中的差异蛋白（A 和 C）KEGG 分析

以和 C 组差异蛋白质中可定量蛋白质总数为 322 个，集中体现在以下 5 个代谢通路中：钙信号通路（calcium signaling pathway）、光合作用（photosynthesis）、光合组织碳固定（carbon fixation in photosynthesis organisms）、cGMP－PKG 信号通路（cGMP－PKG signaling pathway）、甲烷代谢（methane metabolism）。其中，钙信号通路（图 4-16）中有 1 个上调蛋白和 3 个下调蛋白；光合作用途径（图 4-17）中有 2 个上调蛋白和 7 个下调蛋白；光合生物碳固定途径（图 4-18）中有 5 个上调蛋白和 11 个下调蛋白；cGMP-PKG 信号通路（图 4-19）中包含 1 个上调蛋白和 2 个下调蛋白；甲烷代谢途径包含 7 个下调蛋白。

（3）发生在冷藏 30d 常温货架期过程中的差异蛋白（C 和 D）KEGG 分析

C 和 D 组差异蛋白质中已经定量的蛋白质总数为 228 个，发生较显著变化的代谢通路是维生素 B_6 代谢（vitamin 6 metabolism）、核糖体（ribosome）。其中，维生素 B_6 代谢途径（图 4-20）中有 2 个上调蛋白；核糖体代谢途径（图 4-21）中有 17 个上调蛋白和 3 个下调蛋白。

（四）差异蛋白质印迹 western blot 及 qRT-PCR 验证

为了验证 iTRAQ 蛋白质组学分析的结果以及验证这些差异蛋白质在基因水平上是否存在同样的差异水平，试验利用自动蛋白印迹和 qRT-PCR 技术对其中几个差异蛋白进行了蛋白水平以及转录组水平上的分析。

1. Western blot 验证

选取了 12 个蛋白质进行 western blot 蛋白验证（表 4-4）其中包含了蛋白质在细胞壁降解途径（cell wall degradation pathway）、氨基酸生物合成与降解（amino acid biosynthesis and degradation）、膜脂代谢（membrane lipid metabolism）、ROS 代谢途径（active oxygen metabolism）和能量代谢途径（energy metabolism）等代谢通路中相关的差异蛋白，结果与 iTRAQ 实验（表 4-5）结果进行对比得出结论。

表 4-4　western blot 蛋白相对表达量验证结果

蛋白定位	基因名称	A 和 B 对比比率	C 和 D 对比比率	A 和 C 对比比率	B 和 D 对比比率
ABDB_blueberry_51749	Q5NAT0	2. 11190305	0. 454888653	1. 910288372	0. 411462308
ABDB_blueberry_13557	K3ZXQ6	1. 698515791	2. 017955386	1. 158495035	1. 376373012
ABDB_blueberry_21459	Q10MK4	0. 8933583	0. 73146302	1. 16208446	0. 951490358
ABDB_blueberry_38532	B3VTB6	0. 418124761	0. 656942098	0. 907735316	1. 426200022
ABDB_blueberry_29928	A1E9S3	0. 380118192	2. 218358519	0. 380118192	3. 46494579
ABDB_blueberry_30849	C0P3R8	0. 660196783	0. 417332482	1. 575235693	0. 995759202

续表

蛋白定位	基因名称	A 和 B 对比比率	C 和 D 对比比率	A 和 C 对比比率	B 和 D 对比比率
ABDB_blueberry_14901	K3YG26	0. 742604529	2. 494571917	0. 603256135	2. 026470016
ABDB_blueberry_27585	Q9SXG0	1. 68447121	0. 47766323	2. 870563764	0. 814001897
ABDB_blueberry_61227	Q2QNG7	2. 125277697	1. 532054703	1. 352458681	0. 97495056
ABDB_blueberry_35001	B6V2S9	0. 270299175	1. 108284414	0. 611697174	2. 508089206
ABDB_blueberry_14081	Q69L18	1. 410529883	0. 83971499	1. 459360386	0. 868784708
ABDB_blueberry_13748	Q69LA6	0. 109992983	0. 911951401	0. 279547625	2. 317728279

表 4-5 iTRAQ 蛋白相对表达量验证结果

蛋白定位	基因名称	A 和 B 对比比率	C 和 D 对比比率	A 和 C 对比比率	B 和 D 对比比率
ABDB_blueberry_51749	Q5NAT0	4. 686253935	0. 630205441	3. 934801762	0. 529150472
ABDB_blueberry_13557	K3ZXQ6	1. 395348837	1. 469548134	1. 122994652	1. 182711198
ABDB_blueberry_21459	Q10MK4	0. 751614506	0. 395017794	1. 239148239	0. 651245552
ABDB_blueberry_38532	B3VTB6	0. 696610169	0. 484785203	0. 758769231	0. 528042959
ABDB_blueberry_29928	A1E9S3	0. 650380022	2. 932646593	0. 323696298	1. 459587956
ABDB_blueberry_30849	C0P3R8	1. 727632621	0. 596581197	1. 250429799	0. 431794872
ABDB_blueberry_14901	K3YG26	0. 702762923	2. 114870181	0. 586681548	1. 765538946
ABDB_blueberry_27585	Q9SXG0	2. 229230769	0. 339029392	2. 921370968	0. 44429255
ABDB_blueberry_61227	Q2QNG7	0. 746280992	1. 940993789	0. 722400000	1. 878881988
ABDB_blueberry_35001	B6V2S9	0. 334241908	0. 926049618	0. 505409583	1. 40028626
ABDB_blueberry_14081	Q69L18	2. 791984733	0. 176171654	4. 689102564	0. 295878035
ABDB_blueberry_13748	Q69LA6	3. 138173302	0. 882606023	2. 799442897	0. 78733866

其中，把葡聚糖内切酶（Q5NAT0）进行 14 个抗体对内源性样本 A、B、C、D 的 WB 实验，蛋白分子质量为 32. 71ku。对样本进行内参组蛋白定量，在此基础上验证发现抗体 28965-1hz-3/C5 在约 36ku 处有特异性目的蛋白条带。葡聚糖内切酶（Q5NAT0）对应的抗体 28965-1hz-3/C5 在 36ku 处有特异性条带，且在四个内源性样品 A、B、C、D 中表达趋势为：A>B、A>C、B<D、C<D，与上述 iTRAQ 数据趋势完全一致。

线粒体内膜转位酶（Q10MK4）进行 14 个抗体对内源性样本 A、B、C、D 的 WB 实验，蛋白分子质量为 32. 71ku。对样本进行内参组蛋白定量，在此基础上验证发现抗体 28967-1hz-2/C10 在约 36ku 处有特异性目的蛋白条带。线粒体内膜转位酶（Q10MK4）对应的抗体 28967-1hz-2/C10 在 36ku 处有特异性条带，且在四个内源性样品 A、B、C、D 中表达趋势为：A<B、A>C、B<D、C<D，与上述 iTRAQ 数据趋势完全一致。

柠檬酸合成酶（citrate synthase，CS）(Q2QNG7）进行 14 个抗体对内源性样本 A、B、C、D 的 WB 实验，蛋白分子质量为 32. 71ku。对样本进行内参组蛋白定量，在此基础上验证发现抗体 30277-1hz-9/C23 在约 36ku 处有特异性目的蛋白条带。CS（Q2QNG7）对应的抗体 30277-1hz-9/C23 在 36ku 处有特异性条带，且在 4 个内源性样品 A、B、C、D 中表达趋势为：A>B、A>C、B<D、C>D，与上述 iTRAQ 数据趋势 1/4 一致。

吡哆醛生物合成蛋白（Q69LA6）进行 14 个抗体对内源性样本 A、B、C、D 的 WB 实验，蛋白分子质量为 32. 71ku。对样本进行内参组蛋白定量，在此基础上验证发现抗体 28966-1hz-6/C14 在约 36ku 处有特异性目的蛋白条带。吡哆醛生物合成蛋白（PDX1. 1）对应的抗体 28966-1hz-6/C14 在 36ku 处有特异性条带，且在四个内源性样品 A、B、C、D 中表达趋势为：A<B、A>C、B<D、C<D，与上述 iTRAQ 数据趋势 3/4 一致。

谷胱甘肽过氧化酶（C0P3R8）进行 14 个抗体对内源性样本 A、B、C、D 的 WB 实验，蛋白分子质量为 32. 71ku。对样本进行内参组蛋白定量，在此基础上验证发现抗体 28970-1hz-1/C1 在约 36ku 处有特异性目的蛋白条带。谷胱甘肽过氧化酶（C0P3R8）对应的抗体 28970-1hz-1/C1 在 36ku 处有特异性条带，且在四个内源性样品 A、B、C、D 中表达趋势为：A<B、A>C、B<D、C<D，与上述 iTRAQ 数据趋势 3/4 一致。

LOX（K3YG26）进行 14 个抗体对内源性样本 A、B、C、D 的 WB 实验，蛋白分子质量为 32. 71ku。对样本进行内参组蛋白定量，在此基础上验证发现抗体 30275-1hz-11/C11 在约 36ku 处有特异性目的蛋白条带。LOX（K3YG26）对应的抗体 30275-1hz-11/C11 在 36ku 处有特异性条带，且在四个内源性样品 A、B、C、D 中表达趋势为：A<B、A<C、B>D、C>D，与上述 iTRAQ 数据趋势完全一致。

衰老相关蛋白（B6U2S9）进行 14 个抗体对内源性样本 A、B、C、D 的 WB 实验，蛋白分子质量为 32. 71ku。对样本进行内参组蛋白定量，在此基础上验证发现抗体 30278-1hz-10/C12 在约 36ku 处有特异性目的蛋白条带。衰老相关蛋白（B6U2S9）对应的抗体 30278-1hz-10/C12 在 36ku 处有特异性条带，且在四个内源性样品 A、B、C、D 中表达趋势为：A<B、A<C、B>D、C>D，与上述 iTRAQ 数据趋势 3/4 一致。

SOD（K3ZXQ6）进行 14 个抗体对内源性样本 A、B、C、D 的 WB 实验，蛋白分子质量为 32. 71ku。对样本进行内参组蛋白定量，在此基础上验证发现抗体 30280-1hz-7/C10 在约 36ku 处有特异性目的蛋白条带。SOD（K3ZXQ6）对应的抗体 30280-1hz-7/C10 在 36ku 处有特异性条带，且在四个内源性样品 A、B、C、D 中表达趋势为：A<B、A<C、B>D、C<D，与上述 iTRAQ 数据趋势 1/4 一致。

氨基酸选择性通道蛋白（B3VTB6）进行 14 个抗体对内源性样本 A、B、C、D 的 WB 实验，蛋白分子质量为 32. 71ku。对样本进行内参组蛋白定量，在此基础上验证发现抗体 28968-1hz-2/C3 在约 36ku 处有特异性目的蛋白条带。氨基酸选择性通道蛋白（amino acid selective channel protein）对应的抗体 28968-1hz-2/C3 在 36ku 处有特异性条带，且在四个内源性样品 A、B、C、D 中表达趋势为：A<B、A<C、B>D、C<D，与上述 iTRAQ 数据趋势 3/4 一致。

光系统 IP700 叶绿素 a 载脂蛋白 A2（A1E9S3）进行 14 个抗体对内源性样本 A、B、C、D 的 WB 实验，蛋白分子质量为 32. 71ku。对样本进行内参组蛋白定量，在此基础上验证发现抗体 28966-1hz-6/C14 在约 36ku 处有特异性目的蛋白条带。光系统 IP700 叶绿素 a 载脂蛋白 A2（A1E9S3）对应的抗体 28966-1hz-6/C14 在 36ku 处有特异性条带，且在四个内源性样品 A、B、C、D 中表达趋势为：A<B、A<C、B>D、C>D，与上述 iTRAQ 数据趋势完全一致。

F1F0-ATPase 抑制蛋白（Q9SXG0）进行 14 个抗体对内源性样本 A、B、C、D 的 WB 实验，蛋白分子质量为 32. 71ku。对样本进行内参组蛋白定量，在此基础上验证发现抗体 30276-1hz-4/C5 在约 36ku 处有特异性目的蛋白条带。F1F0-ATPase 抑制蛋白（F1F0-ATPase inhibitor protein）对应的抗体 30276-1hz-4/C5 在 36ku 处有特异性条带，且在四个内源性样品 A、B、C、D 中表达趋势为：A>B、A>C、B<D、C<D，与上述 iTRAQ 数据趋势完全一致。

胞外推定的真皮糖蛋白（Q69L18）进行 14 个抗体对内源性样本 A、B、C、D 的 WB 实验，蛋白分子质量为 32. 71ku。对样本进行内参组蛋白定量，在此基础上验证发现抗体 30279-1hz-6/C7 在约 36ku 处有特异性目的蛋白条带。胞外推定的真皮糖蛋白（putative dermal glycoprotein extracellular）对应的抗体 30279-1hz-6/C7 在 36ku 处有特异性条带，且在四个内源性样品 A、B、C、D 中表达趋势为：A>B、A>C、B<D、C<D，与上述 iTRAQ 数据趋势完全一致。

2. qRT-PCR 验证

如图 4-22 所示，选取的 8 个差异蛋白表达趋势在 iTRAQ 和转录组水平上表现出了相似的表达趋势，可以从蛋白层面上确定了实验的结果，并且证明了这些蛋白质的差异同样存在于基因水平上。如柠檬酸合酶 mRNA 相对表达量下调了 83%，这与 iTRAQ 分析蛋白

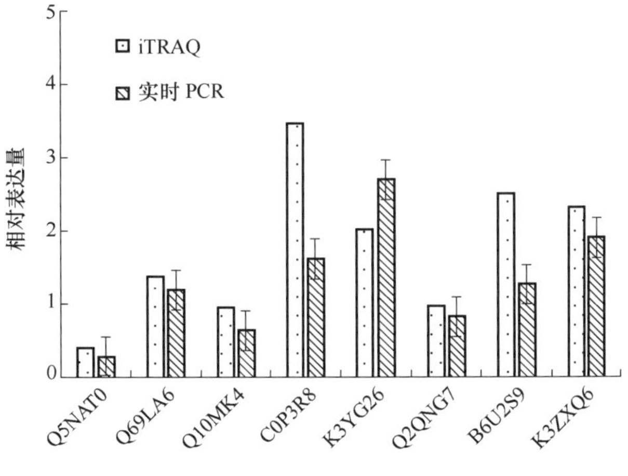

图 4-22　差异蛋白质在 RNA 水平与 iTRAQ 蛋白质水平的定量比较分析

相对表达下调表达97%相似；谷胱甘肽过氧化酶 mRNA 相对表达量下调至原来的 62%，与 iTRAQ 蛋白水平表达相比要低一些，但趋势基本相似。综上所述，通过 qRT-PCR 的分析结果可以看出，这 8 个在 iTRAQ 分析结果中表现差异蛋白与转录水平结果一致，并且共同主导着蓝莓果实机体内部的变化以及凹陷的形成。

综上所述，通过差异蛋白质组学结果分析得到了很多差异表达的代谢通路，这些通路可能有已经被研究过的，也有很多新的代谢通路，是他们之间互相作用，才导致了蓝莓果蒂凹陷现象的形成。对于差异蛋白以及差异代谢途径做出了以下分析：

冷藏过程中的差异蛋白质集中在钙离子信号通路、光合作用及其固碳作用这几个方面，可以看出冷藏在一定程度影响了能量代谢的前期合成及离子运输过程；冷藏 30d 常温货架期过程中发生变化的蛋白质主要是维生素 B_6 代谢和核糖体，维生素 B_6 代谢途径的上调与氨基酸代谢密切相关，是机体的重要组成。

冷藏导致蓝莓果蒂凹陷相关蛋白包含了“氨基酸的合成与分解”“ROS 代谢”“膜脂代谢”和“能量代谢”几个方面的多个具体代谢通路，说明了导致蓝莓果实果蒂凹陷是由多个方面和多个因素共同导致的结果。“GSH 途径”的下调，“类黄酮合成”的上调说明了“ROS 代谢”的积极作用；“花生四烯酸途径”的下调，“磷脂酰肌醇信号系统途径”的上调，显示了“膜脂代谢”的需求与缺乏；“EMP 途径”的下调，“苯丙氨酸代谢途径”的上调，说明了能量的亏缺以及果实内营养物质的匮乏。

挑选蓝莓果蒂凹陷相关途径的差异蛋白，下调蛋白包括：葡聚糖内切酶、线粒体内膜转位酶、柠檬酸合成酶；上调蛋白包括：吡哆醛生物合成蛋白、谷胱甘肽过氧化酶、LOX、衰老相关蛋白以及 SOD，这 8 个蛋白质是细胞壁降解途径、氨基酸生物合成与降解、膜脂代谢、ROS 代谢途径、能量代谢途径的关键蛋白。其中，下调蛋白分别在 EMP、三羧酸循环（tricarboxylic acid cycle，TCA cycle）途径中扮演着重要的角色，它们的下降在一定程度上显示出冷藏对于线粒体的破坏作用，也预示着能量的亏缺；上调的蛋白主要与膜脂代谢和 ROS 代谢相关，蛋白表现出的活跃可能于经过冷应激之后的副作用有关，会导致 ROS 的积累以及大量的能耗。

第三节 基于能量代谢的冷藏蓝莓果蒂凹陷的机理研究

能量代谢是机体中重要的代谢通路，它与其他的代谢通路息息相关，能量代谢系列通路又包括了三种代谢途径，分别是：EMP 途径、TCA 循环途径以及磷酸戊糖途径（pentose phosphate pathway，PPP），它们之间协调合作将营养物质转为能量供机体的生命活动。但在低温冷藏过程中会影响其中的关键酶基因表达以及酶活性，抑制线粒体合成能量物质，导致细胞能量供应不足。能量的大量亏缺使得细胞膜结构失去完整性、细胞器丧失其正常功能，ROS 大量积累，冷害加剧。在蓝莓果实中也有同样的问题，冷藏时间加速了果实货架期间的能量相关酶活性的下降。由此更加确定了果实发生冷害与能量代谢中相关酶活性的变化有关系（周倩，2014）。

基于本章第二节差异蛋白质组学的分析结果发现，冷藏蓝莓果实常温货架期间的差异蛋白由多个代谢途径和多种差异蛋白共同影响，其中不仅包括 EMP 途径、光合作用等能量代谢相关代谢途径的差异表达，同时这些代谢途径均需要能量物质的协助，这说明能量代谢在冷藏蓝莓果实常温货架期过程中对蓝莓果实果蒂凹陷现象起到了重要的作用。本节为了进一步研究能量代谢相关途径与冷藏蓝莓果实常温货架过程中果实果蒂凹陷之间的关系，系统的研究了能量代谢相关的三大途径：PPP 途径、EMP 途径和 TCA 循环途径，从能量代谢角度分析了冷藏蓝莓果实常温货架过程中发生果蒂凹陷的机理。

一、材料与条件

1. 主要试剂与材料

蓝莓采收后于 1h 内运回实验室，并进行分装处理，保证蓝莓成熟度一致且大小基本相同，蓝莓果实分装成 5 组，每组约 4kg。在常温下散去田间热后将第一组蓝莓作为对照组，贮藏在相对湿度 80%且温度在（20±1）℃条件下。将其余 4 组蓝莓果实为处理组放入（0±0. 5）℃的冷库中，分别经过 15d、30d、45d 和 60d 冷藏转入（20±1）℃常温货架，每隔一天测定一次相关数据，每次测定 3 次重复。

试剂：ATP、ADP、AMP、高氯酸、氢氧化钾、磷酸氢二钾、甲醇，Sigam；DCPIP（可接受还原型 FAD 的电子），鼎国；OminiPlant RNA 试剂盒：CWBIO；HiFiScript cDNA 合成试剂盒：CWBIO；RealMasterMix（SYBR Green）试剂盒：CWBIO。

2. 主要仪器与设备

TGL-16B 高速台式离心机，上海中庸检验设备有限公司；CP 精密电子天平，美国 Ohaus 公司；Ultimate RSLCnano 3000 超高效液相色谱：美国 Dionex 公司；实时荧光定量 PCR 仪，美国 Bio-Rad 公司。

二、试验方法

1. 蓝莓果实中能量物质的测定

通过 HPLC 进行 ATP、ADP 和 AMP 标准品的分离和鉴定。从由液氮冷冻过的 10 个蓝莓果实的样品中均匀取 5. 0g，在 10mL 0. 6mol/L $HClO_4$ 溶液中研磨成匀浆。将提取混合物在 4℃下以 16000×g 离心 15min。用氢氧化钾中和上清液至 pH6. 5～6. 8，过滤后上机测定其中 ATP、ADP 和 AMP 的含量。

HPLC 配备有 Thermo OdS-250mm×4. 60mm 柱和 UV 检测器。洗脱程序使用流动相 A 和 B（%，体积分数）如下（0. 2mL/min 流速）：0min，100%A；7min，80∶20（A∶B）；

9min，75：25（A：B）；10min，100%A。该程序将使用2min回到初始状态并稳定下来。流动相A为由0.06mol/L磷酸氢二钾和0.04mol/L磷酸二氢钾溶解在去离子水中组成的混合溶液，并用0.1mol/L氢氧化钾调节至pH7.0。流动相B为100%甲醇。将样品等分试样（20μL）注入HPLC，并在245nm处检测峰值。ATP、ADP和AMP含量通过外部标准计算，并以鲜重（fresh weight，FW）为基础表示。通过（ATP+1/2ADP）/（ATP+ADP+AMP）计算能荷。

2. 蓝莓果实中线粒体的提取方法

取预冷的材料3~4g，经过研磨、过滤、抽提以及离心等方法，得到线粒体干粉，并溶解300μL悬浮液中置于-20℃冰箱保存备用。

3. 蓝莓果实中能量代谢相关酶活性的测定

根据Hue等（1992）方法并做少量修改，测定了复合酶Ⅰ-Ⅳ的酶活性。

4. 总RNA的提取及反转合成第一链cDNA

根据OminiPlant RNA试剂盒（CWBIO）从蓝莓中提取总RNA，在260nm下定量总RNA，并且在琼脂糖凝胶上确认完整性，RNA最终浓度定量至35。使用HiFiScript cDNA合成试剂盒（CWBIO）从5mg总RNA合成第一链cDNA，该cDNA用作qRT-PCR分析的模板。

5. qRT-PCR分析目的基因的表达水平

用QuantStudio 6 Flex仪器（Life Technologies，Camarillo，CA）评估基因表达。使用比较*Ct*方法计算相对表达水平，蓝莓ACTIN（上游：ACTACCATCCACTCTATCACCG；下游：ACTACCATCCACTCTATCACCG）基因作为内部对照以标准化差异。使用Primer Premier 5.0软件设计相关基因qRT-PCR引物，并由金唯智（Jiangshu，China）合成。根据RealMasterMix（SYBR Green）试剂盒（CWBIO）的说明书设计qRT-PCR程序。引物序列如表4-6所示。对每个样品进行三次独立复制。

表4-6 实时荧光定量PCR引物

基因名称	上游引物（5'-3'）	下游引物（5'-3'）
GK	5'-AGAAGGCAGCTTCATCAGCCATTC-3'	5'-GAGTTGGTCTCGATATGCGTGTGG-3'
PK	5'-AGCAGTAGGATGGAGCGATGGAG-3'	5'-GCATGGACGGTTGCGTGAGAG-3'
CS	5'-GCCTTGGTGTGGAGGTTGAGATG-3'	5'-GTGGAAGTGTCGCAATCAGAGGAG-3'
ICD	5'-ACGAAGTGGTTCCTGGTGTTGTG-3'	5'-TCCTCCTGGCATGACTCCTGTG-3'
NADH 脱氢酶	5'-TGGCACAACGCCTTGTATGATTCG-3'	5'-GCTGCGGCTCACCTAACAATGTAG-3'
SDH	5'-CGCCAGCATTCTTGAGCATAAGTG-3'	5'-AGAACCATTCGGAACTCCACATCG-3'
CCR	5'-ACCGATTCATTGAGGACACAGCAC-3'	5'-ACACGCTACATTGAGTTCCACAGG-3'
CCO	5'-CCTGCTCTTCGACGATGGTATGC-3'	5'-AGCTTCCAGCCGACTCTTCAATTC-3'
ATPase	5'-TCTTCGGTGGTGCTGGTGTAGG-3'	5'-TCAGTCCAGTAAGAGCCACACGAG-3'

三、结果与分析

（一）冷藏对蓝莓果实 ATP、 ADP、 AMP 和能荷值的影响

经过不同冷藏处理的蓝莓果实中的 ATP 和 ADP 的含量均呈现下降趋势，其中冷藏 30、45 和 60d 的果实 ATP 和 ADP 没有明显的差异，但显著低于 CK 的果实。在常温货架期的 4、6 和 8d，冷藏 60d 组蓝莓果实中的 ATP 含量分别为 CK 组的 58.71%、55.91%和 47.63%［图 4-23（1）（3）］。AMP 含量均呈现上升趋势，其中冷藏 60d 常温货架期期间的果实增长的最为明显，采后贮藏的增长趋势最小［图 4-23（2）］。不同冷藏时间下蓝莓果实能荷值变化如图 4-23（4）所示，CK 与冷藏 15d 的蓝莓果实在整个常温贮藏期间下降的趋势较稳定，且能荷值显著高于其他三组果实的能荷值。冷藏 60d 的蓝莓果实的能荷值从出库开始呈现急剧下降趋势，这说明果实已经进入衰老期。随着冷藏时间的延长果实中的 ATP 和 ADP 含量较低，AMP 含量升高。常温货架期间的蓝莓果实中 ATP 和 ADP 含量均在 2d 急剧下降，且一直持续下降至 8d。上述试验发现了冷藏对于蓝莓果实的能量物质的严重影响，通过降低 ATP 和 ADP 含量，升高 AMP 含量，来降低能荷值，造成最终的能量亏缺。

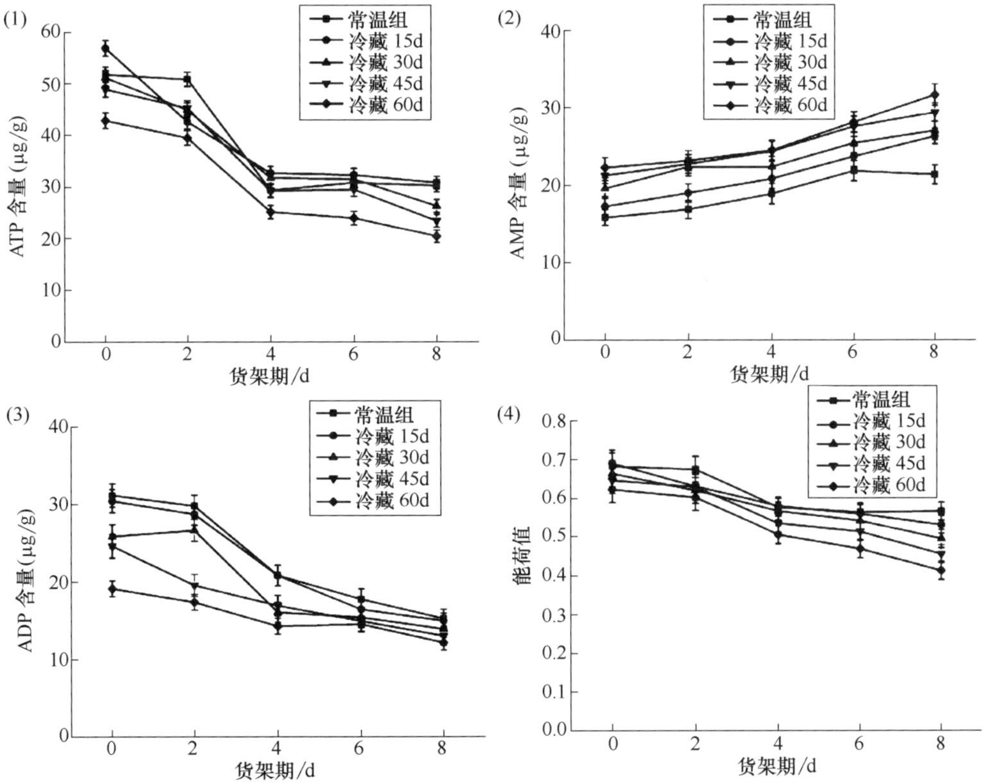

图 4-23　常温及冷藏后常温货架期间蓝莓果实中 ATP 含量（1）、AMP 含量（2）、 ADP 含量（3）和能荷值（4）的变化

1. 冷藏对蓝莓果实 EMP 途径的影响

如图 4-24（1）所示，*GK* 在常温组的基因表达呈现下降趋势，在第 6 天出现最低值仅为入库当天的 55%，但在第 8 天出现小幅度的上升。*GK* 基因表达水平在不同冷藏时间的果实表现出基本一致的变化趋势，其中，冷藏使得 *GK* 基因表达量上升，短期冷藏组显著（$P<0.05$）高于长期冷藏组，出库当天冷藏 60d 的蓝莓果实基因表达量要高于 30d 的表达量，在货架期间的 0~4d 维持较高水平，在第 6 天开始下降但与入库当天的基因表达水平相比还是处于上调状态。但在冷藏 60d 货架期第 8 天出现大幅度下降，基因表达量仅为入库当天的 38.2%。如图 4-24（2）所示，*PK* 基因表达水平与入库当天相比较整体表现为下调，冷藏抑制了 *PK* 基因表达水平，但在货架期有所提高，在货架期的 0~4d 整体基因表达水平要高于常温组，而冷藏 60d 货架期 6~8d 的 *PK* 基因表达水平显著（$P<0.05$）低于常温组基因表达水平，其中冷藏 60d 果实在第 4 天出现峰值在第 8 天下降为入库当天的 51.2。

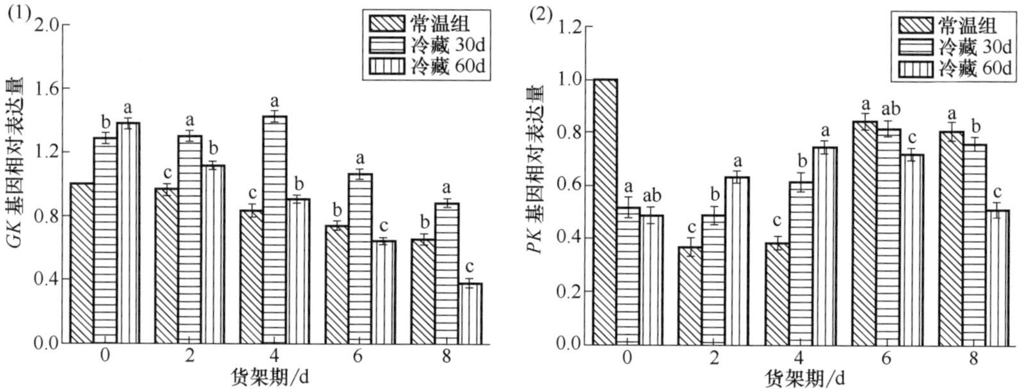

图 4-24　常温及冷藏后常温货架期间蓝莓果蒂 *GK*（1）和 *PK*（2）基因的表达量

不同字母表示在 $P<0.05$ 水平上差异显著

2. 冷藏对蓝莓果实 TCA 途径的影响

如图在三种不同贮藏条件下，*CS*［图 4-25（1）］与 *ICD*［图 4-25（2）］的基因表达水平均呈现下降的趋势，低温激发了 *CS* 和 *ICD* 的基因表达水平，表现出了一定的冷应激现象，低温贮藏后货架期的 *CS* 基因与 *ICD* 基因的表达量显著（$P<0.05$）低于出库当天的基因表达量。其中冷藏 60d 货架期第 8 天的基因表达量为第 0 天的 38.5%，而常温 8d 的基因表达量为 0d 的 51.7%。如图 4-25（2）所示，*ICD* 在常温贮藏期间缓慢下降，在第 8 天的基因表达量为入库当天的 47.6%。冷藏 30d 的蓝莓果实基本上与常温贮藏的蓝莓果实保持相同的表达量水平，而冷藏 60d 的蓝莓果实在出库时保持较高的表达量，但在货架期第 2 天出现大幅度的下降且显著（$P<0.05$）低于出库当天果实的基因表达水平，后保持平稳下降，最终蓝莓果实中的 *ICD* 基因表达量为入库当天的 22.1%。

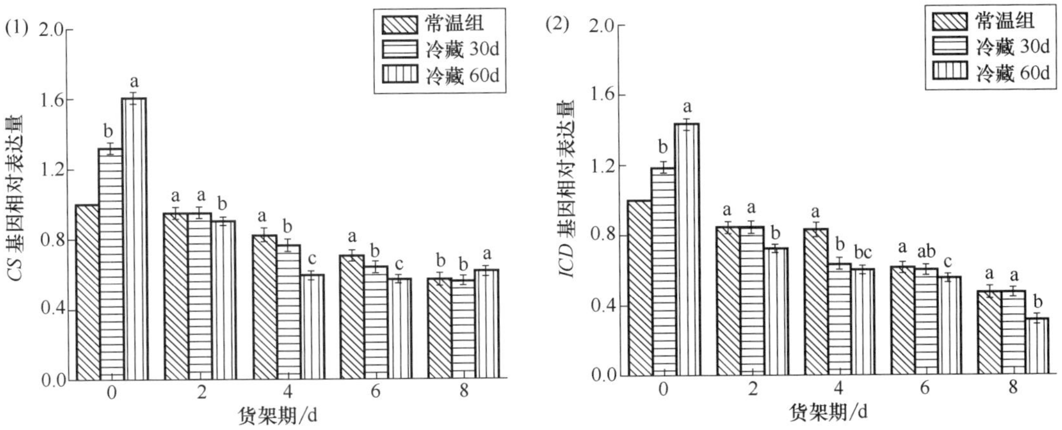

图 4-25　常温及冷藏后常温货架期间蓝莓果蒂 *CS*（1）和 *ICD*（2）基因的表达量

不同字母表示在 P<0.05 水平上差异显著

（二）冷藏对蓝莓果实 PPP 途径的影响

1. 冷藏对 PPP 途径中基因表达量的影响

如图 4-26（1）所示，蓝莓果实 NADH 脱氢酶（复合酶Ⅰ）在 3 种贮藏条件下整体表现为下降趋势，冷藏 60d 显著（P<0.05）低于冷藏 30d 和常温的蓝莓果实，在货架期第 8d 活性为出库当天的 54.9%，而冷藏 60d 出库当天果实为入库当天果实的 53.5%。常温期间基因表达量整体高于冷藏，且在前 6d 保持较高的水平，在第 8 天显著（P<0.05）下降，为第 0 天的 69.2%。*SDH* 表达量呈先上升后下降趋势［图 4-26（2）］。常温与冷藏 30d 在常温贮藏期 6d 达到最高值，之后急剧下降。经过 60d 冷藏的蓝莓果实在货架期 0~6d 一直呈缓慢下降趋势，在第 8 天有明显的上升。可见短期冷藏组的 *SDH* 基因表达水平要显著（P<0.05）高于长期冷藏组。与常温相比，冷藏出库当天的能量物质要显著高于常温放置的各个节点的能量物质含量，说明冷藏使得能量前体物质受到了保护，减缓了消耗。但是，如图 4-26（3）所示，*CCR* 基因表达水平变化趋势，在冷藏 30d 货架期 4d 和冷藏 60d 货架期 4d 明显高于常温 4d 的果实基因表达水平。

CCO（复合酶Ⅳ）不同贮藏其整体呈现下降趋势［图 4-26（4）］，在常温贮藏的第 6 天出现了一个峰值，但最终保持了一个较高的基因表达量。常温组蓝莓果实在 0~2d 急速下降后，在 2~8d 的果实 CCO 的基因表达量几乎维持在入库当天的 40%左右。冷藏 30d 组 CCO 基因表达量变化趋势变现为，0~4d 下降后上升后 6~8d 再次下降。冷藏 60d 组在出库当天的基因表达量显著（P<0.05）低于入库当天的基因表达量。如图 4-26（5）所示，蓝莓果实在冷藏后货架期 ATPase（复合酶Ⅴ）的基因表达量显著（P<0.05）低于常温组基因表达量。经过 30d 和 60d 冷藏的果实，分别为入库当天的基因表达量的 25.1%和 18%。常温贮藏的果实从 0d 开始匀速下降，终为起始贮藏当天的 32.2%。冷藏 30d 组在出库当天表现下调，且在前 4d 维持在相同水平，后在 6~8d 显著下降。冷藏 60d 出库当

天表现上调，但在0~2d急速下降至出库当天的33.2%，2~8d则随着时间的延长下降趋势也较为明显。

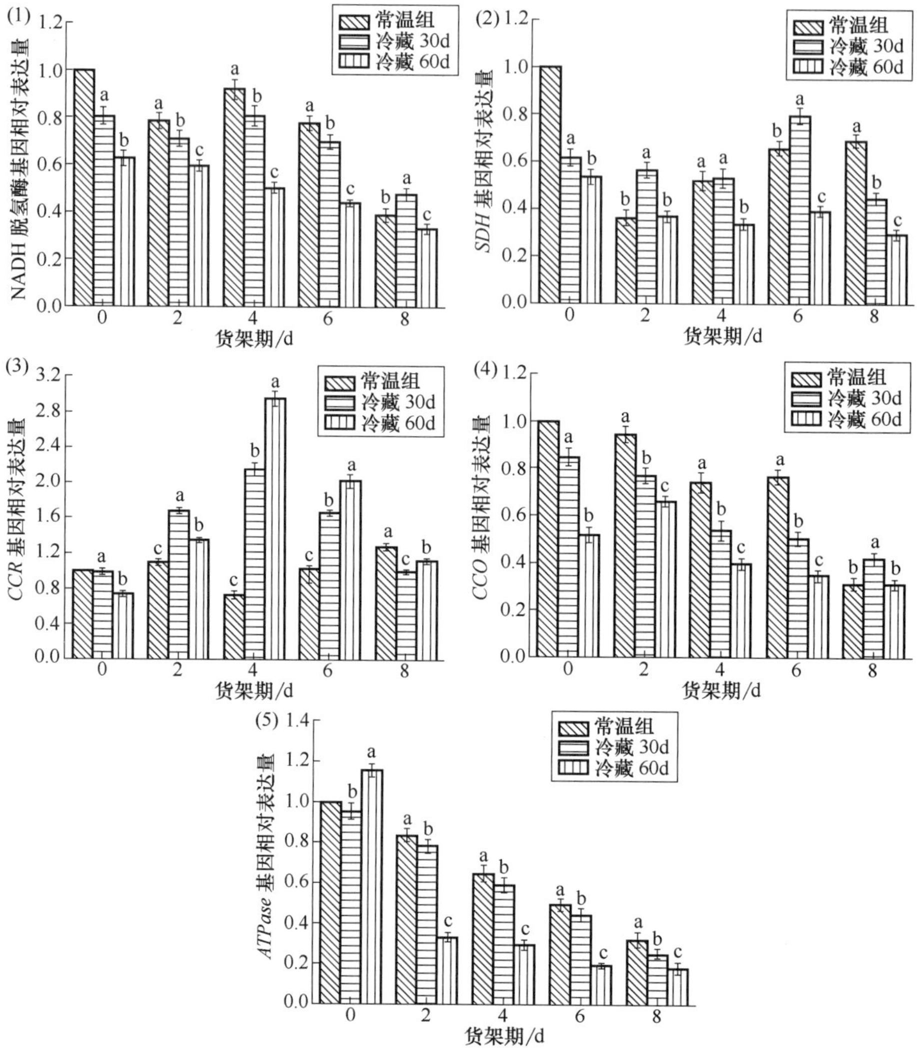

图 4-26 常温及冷藏后常温货架期间蓝莓果蒂 NADH 脱氢酶（1）、*SDH*基因（2）、*CCR*基因（3）、*CCO*基因（4）和*ATPase*基因（5）基因的表达量

不同字母表示在 $P<0.05$ 水平上差异显著

2. 冷藏对 PPP 途径中关键酶活性的影响

如图4-27（1）所示，NADH脱氢酶活性在不同贮藏条件下的酶活性之间差异较大依次为：常温、冷藏30d、冷藏15d、冷藏45d和冷藏60d。除常温在第4天出现谷值，冷藏60d呈现一路下降趋势，其他条件下的果实在4d出现了峰值，其中冷藏45d货架期第4天的峰值较突出，分别是第0天和第2天的1.228倍和1.138倍。入库当天蓝莓果实的酶活性是冷藏30d的1.166倍，是冷藏60d的1.595倍；30d和60d出库当天的酶活性分别是

货架期第 8 天的 1.353 倍和 2.001 倍。如图 4-27（2）所示，*SDH* 活性常温储藏期明显维持高的酶活性，且不同冷藏时期的蓝莓果实在出库当天的活性与货架期第 8 天果实的活性相差很小。不同冷藏条件转货架期的果实在第 6 天均出现峰值，其中冷藏 15d 和冷藏 45d 在第 4 天的峰值较突出。冷藏 30d 组出库当天的果实酶活性要高于其他 3 种条件下的果实酶活性，且相差很小。在货架期最后一天时短期和长期冷藏果实酶活性均相近，其中短期贮藏果实酶活性是长期的 1.597 倍。

如图 4-27（3）所示，*CCR* 活性各种贮藏条件下的果实酶活性最为接近，其中冷藏 15d 货架期第 6 天和冷藏 60d 或货架期第 4 天更是超过了常温贮藏期第 6 天和第 4 天的活性。冷藏 60d 组虽然在第 4 天出现了较高的峰值，但却在 4~6d 出现了大幅度的下降，终活性仅为 0.188min·g，入库当天的酶活性是其的 4.584 倍。*CCO* 活性在常温期间的酶活性稳定维持在 0.5min·g 左右［图 4-27（4）］。冷藏 15d 组呈现前 6d 持续上升后下降的趋势，且酶的终活性值要高于出库当天酶的活性值。冷藏 30d 组整体变化趋于较为平缓的状态，冷藏 45d 和冷藏 60d 期间的第 2 天和第 4 天出现峰值，后均下降至较低水平 0.12min·g 左右。

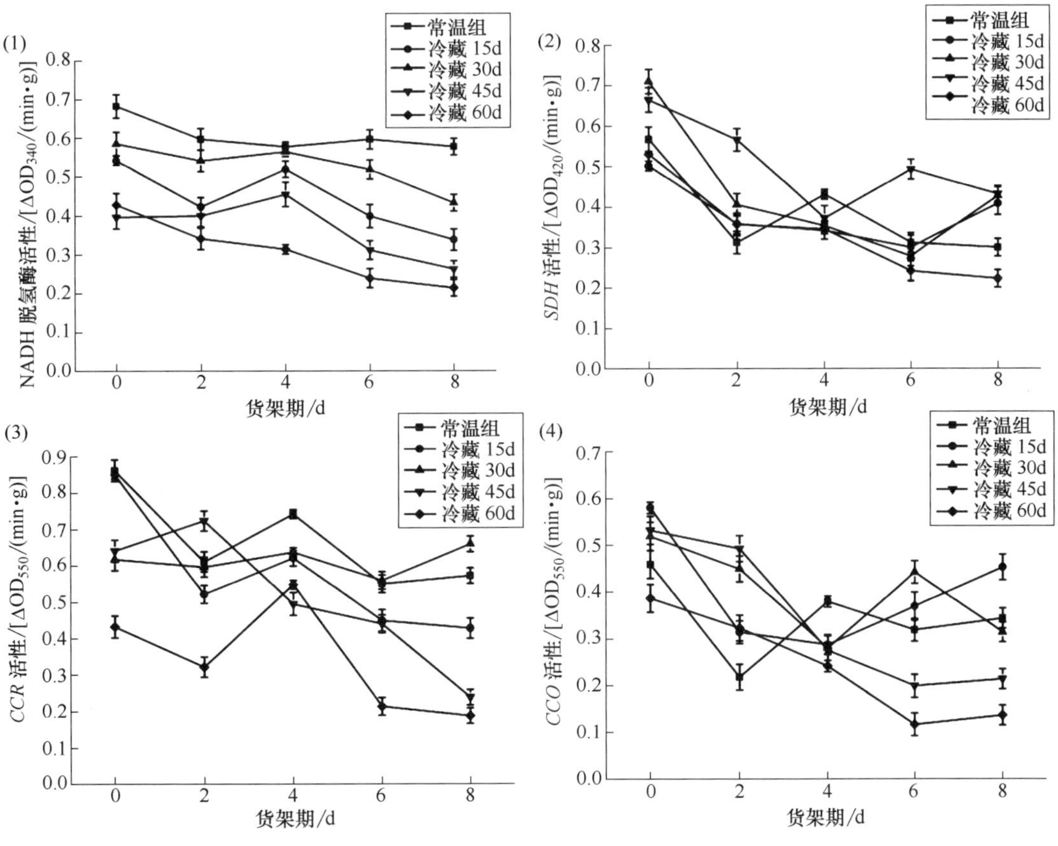

图 4-27 常温及冷藏后常温货架期间蓝莓果蒂 NADH 脱氢酶（1）、*SDH*（2）、*CCR*（3）和 *CCO*（4）活性变化

综上可以得到以下结论：冷藏可以保持蓝莓果实机体内较高的 ATP 含量和能荷值，但冷藏时间越长，出库后的常温货架期间的 ATP 含量和能荷值会下降得越快，且能量物质的变化与蓝莓果实的腐烂和凹陷呈正相关。EMP 途径中，*GK* 对于冷藏环境的作用为正调控，*GK* 的上升使得果实大量消耗体内的蔗糖以维持正常的生理活动。*PK* 对于冷藏环境的应激作用则是抑制其活性，在出库后将积累的已糖进行下一步的转化反应。但在长期贮藏后的蓝莓果实 *GK* 和 *PK* 的基因表达水平，在冷藏 60d 后的常温货架期都表现出了消耗殆尽，这是蓝莓机体完全衰亡的预兆。*CS* 与 *ICD* 的基因表达在冷藏条件下都会得到积极的响应以维持机体正常的生理活动，在常温货架期间酶的表达量逐渐下降，使得能量相应减少，最终导致机体的衰亡。在 PPP 途径的 5 个酶基因中除 *CCR* 表达量较为特殊，其他均与酶活性相对一致。*CCR* 实验中变现出先上升后下降的趋势，其原因一方面是由于蓝莓果实在受到冷藏处理的影响，其内部代谢系统中辅酶 Q 在复合体Ⅲ中的还原过程，生成了一种不稳定的高活性的泛半醌自由基，导致自由基的泄露，从而直接将电子传递到氧，形成超氧化物，加速细胞损伤，诱发凹陷病变的发生；另一方面是因为 NADH 脱氢酶基因相对表达量的降低以及其代谢物质及电子传递的影响，使得 *CCR* 受到了部分影响，但并没有影响后续基因的表达。

第四节　基于 ROS 代谢的冷藏蓝莓果蒂凹陷的机理研究

果蔬体内含有多种抗氧化酶，这些抗氧化酶均属于诱导酶。当果蔬受到低温胁迫时会诱导抗氧化酶的合成。在诱导其合成的同时，酶的结构会遭到破坏，使其分解加速。有研究认为，低温胁迫下 ROS 异常增加的机制，是由于线粒体中细胞色素途径的反应活性或叶绿体中光合系统的反应活性受到抑制所造成的。高温胁迫对果蔬 ROS 代谢的影响在苹果果实、茄子等试材上也有相关报道。ROS 代谢的失调在果蔬受到低温胁迫、盐胁迫、光照胁迫、水分胁迫和高温胁迫中均具有明显的显现（Lin *et al.*，2018；Yi *et al.*，2010；Sheng *et al.*，2016）。外源人为添加抗氧化剂能够清除植物体内自身的 ROS、提高抗氧化酶的相应活性以及体内抗氧化剂的含量，进而减轻逆境胁迫对果蔬造成不同程度的生理伤害（Sirikesorn *et al.*，2013）。本节将从 ROS 代谢角度阐述冷藏期间蓝莓果蒂凹陷的机制，以丰富影响采后蓝莓品质的理论基础。

一、材料与条件

1. 主要试剂与材料

供试蓝莓（*Vaccinium* spp.）品种为“蓝丰”，采自辽宁省农科院蓝莓基地。采收当日运回实验室，挑选大小相对一致，无病虫害、无机械伤果实。将果实于（0±0.5）℃预冷 8h 后，每 200g 装入厚度为 0.02mm 聚乙烯薄膜袋中。以未发生凹陷的蓝莓果实作为对照。分别随机取采后冷藏 30d 未发生冷害的蓝莓果实和 0℃冷藏 30d 后货架期第 4 天已发生凹陷的蓝莓果实果肉制作超薄切片，随后进行电镜观察果肉组织细胞结构的变化。

经预冷后的蓝莓果实分别置于常温（20±0.5)℃和低温（0±0.5)℃条件下贮藏，其相对湿度均保持在 80%。常温贮藏蓝莓果实每隔 1d 测定一次，冷藏蓝莓果实每隔 15d 测定一次。经 0，15，30，45，60d 冷藏后的蓝莓果实转入（20±0.5)℃常温货架期中，同常温贮藏蓝莓果实，每隔 1d 测定一次。每次测定 3 次重复。经预冷后的蓝莓果实分为 4 组，组 1：对照组；组 2：蒸馏水对照组（在蒸馏水中浸果 30min)；组 3：外源 ROS 清除剂处理组（在 1.0g/L GSH 溶液中浸果 30min)；组 4：外源 ROS 添加剂处理组（1.5mmol/L H_2O_2 浸果 30min)。将 4 组蓝莓果实分别置于常温下（20±0.5)℃贮藏，每隔 1d 测定 ROS 代谢各项指标；另一部分置于（0±0.5)℃下贮藏，每隔 15d 取出进行常温货架观察与测定，每隔 1d 测定货架期中 ROS 代谢各项指标，设 3 次重复。

试剂：盐酸羟胺、三氯乙酸、对氨基苯磺酸、α-萘胺、磷酸、DTNB 溶液，国药集团化学试剂有限公司。

2. 主要仪器与设备

CT14Rd 冷冻离心机：上海天美科学仪器有限公司；UV-1810 紫外分光光度计，北京普析通用科技公司。

二、试验方法

1. H_2O_2 含量

参照曹建康等（2007）的方法进行测定。

2. $\cdot O_2^-$ 产生速率

称取 5g 蓝莓果实，加入 5mL 提取缓冲液，在冰浴条件下研磨，12000×*g* 冷冻（4℃）离心 20min，取上清液。取 1.0mL 上清液依次加入 1.0mL 磷酸钠缓冲溶液和 1.0mL 盐酸羟胺溶液，摇匀后在 25℃下保温 1h，取出后加入 1.0mL 对氨基苯磺酸溶液和 1.0mL α-萘胺溶液，混匀后与 25℃下保温 20min 立即在 530nm 进行显色反应。以不进行保温 1h 的作为对照。

3. SOD 活性

称取 5g 蓝莓果实，加入 5mL 提取缓冲液，在冰浴条件下研磨匀浆，12000×*g* 冷冻（4℃）离心 30min，取上清液。低温保存备用。于 560nm 处测定其吸光度值。

4. CAT 活性

称取 5g 蓝莓果实，加入 5mL 提取缓冲液，在冰浴条件下充分研磨匀浆，12000×*g* 冷冻（4℃）离心 30min，取上清液，低温保存备用。以蒸馏水为参比空白，于 240nm 处测定其吸光度值。

5. APX 活性

称取 5g 蓝莓果实，加入 5mL 经 4℃ 预冷的提取缓冲液，在冰浴条件下研磨匀浆，12000×*g* 冷冻（4℃）离心 30min，取上清液，于 290nm 处测定其吸光度值。

6. GSH 含量

称取 5g 蓝莓果实，加入 5mL 经 4℃ 预冷的 50g/L 三氯乙酸溶液，在冰浴条件下研磨匀浆，12000×*g* 冷冻（4℃）离心 20min，取上清液。取 1 支试管，依次加入 1mL 蒸馏水、1mL pH7.7 磷酸缓冲液和 0.5mL DTNB 溶液，作为对照。再取 2 支试管，A、B 试管分别加入 1mL 上清液、1mL pH7.7 磷酸缓冲液。向 A 试管中加入 0.5mL DTNB 溶液，B 试管加入 0.5mL pH6.8 磷酸缓冲液。将两支试管置于 25℃ 下保温 10min。迅速在波长 412nm 处测定吸光值。

三、结果与分析

（一）不同贮藏过程中蓝莓果实 ROS 代谢物质及相关酶活性的变化

1. 不同贮藏过程中蓝莓果实 H_2O_2 含量的变化

由图 4-28 所示，在常温货架期间蓝莓果实 H_2O_2 含量呈不断上升的趋势，由采后的 1.85μmol/g 至采后常温贮藏第 8 天时 H_2O_2 含量达到 4.65μmol/g。经过冷藏的蓝莓果实 H_2O_2 含量也是不断上升的，冷藏 60d 蓝莓果实 H_2O_2 含量达到了 4.63μmol/g。同时在冷藏后常温货架中蓝莓的 H_2O_2 含量也始终呈现上升趋势。在不同冷藏时间后货架期的第 4 天，H_2O_2 含量明显高于常温自然后熟果实，冷藏 45d 后的第 4 天货架期，其 H_2O_2 含量就达到 5.83μmol/g。以上结果说明蓝莓在常温货架期贮藏会导致 H_2O_2 含量的不断积累，而冷藏会减缓 H_2O_2 含量的上升速率。

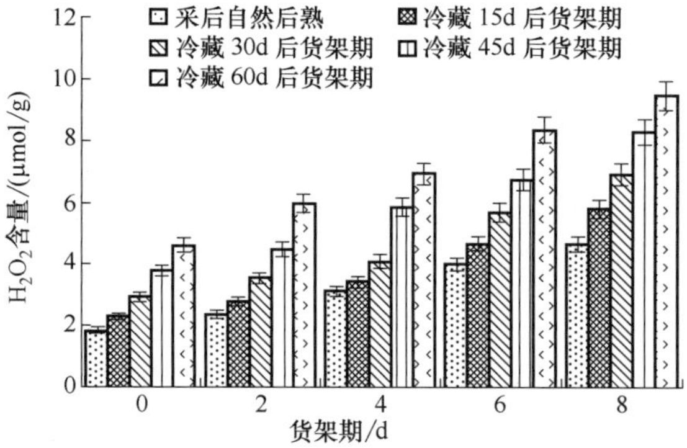

图 4-28 蓝莓果实在采后自然后熟过程或冷藏后常温货架期中 H_2O_2 含量的变化

2. 不同贮藏过程中蓝莓果实 $\cdot O_2^-$ 产生速率的变化

如图 4-29 所示，蓝莓在果实自然后熟过程中，$\cdot O_2^-$ 生成量逐渐升高，在第 8 天达到 7.32μmol/(min·g)。冷藏的蓝莓果实 $\cdot O_2^-$ 产生速率也会逐渐增加，但与常温贮藏时蓝

莓果实 · O_2^- 产生速率相比增长缓慢，冷藏 60d 时蓝莓果实的 · O_2^- 产生速率为 7.43μmol/(min · g)。冷藏后货架期中 · O_2^- 产生速率显著增加，冷藏 30d 后蓝莓果实的 · O_2^- 产生速率为 4.85μmol/(min · g)，而在冷藏后货架期第 4 天， · O_2^- 产生速率显著增加到 6.89μmol/(min · g)。以上结果说明果实衰老与 · O_2^- 积累具有密切的关系，且冷藏对蓝莓果实 · O_2^- 产生速率有所抑制。

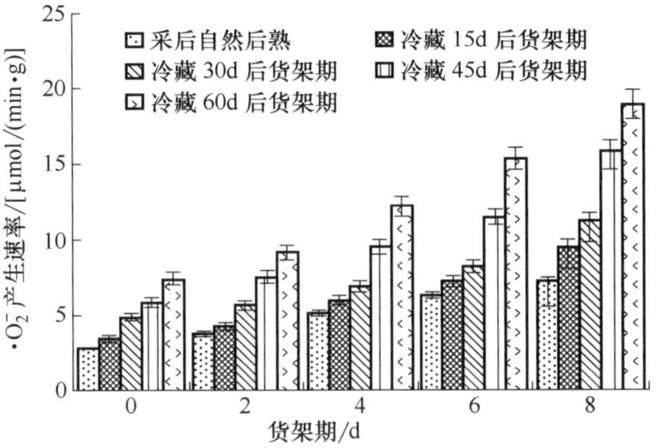

图 4-29 蓝莓果实在采后自然后熟过程或冷藏后常温货架期中 · O_2^- 产生速率的变化

3. 不同贮藏过程中蓝莓果实 SOD 活性的变化

如图 4-30 所示，蓝莓果实的 SOD 活性随着贮藏时间的延长逐渐上升，在第 6 天时到达最大值，为 198.05U/gFW。SOD 活性的最大值与 · O_2^- 生成量的变化趋势相比，早 2d 出现，在 · O_2^- 生成量的最大值到来时 SOD 活性已经开始下降。冷藏过程中，蓝莓果实在冷藏 30d 后出现活性高峰，为 186.54U/gFW，说明低温对 SOD 活性的抑制有一定限度。

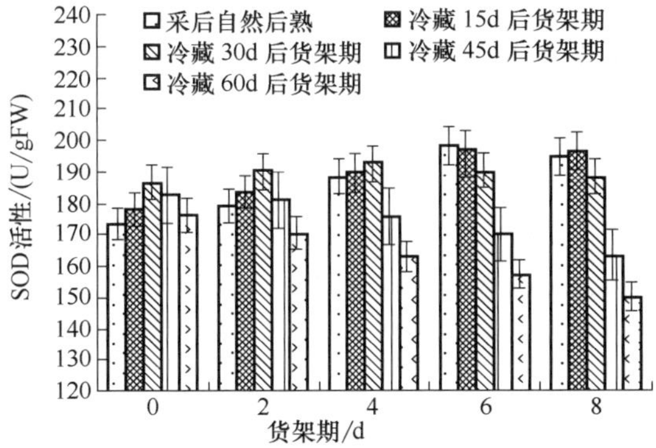

图 4-30 在采后自然后熟过程或冷藏后常温货架期中 SOD 活性的变化

冷藏后常温货架期和采后常温自然后熟期蓝莓果实 SOD 活性变化分析表明，不同冷藏时间后货架期中 SOD 活性均表现为逐渐上升而后下降的变化趋势。冷藏后期的第 4 天货架期开始，蓝莓果实 SOD 活性急速下降，与冷藏前期及中期蓝莓果实的 SOD 活性呈现极显著差异（$P<0.01$）。说明冷藏后常温货架期蓝莓果实 SOD 在货架后期丧失了清除自

由基的能力。

4. 不同贮藏过程中蓝莓果实 CAT 活性的变化

如图 4-31 所示，果实 CAT 的活性在采后第 2 天即达到最高峰，整体趋势和 SOD 活性的变化相似，为 0.94U/gFW。随着贮藏时间的逐渐延长，果实体内 H_2O_2 不断积累，CAT 活性逐渐下降，到第 8 天 H_2O_2 的含量达最大时，CAT 活性降低到 0.71U/gFW。冷藏过程中蓝莓果实 CAT 活性在第 30 天达到活性高峰，为 0.95U/gFW，与常温自然后熟过程中 CAT 活性无显著性差异。但冷藏有效延缓了 CAT 活性高峰的出现。

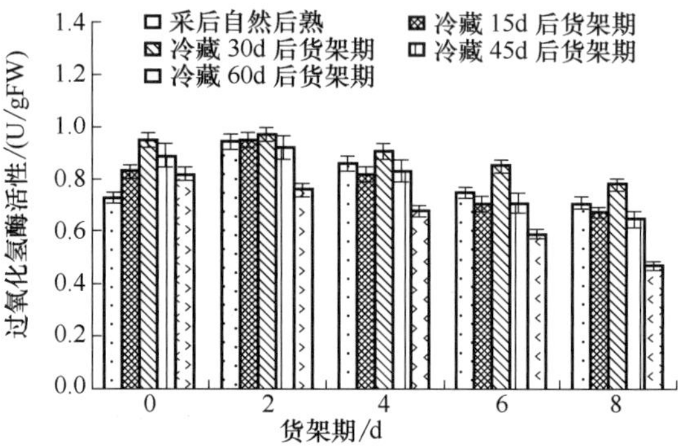

图 4-31 蓝莓果实在采后自然后熟过程或冷藏后常温货架期中 CAT 活性的变化

冷藏后常温货架期第 4 天，蓝莓果实中 CAT 活性与常温自然后熟条件下 CAT 活性差异显著（$P<0.05$）。蓝莓果实在常温自然后熟过程中活性变化很小，0~2d 时 CAT 活性基本没变，在以后几天稍有上升，但到第 6 天时酶活开始迅速下降；在冷藏后常温货架期中，CAT 活性变化剧烈，从贮藏 0~4d 活性持续上升，随后又开始下降，到第 8 天时，H_2O_2 大量积累，CAT 酶系统已经彻底崩溃，衰老加剧。

5. 不同贮藏过程中蓝莓果实 APX 活性的变化

如图 4-32 所示，随着果实的常温贮藏时间的延长其活性先升高再下降。蓝莓果实 APX 活性在采后第 6 天上升幅度较大，与前两天差异极显著（$P<0.01$），第 6 天达到最高峰，为 23.9μmol/(min·g)。在成熟后期，随着果实内 H_2O_2 的积累，APX 活性不断下降。冷藏过程中蓝莓果实 APX 活性在第 45 天达到活性高峰，为 21.43μmol/(min·g)，与常温自然后熟过程中 APX 活性无显著性差异。但冷藏有效延缓了 APX 活性高峰的出现。

冷藏后常温货架期和采后常温自然后熟期果实 APX 活性变化规律分析结果表明，不同冷藏时间后货架期中 APX 活性均表现为先上升后下降的变化趋势。常温自然后熟的第 6 天 APX 活性达到高峰，冷藏 15d 后货架期中 APX 活性与采后自然后熟无显著性差异，但从冷藏后 30d 开始，APX 活性变化紊乱，与采后自然后熟蓝莓果实的 APX 活性发生极显著性差异（$P<0.01$）。此时，主要是由于果实的膜脂过氧化作用迅速加强，细胞膜透性显著增加，导致保护酶活性下降，降低了与防御 ROS 有关的酶促保护系统的能力。

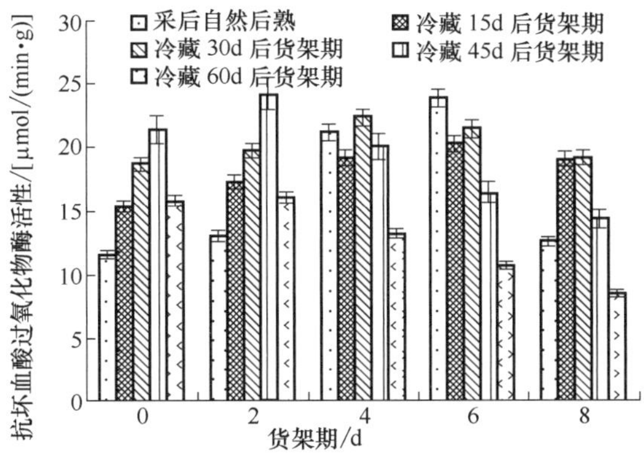

图 4-32　蓝莓果实在采后自然后熟过程或冷藏后常温货架期中 APX 活性的变化

6. 不同贮藏过程中蓝莓果实 GSH 含量的变化

如图 4-33 所示，在常温贮藏过程中，蓝莓果实内 GSH 含量开始上升不显著，随着时间的积累 $\cdot O_2^-$ 越积越多，特别是在第 2 天和第 6 天，$\cdot O_2^-$ 迅速积累，后来 GSH 含量不断升高能够满足 GSH-PX 反应所需的要求，常温贮藏第 6 天 GSH 含量达到活性高峰。从而 GSH-PX 活性不断增强来清除自由基，保护蓝莓果实。冷藏 30d 时蓝莓果实含量达到高峰 89. 57μmol/g。

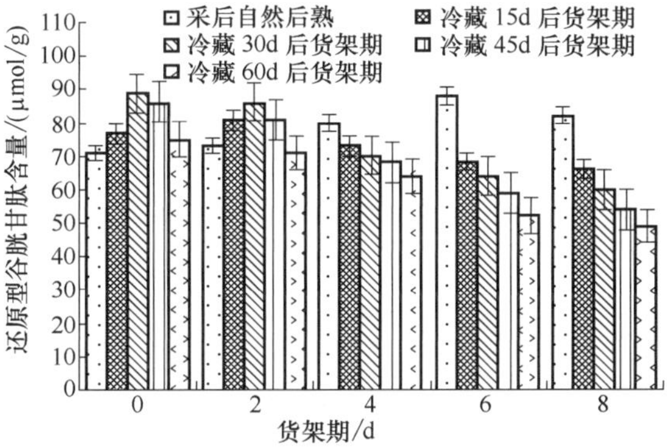

图 4-33　蓝莓果实在采后自然后熟过程或冷藏后常温货架期中 GSH 含量的变化

（二）外源 H_2O_2 处理与 GSH 处理对冷藏蓝莓果蒂凹陷发生及品质的影响

上述的研究结果表明，蓝莓果蒂凹陷发生后其 ROS 代谢的一系列相关指标发生变化。为了进一步验证蓝莓果蒂凹陷发生与 ROS 代谢间的关系，本部分研究对贮藏过程中的蓝莓果实采取外源添加 ROS 与清除 ROS 的方式，通过分析两种处理对蓝莓果蒂凹陷发生及品质的影响，进一步验证蓝莓果蒂凹陷发生的 ROS 代谢机理。

1. 外源 H_2O_2 处理与 GSH 处理对冷藏蓝莓果蒂凹陷率的影响

蓝莓果实在冷藏 30d 后货架期中凹陷率呈逐渐上升的趋势。如图 4-34 所示，货架期前 2，对照组和处理组果实的凹陷率相差不大。从货架第 4 天开始，外源 H_2O_2 处理的蓝

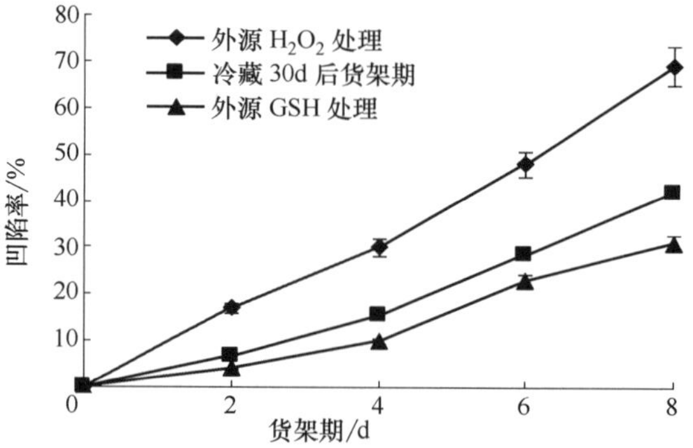

图 4-34 不同处理对冷藏后货架期中蓝莓果蒂凹陷率的影响

莓果实的凹陷率显著高于对照果实和外源 GSH 处理果实（$P<0.01$）。货架期第 4 天，外源 H_2O_2 处理果的凹陷率是对照果是 2 倍。冷藏 30d 后货架期第 6 天、第 8 天，外源 GSH 处理果实的凹陷率显著低于对照组果实（$P<0.05$）。由以上可知，外源 GSH 处理组果实的凹陷率相比对照组上升缓慢，而外源 H_2O_2 处理组的凹陷率在整个货架期显著高于对照组。说明外源 GSH 处理可以抑制蓝莓果蒂凹陷率的上升，而外源 H_2O_2 处理则使蓝莓果蒂凹陷现象加重。

2. 外源 H_2O_2 处理与 GSH 处理对冷藏蓝莓果实腐烂率的影响

如图 4-35 所示，蓝莓果实腐烂率随着果实的货架期时间的延长逐渐增加。对照组果实的腐烂率在常温自然后熟 4d 后开始快速上升，外源 GSH 处理组果实的上升速率小于对照组，而外源 H_2O_2 处理组的 2d 后便快速上升，腐烂率明显高于对照组和外源 GSH 处理组。说明外源 H_2O_2 处理加速常温货架蓝莓的腐烂。但方差分析数据显示，三组数据之间并无显著性差异。

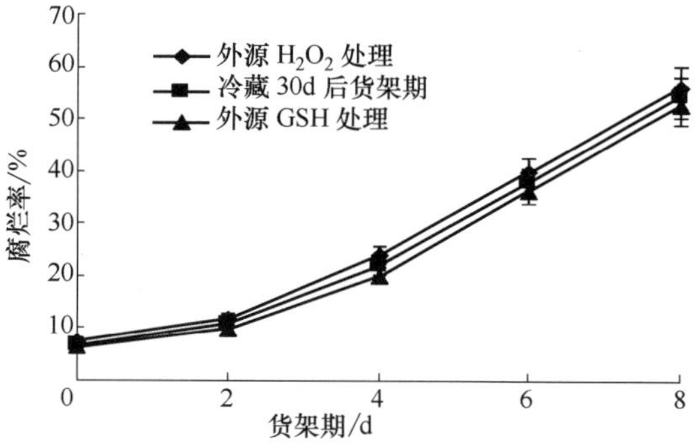

图 4-35 不同处理对冷藏后货架期中蓝莓果实腐烂率的影响

3. 外源 H_2O_2 处理与 GSH 处理对冷藏蓝莓果实 H_2O_2 含量的影响

如图 4-36 所示，蓝莓冷藏后常温货架期对照果 H_2O_2 含量呈现上升的趋势。外源 H_2O_2 处理果的 H_2O_2 含量显著高于对照组和外源 GSH 处理组。外源 GSH 处理果的 H_2O_2 含量在 6~8d 时显著低于对照组和外源 H_2O_2 处理组。因此，外源 GSH 处理可以延缓蓝莓

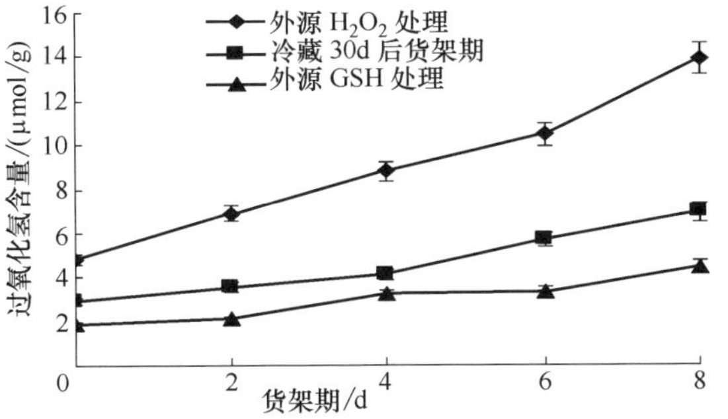

图 4-36　不同处理对冷藏后货架期中蓝莓果实 H_2O_2 含量的影响

果实衰老过程中 $\cdot O_2^-$ 产生速率的增加以及 H_2O_2 含量的不断积累，利于延长蓝莓果实的冷藏后的货架期。三组数据结果与果蒂凹陷率的变化相一致。

4. 外源 H_2O_2 处理与 GSH 处理对冷藏蓝莓果实 $\cdot O_2^-$ 产生速率的影响

如图 4-37 所示，不同处理蓝莓果实在冷藏 30d 后货架期中的 $\cdot O_2^-$ 产生速率均呈现逐渐上升的趋势。对照果 $\cdot O_2^-$ 产生速率第 8 天时为 11.24μmol/(min·g)，是第 0 天含量的 3 倍。外源 GSH 处理果显著降低了果实中 $\cdot O_2^-$ 产生速率（$P<0.05$）。外源 H_2O_2 处理果的 $\cdot O_2^-$ 产生速率则高于对照果。在整个常温货架期外源 H_2O_2 处理果的 $\cdot O_2^-$ 产生速率高于对照果，而外源 GSH 处理果的 $\cdot O_2^-$ 产生速率低于对照果。由以上可以推断，外源 H_2O_2 处理提高了果实中 $\cdot O_2^-$ 产生速率，促进果实的成熟衰老。外源 GSH 处理可抑制蓝莓果实 $\cdot O_2^-$ 含量上升，延缓果实的衰老。

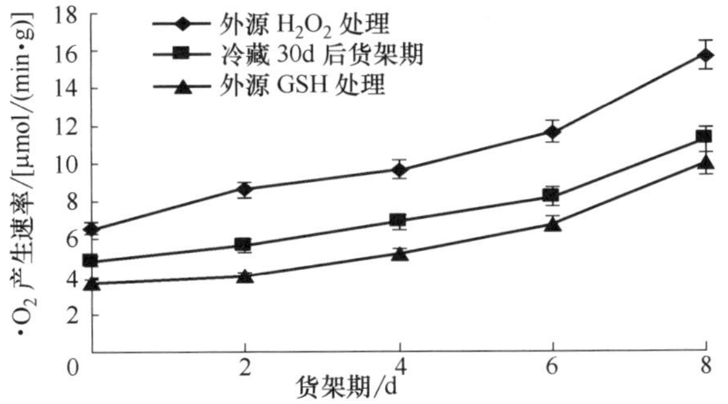

图 4-37　不同处理对冷藏后货架期中蓝莓果实 $\cdot O_2^-$ 产生速率的影响

5. 外源 H_2O_2 处理与 GSH 处理对冷藏蓝莓果实 SOD 活性的影响

如图 4-38 所示，采后常温自然后熟蓝莓果实的 SOD 活性在开始时较低，随着贮藏时间的延长逐渐上升。对照组蓝莓果实在第 4 天达最大值，为 192.61U/gFW。外源 GSH 处理组和 H_2O_2 处理组果实与对照组果实变化趋势相似，说明果实内 $\cdot O_2^-$ 含量的增加诱导了 SOD 的快速上升，促使果实成熟衰老，各处理间无显著差异。

6. 外源 H_2O_2 处理与 GSH 处理对冷藏蓝莓果实 CAT 活性的影响

如图 4-39 所示，对照果在第 2 天达到最高峰，而后随着果实内 H_2O_2 含量的不断积累，CAT 活性逐渐下降，到第 8 天外源 H_2O_2 的含量达最大时，CAT 活性降低到 0.82U/(gFW)。相比之下，外源 GSH 处理果 CAT 活性变化与对照相似。其最大值在第 2 天出现，货架期后期 CAT 活性与对照组并无显著性差异。而外源 H_2O_2 处理果 CAT 活性峰值则呈现了逐渐下降的趋势，从第 4 天开始急剧下降，活性极显著低于对照组（$P<0.01$）。

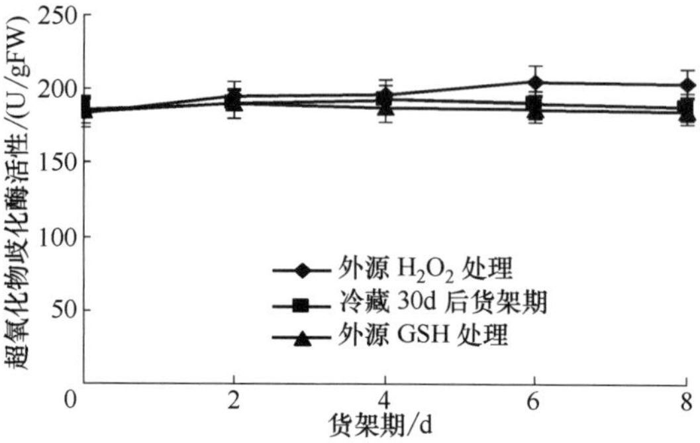

图 4-38　不同处理对冷藏后货架期中蓝莓果实 SOD 活性的影响

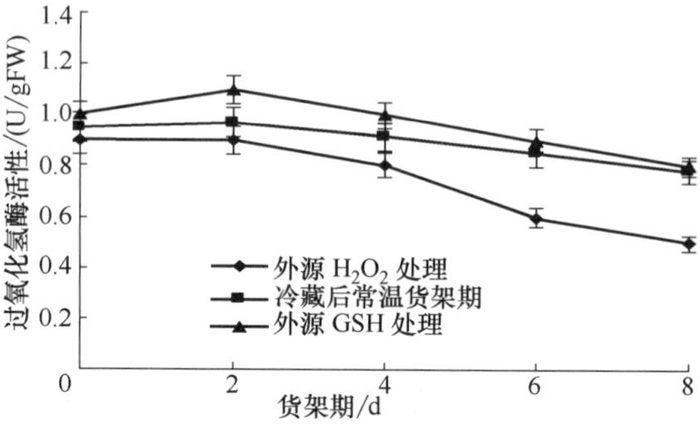

图 4-39　不同处理对冷藏后货架期中蓝莓果实 CAT 活性的影响

7. 外源 H_2O_2 处理与 GSH 处理对冷藏蓝莓果实 APX 酶活性的影响

如图 4-40 所示，外源 GSH 处理组果实的 APX 活性在冷藏 30d 后货架期中的变化趋势与对照组果实相似，先升高再下降。在货架期第 4 天达到最高峰，而后由于果实内 H_2O_2 的积累，APX 活性开始下降。外源 H_2O_2 处理果 APX 活性在贮藏第 4 天出现最高峰但后期出现了迅速的下降。从第 6 天开始外源 GSH 处理组果实的 APX 活性高于对照组果实和外源 H_2O_2 处理组果实。说明 GSH 具有提高 APX 活性表达或延缓 APX 活性下降的作用。

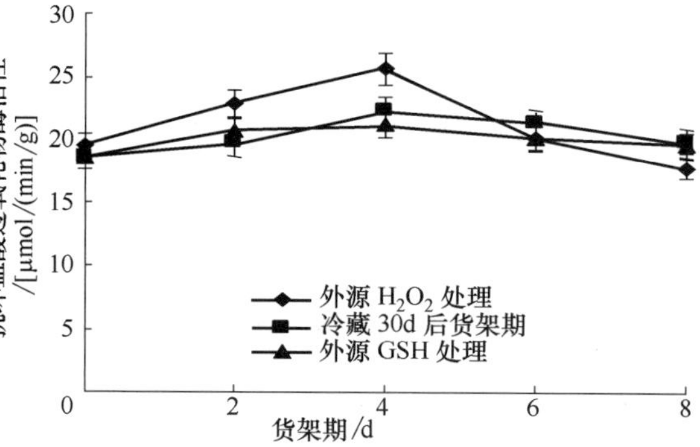

图 4-40　不同处理对冷藏后货架期中蓝莓果实 APX 活性的影响

（三）冷藏蓝莓果蒂凹陷的发生与 ROS 代谢的关系

为了解冷藏蓝莓果蒂凹陷的发生与 ROS 代谢的关系，我们对冷藏 30d 后货架期的蓝莓果实的品质与 ROS 代谢主要指标进行了相关性分析。其分析结果如表 4-7 所示。

表 4-7　蓝莓果蒂凹陷发生后果实品质与 ROS 代谢主要指标的相关性分析

指标	凹陷率/%	硬度/%	腐烂率/%	失重率/%	SSC/%	维生素 C 含量/%
H_2O_2 含量/(μmol/g)	0.988**	-0.972**	0.987**	0.950*	0.933*	-0.975**
$\cdot O_2^-$ 产生速率/[μmol/(min·g)]	0.994**	-0.984**	0.983**	0.968**	0.869	-0.947*
SOD 活性/(U/gFW)	-0.884*	-0.857	0.881*	0.793	0.969**	0.980**
CAT 活性/(U/gFW)	-0.868	0.901*	-0.833	-0.826	-0.544	0.721
APX 活性[μmol/(min·g)]	-0.579	-0.507	0.610	0.577	0.894*	-0.765
GSH 含量/(μmol/g)	-0.996**	0.993**	-0.987**	-0.955*	-0.870	0.948*

注：*代表差异显著（$P<0.05$），**代表差异极显著（$P<0.01$）。

如表 4-7 所示，冷藏 30d 后货架期中蓝莓果实极易发生凹陷、腐烂，其凹陷率、硬度及腐烂率都与果实 GSH 含量、$\cdot O_2^-$ 产生速率、H_2O_2 含量达到极显著相关的水平；果蒂凹陷率和腐烂率都与 SOD 活性显著相关，硬度则与 CAT 活性显著相关；蓝莓果实维生素 C 含量和 SSC 与 SOD 活性的相关性达极显著水平；SSC 与 APX 活性呈显著正相关。由此可以看出，采后蓝莓果实 SOD 活性、GSH 含量、$\cdot O_2^-$ 产生速率、H_2O_2 含量可能是引起果蒂凹陷、腐烂的主要原因。$\cdot O_2^-$ 产生速率和 H_2O_2 含量也与果实品质存在密切关系，如 $\cdot O_2^-$ 产生速率与维生素 C 含量呈显著负相关，H_2O_2 含量与维生素 C 含量呈极显著负相关，与 SSC 呈显著正相关。上述分析表明，冷藏 30d 后货架期中凹陷发生的蓝莓果实的品质与 SOD 活性、GSH 含量、$\cdot O_2^-$ 产生速率和 H_2O_2 含量都有直接的关系，而与 APX 活性存在着间接关系。

SOD、CAT 和 APX 是植物细胞中清除 ROS 的主要酶类，APX 和 GSH 在抗坏血酸-谷胱甘肽（ASA-GSH）循环中起催化作用，在此循环中，植物体中大量的 H_2O_2 被清除。GSH 与 SOD、CAT、APX 等 ROS 清除酶一起，可以清除细胞内的 ROS，减轻和阻止体内 ROS 的过氧化作用。如表 4-8 所示，冷藏 30d 后货架期蓝莓果实 SOD 活性与 GSH 含量、$\cdot O_2^-$ 产生速率、H_2O_2 含量都显著相关。同时 GSH 含量与 $\cdot O_2^-$ 生成量、H_2O_2 含量呈极显著负相关，与 CAT 呈显著正相关。以上结果均表明 SOD、CAT、APX 及 GSH 在清除 ROS 方面具有协同作用。

表 4-8 蓝莓果蒂凹陷发生后果实 ROS 代谢主要指标之间的相关性分析

指标	凹陷率/%	H_2O_2 含量/(μmol/g)	$\cdot O_2^-$ 产生速率/[μmol/(min·g)]	SOD 活性/(U/gFW)	CAT 活性(U/gFW)	APX 活性/[μmol/(min·g))]	GSH 活性/(μmol/g)
凹陷率/%	1	0.988**	0.994**	-0.884*	-0.868	-0.579	-0.996**
H_2O_2 含量/(μmol/g)	0.988**	1	0.983**	0.943*	-0.799	0.325	-0.988**
$\cdot O_2^-$产生速率/[μmol/(min·g)]	0.994**	0.983**	1	0.884*	-0.869	0.214	-0.991**
SOD 活性/(U/gFW)	-0.884*	0.943*	0.884*	1	-0.651	0.529	-0.907*
CAT 活性/(U/gFW)	-0.868	-0.799	-0.869	-0.651	1	0.121	0.881*
APX 活性/[μmol/(min·g)]	-0.579	0.325	0.214	0.529	0.121	1	-0.179
GSH 含量/(μmol/g)	-0.996**	-0.988**	-0.991**	-0.907*	0.881*	-0.179	1

注：*代表差异显著（$P<0.05$），**代表差异极显著（$P<0.01$）。

综上所述，本节采用外源 GSH 处理蓝莓的结果表明，在常温货架期间蓝莓果实的凹陷度、腐烂率的上升缓慢，果实的硬度下降率低，有效抑制了蓝莓果实的凹陷现象的发生，延缓了蓝莓果实的衰老，使果实保持较好的品质。与此同时，外源 GSH 处理使果实的 ROS 被迅速清除，同时较高水平的 SOD、CAT、APX 及 GSH 活性也促使蓝莓果实产生的 ROS 积累下降，延缓了蓝莓果实的衰老过程。而外源 H_2O_2 处理则与外源 GSH 的效果相反。

第五节 基于膜质代谢的冷藏蓝莓果蒂凹陷的机理研究

研究表明，植物在短期低温环境会通过增加细胞膜不饱和度、降低细胞膜的相变温度，维持细胞膜的流动性及稳定性，增强细胞膜的抗逆性，从而缓解低温对细胞膜的损伤。然而，随着冷藏时间的延长，磷脂和半乳糖脂逐渐降解，膜脂肪酸会发生过氧化，从而细胞膜甾醇与磷脂之间的比例增大，不饱和度降低，导致膜流动性和功能性下降，最终出现了不可逆的代谢失衡，进而表现出一系列冷害症状。因此，冷敏感植物长期曝露在低温环境下，细胞膜会逐渐破损，造成胞内水、离子及代谢物的渗漏，而这一变化可以用相对电导率来监测（Marangoni *et al.*，1996；Sharom *et al.*，1994）。此外，脂质过氧化可通过其最终产物 MDA 的产生来评估。总之，相对电导率、MDA 已广泛用于间接评估细胞膜的完整性，从而准确的评估低温对果蔬的损伤程度。此外，低温胁迫下 PLD 和 LOX 活性会显著增加，加速磷脂和不饱和脂肪酸的降解，细胞膜完整性降低，进而出现一系列的冷害症状。膜状态的变化可能导致次生反应或不可逆反应，这取决于贮藏温度、时间和植物的冷敏感性。长时间低温会造成膜完整性的丧失、溶质渗漏、线粒体氧化化活性降低、膜结合酶活化能增加、光合作用速率降低、代谢中断和紊乱、有毒物质积累，最终出现一系列冷害症状（Shewfelt and Purvis，1995）。本节通过分析冷藏过程中和冷藏后常温货架期间蓝莓果实膜脂代谢主要物质和关键酶和基因表达的变化，揭示低温胁迫蓝莓果蒂凹陷的膜脂代谢机理。

一、材料与条件

1. 主要试剂与材料

蓝莓果实采收于辽宁省沈阳市浑南祝家蓝莓基地，在 2h 内运回实验室。挑选出大小、颜色、成熟度均一致，无机械损伤的蓝莓果实（20kg）用于试验。供试验蓝莓果实在（0±0.5）℃下预冷 10h，预冷结束后将蓝莓果实分为五组，每组 4kg 蓝莓果实。第一组蓝莓果实在（20±0.5）℃，80%~85%相对湿度（relative humidity，RH）下贮藏 8d，作为常温自然后熟组。其余 4 组的蓝莓果实分别在低温（0±0.5）℃下贮藏 15、30、45 和 60d，出库后均在（20±0.5）℃下贮藏 8d。每个实验点的蓝莓果实均经液氮速冻后贮存于-80℃冰箱以备其他实验。以上实验均设置 3 次生物学重复。

试剂：二丁基羟基甲苯、氮气、丙酮、磷酸缓冲溶、异丙醇氯仿、甲醇（分析级和色谱级）、氯化钾、氯化钠、石油醚、氢氧化钾、苯、正已烷、戊二醛乙酸、聚乙烯吡咯烷酮（polyvinylpyrrolidone，PVP）、曲拉通 X-100、磷酸氢二钠、三氯乙酸、磷酸二氢钠：国药集团化学试剂有限公司；OminiPlant RNA（CWBIO）、HiFiScript cDNA Synthesis（CWBIO）、UltraSYBR Mixture（Low Rox）（CWBIO）试剂盒、PLD 酶联免疫检测试剂盒，天根。

2. 主要仪器与设备

Varian CP-3800 型气相色谱仪：美国 Varian 公司；DHG-9148A 电热鼓风干燥箱：济南天舜生物技术有限公司；DDS307 电导率仪：上海精密科学仪器有限公司；RO-DI 型超纯水系统：苏州江东精密仪器有限公司。HT7700 透射电子显微镜；日本日立公司；核磁共振分析仪 MESOMR23-060H-I，纽迈，中国。

二、试验方法

1. 蓝莓果实超微结构的观察

将蓝莓中果皮（1mm×1mm×3mm）浸泡在戊二醛（2.5%）中，4℃下固定 12h，然后用0.1mol/L磷酸缓冲液（pH7.2）洗涤样品3次。随后用乙醇和丙酮溶液梯度洗脱样品（每个浓度洗脱15min）。最后，用100%丙酮溶液洗脱30min。将洗脱好的样品浸入SPI-812包埋介质和环氧丙烷的混合物中过夜。所有样品均使用HT7700透射电子显微镜（日立，日本）进行观察。

2. 蓝莓果实膜脂含量的测定

将蓝莓果实浸泡在含有0.01%丁基羟基甲苯、75℃预热的异丙醇中，75℃下水浴15min。将氯仿（1.5mL）和超纯水（0.5mL）依次添加到样品中，混合均匀，室温下避光，于150g/min条件下摇动1h后，将提取物转移到新的玻璃管中。在样品中加入4mL含有0.01%丁基羟基甲苯的氯仿/甲醇（2∶1）混合液，并在150g/min条件下摇动30min，随后将提取液转移至玻璃管中，重复以上步骤5次。将所有提取液混合，加入1mL 1mol/L KCl，于500g/min条件下离心5min，除去水相。向提取液中加入2mL超纯水，在500g/min条件下离心5min，除去水相。用氮气吹干提取液后，在-80℃冰箱保存。萃取后的蓝莓果实在100℃烘箱中干燥过夜，称干重。

3. 蓝莓果实脂肪酸含量的测定

称取5g蓝莓果实，将其剪碎后放置在玻璃皿中，在100℃烘箱中灭酶10min，然后将其转移至研钵中，待其冷却后加入10mL氯仿/甲醇（2∶1）混合液，研磨充分后转入50mL离心管中，于20℃，8300×*g*条件下离心20min。吸取下清液转入25mL鸡心瓶中并迅速加入5mL 7.6g/L的NaCl溶液，于150g/min条件下摇动30min，静置10min，弃去上层，减压干燥，得到总类脂。依次加入6mL饱和甲醇的石油醚和饱和石油醚的甲醇于总类脂中，充分震荡，静置10min，吸取下层甲醇相，减压浓缩，得到极性脂。向极性脂中加入1mL色谱级甲醇溶解后，依次加入1mL 0.4mol/L、色谱级甲醇溶解的KOH溶液和4mL苯/石油醚（1∶1）混合液，充分振荡，静置15min，加入8mL蒸馏水，充分振荡，静置10min，待溶液分层后，弃去下层，减压蒸干，加入1mL色谱级正己烷溶解并转移到1.5mL进样瓶里。

气相色谱条件：气化室温度250℃，程序升温：初始柱温80℃，以10℃/min升至200℃；以5℃/min升至230℃，保持5min。载气为氦气，进样量为1μL，分流比为20∶1。溶剂延迟3min。

质谱条件：离子源温度230℃；电离电压70eV；接口温度250℃；电子倍增管1235V；扫描范围为20~600Amu。脂肪酸的鉴定基于NIST/Wiley MS Search 2.0质谱库。利用亚麻酸甲酯、亚油酸甲酯标准品的标准曲线对其进行定量分析。

4. 蓝莓果实水分含量的测定

采用23.3MHz核磁共振分析仪MESOMR23-060H-I（纽迈，中国）进行蓝莓果实水分含量的测定。Carr-Purcell-Meiboom-Gill（CPMG）序列和自旋回波序列分别用来蓝莓果实的横向弛豫时间（T2）和MRI检测。对于MRI，样品呈现颜色越红，所含的水分越多。

5. 蓝莓果实相对电导率的测定

用打孔器打取蓝莓果肉组织后，用刀片将蓝莓果实组织切成相同厚度（2mm）的薄片，要求均匀一致，尽量减少损伤。称取相同质量（相同数目）的蓝莓果实圆片。将圆片置于小烧杯中，加入 20mL 去离子水浸泡、振荡 10min，将水倾去，再用去离子水冲洗 3 次，最后用干净滤纸吸干圆片上的水分。将组织圆片放入大试管中，并用玻璃棒或干净尼龙网压住，准确加入 20mL 去离子水，浸没叶片，放入到真空干燥器中。真空干燥器连接上真空表和真空泵，抽气，以抽出细胞间隙中空气，使去离子水进入细胞间隙。将真空干燥器的压力控制在 0.04~0.06MPa，真空渗透 10min。然后缓缓放入空气，水即被吸入组织中而使圆片下沉。取出大试管，放在摇床上振荡 1h，在 20~25℃恒温下，用电导率仪测定溶液电导率。测定电导率后，将大试管再放入到 100℃沸水浴中煮沸 15min，以杀死果蔬组织圆片。然后取出大试管冷却，至温度降到 20~25℃时，再次测定煮沸后的果蔬组织电导率，结果以相对电导率（%）表示。

6. 蓝莓果实丙二醛（MDA）含量的测定

称取 1.0g 果蔬样品，加入 5.0mL 100g/L 三氯乙酸溶液，研磨匀浆后于 4℃，10000×*g* 离心 20min，收集上清液，低温保存备用。取 2.0mL 上清液（对照空白管中加入 2.0mL 100g/L 三氯乙酸溶液代替提取液），加入 2.0mL 0.67%硫代巴比妥酸，混合后在沸水浴中煮沸 20min，取出冷却后再离心一次。分别测定上清液在 450nm、532nm 和 600nm 波长处的吸光度值，重复 3 次。

7. 蓝莓果实脯氨酸含量的测定

游离脯氨酸含量测定采用磺基水杨酸法，参照曹康建等（2007）的方法进行测定。

8. 蓝莓果实 PLD 活性的测定

称取 5g 蓝莓果实 5mL 预冷的磷酸缓冲液（0.1mol/L $Na_2HPO_4 \cdot 12H_2O$，0.1mol/L $NaH_2PO_4 \cdot 2H_2O$）中充分研磨至匀浆并在 4℃，8，300×*g* 条件下离心 20min，收集上清液。根据植物 PLD 酶联免疫检测试剂盒说明书测定 PLD 的活性。

9. 蓝莓果实 LOX 活性的测定

称取 5g 蓝莓果实于 5mL 预冷的 0.01mol/L、pH6.8 磷酸缓冲液（含 1%Triton X-100 和 4% PVPP）中充分研磨至匀浆并在 4℃，12000×*g* 条件下离心 20min，收集上清液。根据植物 LOX 酶联免疫检测试剂盒说明书测定 LOX 的活性。

10. 蓝莓果实 *PLD*、 *LOX* qRT-PCR 的测定

蓝莓果实中总 RNA 的提取、cDNA 合成、qRT-PCR 分别按照 OminiPlant RNA Kit（康为，中国）、HiFiScript cDNA 合成、UltraSYBR Mixture（Low Rox）试剂盒使用说明书。相关基因所用引物均由 Primer Premier 5.0 设计，如表 4-9 所示，并由北京奥科生物公司合成。

表4-9 实时荧光定量 PCR 引物

基因	上游引物（5′～3′）	下游引物（5′～3′）
Actin	5′-ACTACCATCCACTCTATCACCG-3′	5′-AACACCTTACCAACAGCCTTG-3′
PLDα1	5′-CGAGACATTCAGCCATCCAA-3′	5′-AAGCAGGTGACCAGGCAGAT-3
PLDα2	5′-TCTGGCGGAAAGTATTATGAGC-3′	5′-CTGTAACCACCGACCACCCTGT-3′
PLDβ	5′-TCAGCTTACGTCGTTATTCCTATGTG-3′	5′-ACGGTTGCCAAGACAGTAGAAGTTC-3′
PLDδ	5′-ATGATACTCCTGAGCATCGGTTGTTC-3′	5′-ATGGTTGCCTTGGAGCCTTACTTC-3′
LOX1	5′-GGATCACCATGATGCGCTAA-3′	5′-ATGGCTTCAGTGTTCCGTCA-3′

11. 数据处理

采用 SPSS 20.0、单因素方差分析（ANOVA）对数据进行统计分析，并由 Origin 8.0 制图。

三、结果与分析

1. 蓝莓果蒂凹陷的发生规律及细胞超微结构的变化

如图4-41（1）所示，采收当天的新鲜蓝莓果实没有凹陷症状的发生，然而，经过冷藏的蓝莓果实尤其是转到常温货架期间容易发生凹陷症状［图4-41（2）］。从细胞状态上看，新鲜蓝莓果实的细胞结构完整，并且细胞膜紧贴细胞壁［图4-41（3）（5）］，而冷藏30d后货架期第4天凹陷的蓝莓果实细胞壁变窄，细胞膜出现褶皱，细胞发生质壁分离，并且囊泡增多，内溶物外泄［图4-41（4）（6）］。在新鲜蓝莓果实中，各细胞器结构完整，梭状叶绿体中存在许多层状类囊体和少量嗜锇颗粒［图4-41（7）］，线粒体丰富并且形态正常，双层膜结构完整［图4-41（9）］。然而，经过冷藏，发生凹陷的蓝莓果实叶绿体细胞壁受损，类囊体膨大，基粒片层结构散乱，周围出现大量黑色物质［图4-41（8）］。此外，凹陷的蓝莓果实的线粒体数量减少，发生膨胀，内脊结构变得模糊，部分线粒体膜开始破裂并逐渐瓦解［图4-41（10）］。

2. 冷藏及冷藏后常温货架期间蓝莓果实膜脂的变化规律分析

如图4-42所示，我们从蓝莓果实中检测到了两种糖脂（MGDG和DGDG）、6种磷脂（PA、PC、PE、PG、PI和PS）及3种溶血磷脂（LPC、LPE和LPG）。如图4-42（2）所示，在采收当天的新鲜蓝莓果实中DGDG含量为8.92%（摩尔分数，下同），而冷藏30d后货架期第4天凹陷蓝莓果实DGDG含量显著增加到10.89%（摩尔分数，下同）（$P<0.05$），其中DGDG34∶4、DGDG34∶2、DGDG36∶4均显著增加［图4-42（5）］；与此同时，MGDG含量略有下降［图4-42（1）（2）］。值得一提的是，蓝莓果实中PI含量较高，其相对含量达到60%～70%，然而，在新鲜蓝莓果实与凹陷蓝莓果实中并无显著差异。另外，PS、PG、LPE和LPG均无显著差异［图4-42（3）（4）］。与新鲜蓝莓果实相比，我们可以观察到在凹陷蓝莓果实中PA含量显著增加（$P<0.05$）［图4-42（3）（4）］，除PA 32∶0、PA 34∶5无明显差异外，其余成分均显著增加（$P<0.05$），其中PA 34∶1、

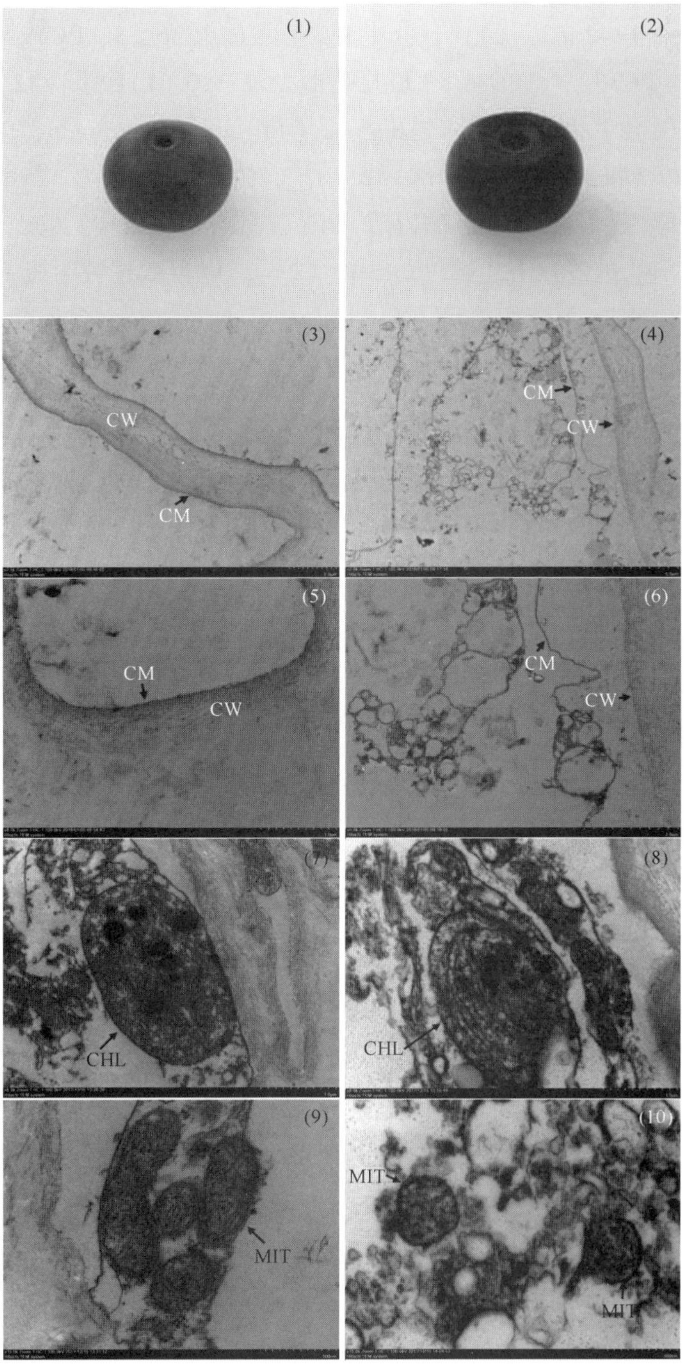

彩图 4-41

图 4-41 采收当天的新鲜蓝莓（1）和冷藏 30d 后货架期第 4 天凹陷蓝莓（2）的形态特征变化

采收当天的新鲜蓝莓［（3），（5），（7），（9）］和冷藏 30d 后货架期第 4 天凹陷蓝莓［（4），（6），（8），（10）］的超微结构变化。

CW：细胞壁 CM：细胞膜 CHL：叶绿体 MIT：线粒体

PA 36：3 极显著增加（$P<0.01$）［图 4-42（6）］。相反，凹陷蓝莓果实中 PC 含量显著下降（$P<0.05$）［图 4-42（3）（4）］，其中 PC34：1、PC36：5、PC36：1 显著减少（$P<0.05$），PC34：3、PC36：4、PC36：3 极显著减少（$P<0.01$）［图 4-42（7）］。同样，凹陷蓝莓果实中的 PE 含量也显著减少［图 4-42（4）］，其中 PE36：5、PE36：2 显著减少（$P<0.05$），PE36：3 极显著减少［图 4-42（8）］。对于 LPC 来说，新鲜蓝莓果实中其含量为 4.33%，而凹陷蓝莓果实中仅仅只有 2.44%，由图 4-42（9）可知，使 LPC 显著下降的主要成分是 PLC16：0、PLC18：1［图 4-42（9）］。以上数据说明蓝莓果实的凹陷与其磷脂成分的变化有着密不可分的关系。

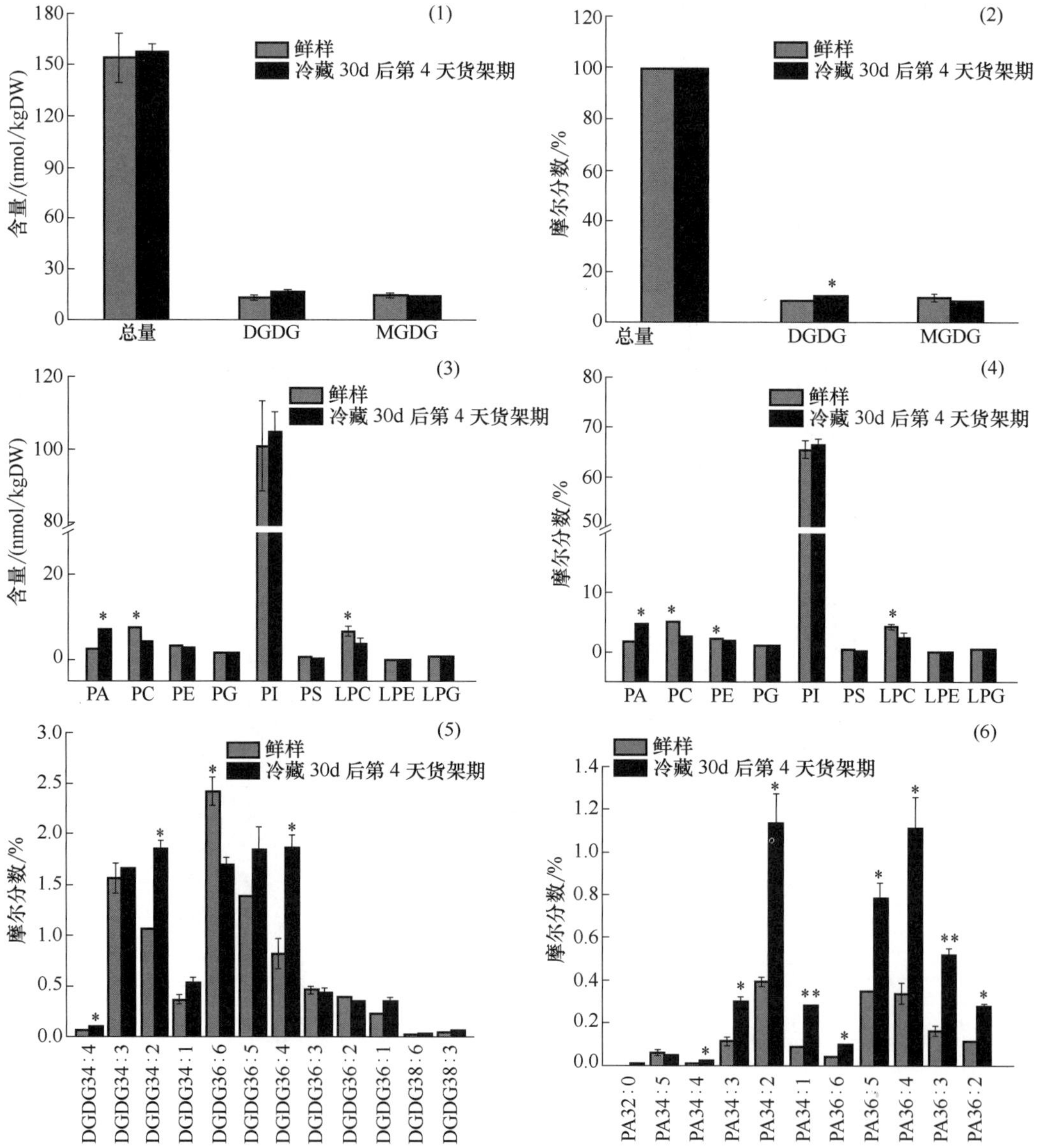

图 4-42　采收当天的新鲜蓝莓和冷藏 30d 后货架期第 4 天凹陷蓝莓的膜脂变化

*表示在 $P<0.05$ 水平上差异显著

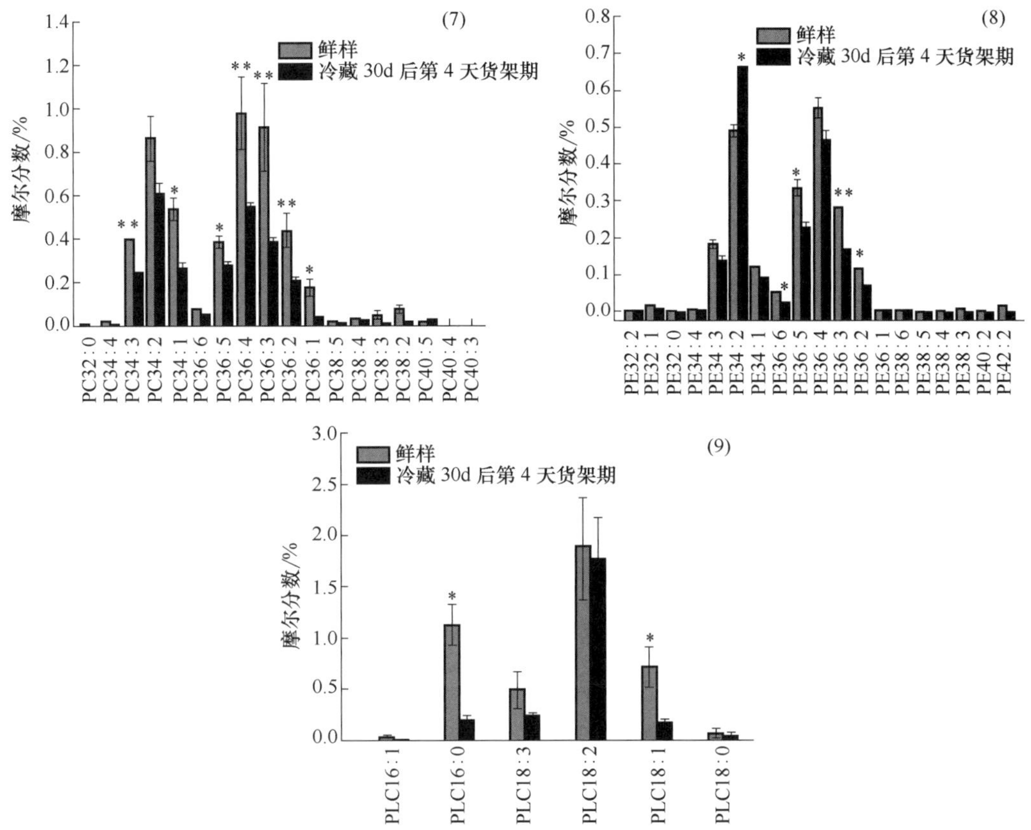

图 4-42　采收当天的新鲜蓝莓和冷藏 30d 后货架期第 4 天凹陷蓝莓的膜脂变化（续）

* 表示在 $P<0.05$ 水平上差异显著

3. 冷藏及冷藏后常温货架期间蓝莓果实脂肪酸变化规律分析

如图 4-43（1）所示，与入库时相比，冷藏 30d 时的蓝莓果实亚麻酸含量无显著差异，而冷藏 60d 时的蓝莓果实亚麻酸含量显著降低（$P<0.05$），其亚麻酸含量低至 0.056mg/kg。对于常温自然后熟和冷藏 30d 后转入货架期的蓝莓果实，在货架期前 2d，

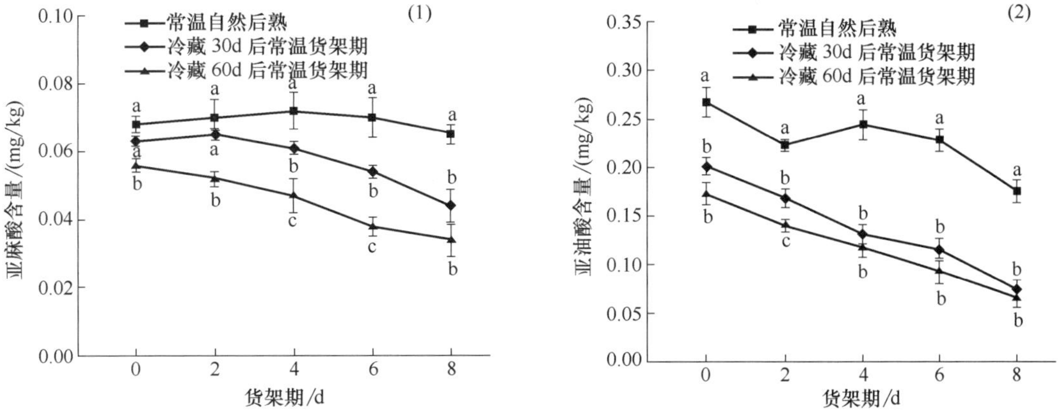

图 4-43　冷藏及冷藏后常温货架期间蓝莓果实亚麻酸含量（1）和亚油酸含量（2）的变化

不同字母表示在 $P<0.05$ 水平上差异显著

亚麻酸含量无显著差异，而在货架期第 4、6 和 8 天均有明显差异（$P<0.05$）。对于冷藏 60d 的蓝莓果实，在整个货架期间其亚麻酸含量呈现明显下降趋势，且从出库至整个货架期都维持在显著较低的水平（$P<0.05$）。蓝莓果实在冷藏期间亚油酸含量随着贮藏时间延长而下降，显著低于蓝莓果实入库当天（$P<0.05$）。另外，冷藏蓝莓果实出库后货架期间亚油酸含量始终显著低于常温自然后熟组（$P<0.05$），而且随着冷藏时间的延长，亚油酸降低幅度增大［图 4-43（2）］。

4. 冷藏及冷藏后常温货架期间蓝莓果实水分含量的变化规律分析

为了确定蓝莓果实贮藏过程中内部水分的变化，我们监测了 T_{2i} 弛豫时间和相对水分含量 M_{2i}（表 4-10）。如图 4-44 所示，蓝莓果实中含有 3 种流动性不同的水分，其对应的弛豫时间分别为 T_{21}、T_{22} 和 T_{23}。弛豫时间 T_{21}（$0.1<T_{21}<10$ms）对应的水为结合最紧密的结合水，在采收当天的新鲜蓝莓果实中，相对水分含量 M_{21} 为 2.23%，而冷藏 30d 后货架期第 4 天凹陷蓝莓果实相对水分含量 M_{21} 显著增加到 4.75%（$P<0.05$）；弛豫时间 T_{22}（$10<T_{22}<100$ms）对应的水为束缚水，与新鲜蓝莓果实相比，冷藏 30d 未凹陷的蓝莓果实、冷藏 30d 后货架期第 4 天凹陷的蓝莓果实的 M_{22} 均显著上升（$P<0.05$）；弛豫时间 T_{23}（$100<T_{23}<1000$ms）对应的水为自由水，这部分水最容易流失，新鲜蓝莓果实、冷藏 30d 未凹陷的蓝莓果实、冷藏 30d 后货架期第 4 天的蓝莓果实的 M_{23} 分别为 93.16%、91.55%和 87.13%，可以看出凹陷的蓝莓果实自由水相对含量显著下降，而结合水、束缚水相对含量显著上升。

如图 4-45（1）所示，新鲜的蓝莓果实核磁共振成像大多为红色，表明新鲜蓝莓含有较高的水分含量，冷藏 30d 未凹陷的蓝莓果实核磁共振成像大多为黄色，可知此时蓝莓果实的水分含量减少［图 4-45（2）］。然而，冷藏 30d 后货架期第 4 天凹陷的蓝莓果实核磁共振成像基本变蓝，含有较低的水分含量［图 4-45（3）］，表明蓝莓果实发生冷害时，也伴随着脱水现象的发生。

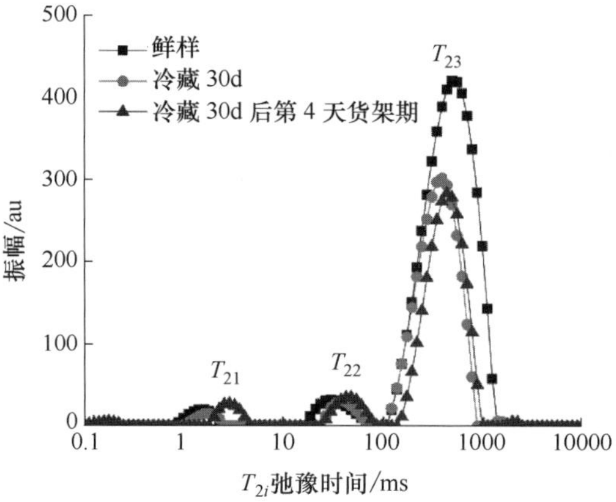

彩图 4-44

图 4-44 蓝莓果实 LF-NMR T_{2i} 弛豫时间分布曲线

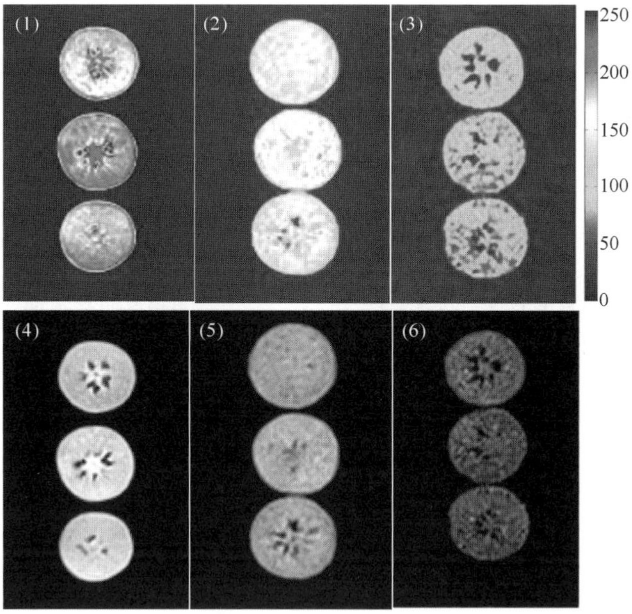

彩图 4-45

图 4-45　新鲜蓝莓果实、冷藏 30d 蓝莓果实、冷藏 30d 后货架期第 4 天凹陷蓝莓果实核磁共振成像图

表 4-10　蓝莓果实相对水分含量的变化

样品	M_{21}/%	M_{22}/%	M_{23}/%
鲜样	2.23±0.05[b]	4.61±0.02[c]	93.16±0.06[a]
冷藏 30d	2.66±0.30[b]	5.60±0.33[b]	91.55±0.36[a]
冷藏 30d 后第 4 天货架期	4.75±0.19[a]	7.71±0.06[a]	87.13±1.14[b]

注：不同字母表示在 $P<0.05$ 水平上差异显著。

5. 冷藏及冷藏后常温货架期间蓝莓果实相对电导率、MDA 含量和脯氨酸含量的变化规律分析

如图 4-46（1）所示，随着冷藏时间的延长，蓝莓果实相对电导率呈显著上升的趋势（$P<0.05$）；冷藏 45d、60d 的蓝莓果实出库后在整个货架期间，相对电导率都保持显著较高的水平（$P<0.05$）。常温自然后熟的蓝莓果实在整个货架期间蓝莓果实的 MDA 含量维持在一个相对较低的水平。相反，在冷藏过程中 MDA 含量明显增高，冷藏 60d 时蓝莓果实的 MDA 含量几乎增长了一倍，此外，冷藏 30d、45d 和 60d 的蓝莓果实出库后，其 MDA 含量在货架期间均显著高于常温自然后熟组（$P<0.05$）[图 4-46（2）]。说明在长时间低温环境下，蓝莓果实细胞膜渗透率发生了显著变化，细胞膜的完整性和稳定性受到一定的损伤，并且随着冷藏后货架期的延长，MDA 含量增加明显，细胞膜损伤加重。由此可知蓝莓果实的凹陷与 MDA 的增加有着密切的联系。

如图 4-46（3）所示，常温自然后熟的蓝莓果实在整个货架期间蓝莓果实的脯氨酸含量缓慢上升，而蓝莓果实中的脯氨酸含量在冷藏过程中及冷藏后货架期间均保持先上升后下降的趋势。对于冷藏 45d 后的蓝莓果实，脯氨酸含量在整个货架期间显著高于其他时期

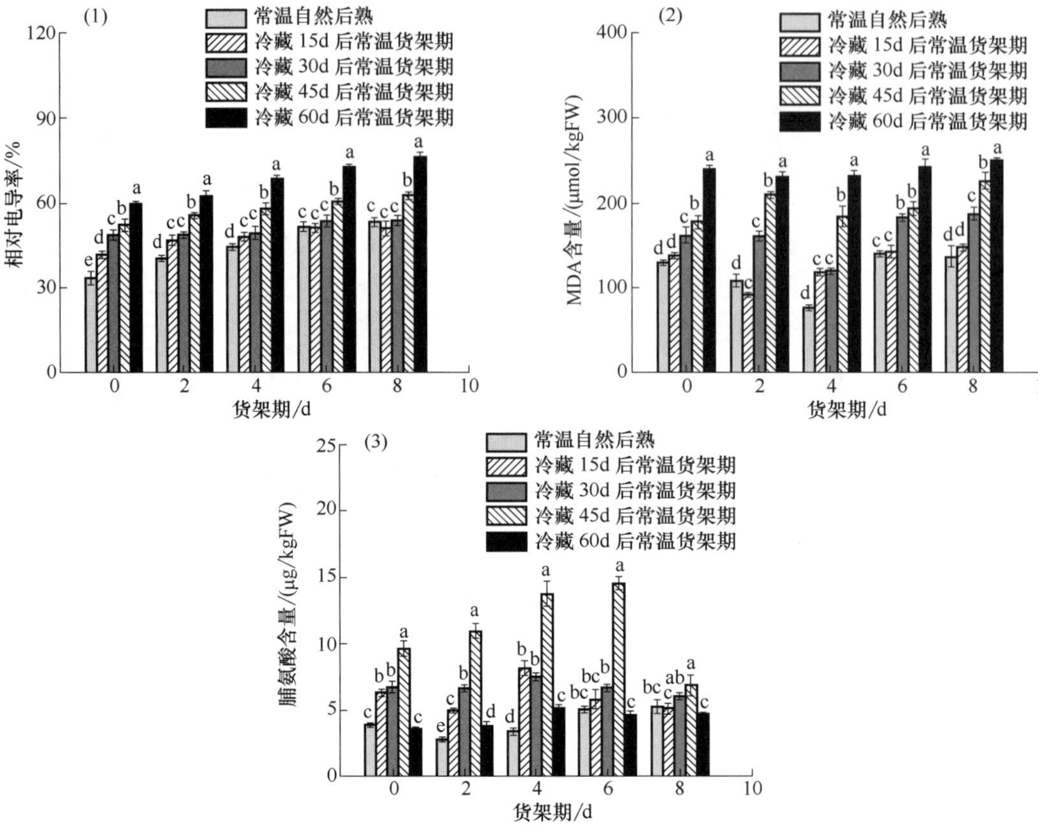

图 4-46 冷藏及冷藏后常温货架期间蓝莓果实相对电导率（1）、 MDA 含量（2）和脯氨酸含量（3）的变化

不同字母表示在 $P<0.05$ 水平上差异显著

的蓝莓果实（$P<0.05$），表明脯氨酸对低温胁迫的响应是在一定时间范围内的。

6. 冷藏及冷藏后常温货架期间蓝莓果实 PLD、 LOX 活性的变化规律分析

如图 4-47（1）所示，常温自然后熟组蓝莓果实 PLD 活性在整个货架期内保持在一个相对较低水平。在低温冷藏过程中，PLD 活性呈现先增加后降低的趋势，在冷藏 45d 时达到峰值，其最大值为 9.054ug/LFW，与常温自然后熟组相比，经过冷藏的蓝莓果实，在出库后的货架期内 PLD 活性呈上升趋势，并且除第 8 天货架期外，冷藏 60d 后出库的蓝莓果实显著高于其他时期蓝莓果实中的 PLD 活性（$P<0.05$），这与相对电导率、MDA 含量呈现相同的趋势。这些数据充分表明长期低温环境下，PLD 会发生显著的变化并且在细胞膜降解过程中起着至关重要的作用。

如图 4-47（2）所示，冷藏 30d 的蓝莓果实的 LOX 活性没有显著变化。相比之下，冷藏 45d 和 60d 的蓝莓果实的 LOX 活性分别显著增加至 0.2963ng/mLFW 和0.31614ng/mLFW（$P<0.05$），但是冷藏 30d 的蓝莓果实，出库后其 LOX 活性开始上升。此外，冷藏 60d 的蓝莓果实在货架期内 LOX 活性急剧增加，在保质期第 2 天达到峰值，随后下降。表明低温冷藏可以抑制短期蓝莓果实 LOX 活性的上升，这与蓝莓果实开始出现凹陷症状的发生有着紧密的联系。

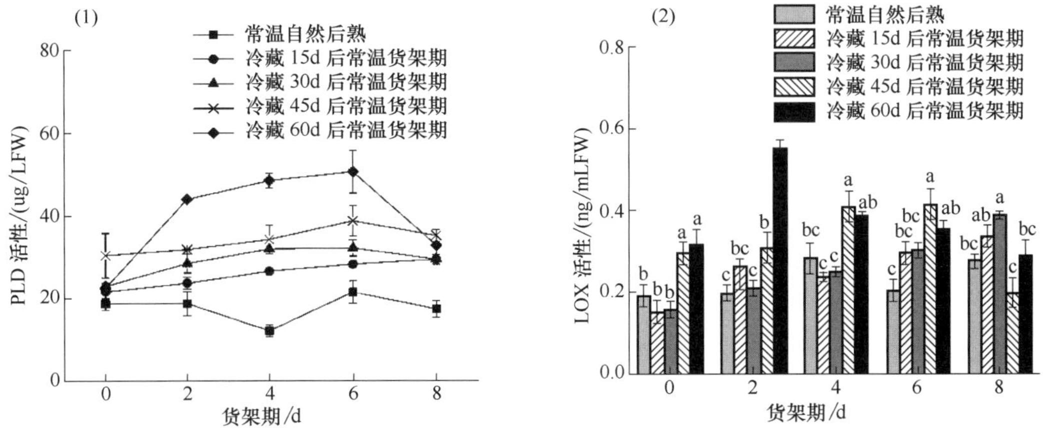

图 4-47　冷藏及冷藏后常温货架期间蓝莓果实 PLD 活性（1）和 LOX 活性（2）的变化

不同字母表示在 $P<0.05$ 水平上差异显著

7. 冷藏及冷藏后常温货架期间蓝莓果实 PLD 家族相对表达量的变化规律分析

如图 4-48（1）所示，在低温冷藏过程中，蓝莓果实中 *PLDα1* 的相对表达量显著降低（$P<0.05$）。此外，冷藏后的蓝莓果实在货架期内 *PLDα1* 的相对表达量显著低于常温自然后熟组（$P<0.05$）。同样，在冷藏过程中，蓝莓果实中 *PLDα2* 的相对表达量显著降低（$P<0.05$），然而，冷藏 30d 后的蓝莓果实，在货架期第 4 天时 *PLDα2* 的相对表达量急剧上升，显著高于其他时期的蓝莓果实（$P<0.05$）[图 4-48（2）]。相反，在冷藏过程中，蓝莓果实 *PLDβ* 的相对表达量显著增加（$P<0.05$）。尤其在冷藏 60d 的蓝莓果实中，*PLDβ* 的相对表达量迅速增加，并在整个货架期内保持显著较高水平（$P<0.05$）[图 4-48（3）]。与入库当天相比，在冷藏过程中 *PLDδ* 相对表达量无明显变化，然而，冷藏 30d 和 60d 蓝莓果实出库后，*PLDδ* 的相对表达量均上升并呈现出相似的趋势，在第 6 天达到峰值，随后下降［图 4-48（4）］。

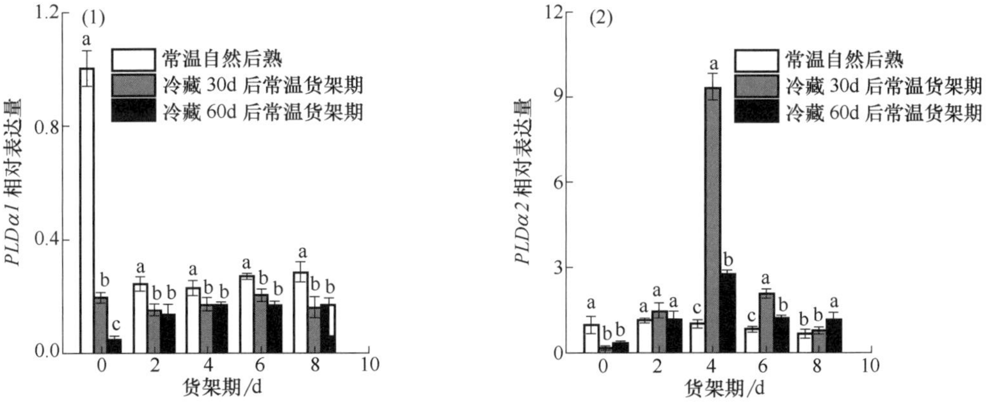

图 4-48　冷藏及冷藏后常温货架期间蓝莓果实 *PLDα1*（1）、*PLDα2*（2）、*PLDβ*（3）、*PLDδ*（4）相对表达量的变化

不同字母表示在 $P<0.05$ 水平上差异显著

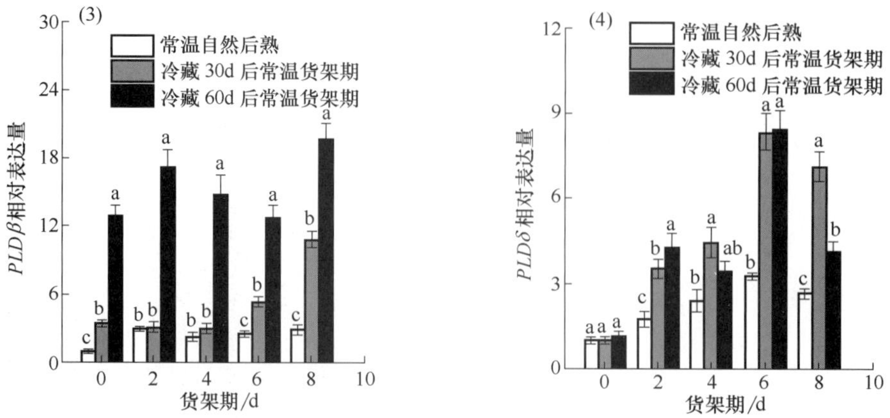

图 4-48　冷藏及冷藏后常温货架期间蓝莓果实 *PLDα1*（1）、*PLDα2*（2）、*PLDβ*（3）、*PLDδ*（4）相对表达量的变化（续）

不同字母表示在 $P<0.05$ 水平上差异显著

8. 冷藏及冷藏后常温货架期间蓝莓果实 *LOX1* 相对表达量的变化规律分析

如图 4-49 所示，在低温冷藏过程中，蓝莓果实中 *LOX1* 的相对表达量显著降低（$P<0.05$），表明低温冷藏抑制了 *LOX1* 的相对表达量，然而，冷藏 30d 和 60d 的蓝莓果实转入常温货架期后，*LOX1* 的相对表达量均逐渐上升，*LOX1* 被激活，并在第 4 天达到峰值，从而 LOX 活性增大，因此，我们推断 LOX 的基因表达和蓝莓果实凹陷症状有着密不可分的关系。

综上所述，蓝莓果实在低温（0±0.5℃）下贮藏可以保持蓝莓果实的品质，延长蓝莓果实的贮藏保鲜期。然而经过长期冷藏，尤其是在转到常温货架期内蓝莓果蒂容易发生凹陷，并且冷藏时间越长，凹陷越严重。冷藏后蓝莓果实中的 DGDG 和 PA 含量显著增加，PC、PE、LPC、亚麻酸和亚油酸含量显著降低，长期冷藏后蓝莓果实 PLD 和 LOX 活性和关键基因、相对电导率、MDA 和脯氨酸含量显著上升。因此，我们推断低温激活了 PLD 和 LOX 的活性，加速了膜脂的降解，使膜结构和功能受损，从而导致蓝莓果蒂凹陷。

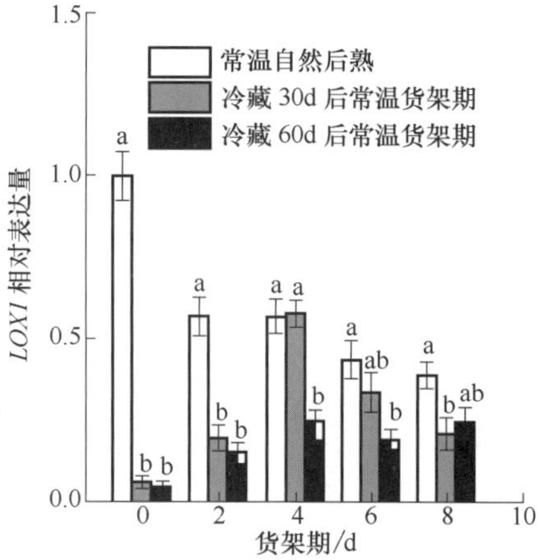

图 4-49　冷藏及冷藏后常温货架期间蓝莓果实 *LOX1* 相对表达量的变化

不同字母表示在 $P<0.05$ 水平上差异显著

第五章

冷藏蓝莓果皮红变基本理论研究

目前，对蓝莓果实采后的研究多数集中在贮藏保鲜方面，对其在低温贮藏过程中由于低温逆境胁迫引起的果皮颜色劣变原因尚不清楚，对冷藏蓝莓果皮红变发生规律及其机理也尚无报道。因此本试验通过对采后常温自然后熟过程、冷藏过程及不同时间冷藏后常温货架期间蓝莓果皮红变发生情况进行对比分析，确定蓝莓果皮红变发生规律，在此基础上进一步通过相关性分析，研究冷藏蓝莓果皮红变的发生与膜脂代谢的关系，从而从膜脂代谢角度揭示冷藏蓝莓果皮红变发生机理，并探索入库阶段采取程序降温处理对冷藏蓝莓果皮红变发生的调控效果。该研究结果将为控制采后蓝莓果实品质劣变、延长贮藏期、提高冷藏后常温货架期间蓝莓果实感官性状及商品价值奠定基础。

第一节　冷藏及冷藏后常温货架期间蓝莓果皮红变发生规律研究

一、材料与条件

1. 试验材料

试验使用的蓝莓品种为“蓝丰”，选取成熟度为八九级成熟、大小均匀一致和无病虫害和机械损伤的果实，在0~1℃下预冷10h后装入厚度为0.02mm的聚乙烯薄膜袋中，每袋盛果200g，预冷后蓝莓分为三组进行处理：第一组蓝莓果实直接置于常温下（20±0.5)℃，每隔1d测定各项指标；第二组蓝莓果实在（0±0.5)℃下贮藏，贮藏过程中每隔15d取出进行常温货架期的观察与测定，每隔1d测定各指标；第三组蓝莓果实经预冷后放入10℃冷库中，开始每隔2d降1℃，10d后降至5℃后，再每1d降1℃，15d时降至(0±0.5)℃进行贮藏，贮藏过程中每隔15d取出进行常温货架期的观察与测定，每隔1d对各指标进行测定。均设3次重复。

2. 主要仪器与试剂

FA-004电子分析天平，上海精科科技有限公司；CR-400色差仪，日本柯尼卡美能达有限公司；TD65数显糖度仪，浙江产；UV-1810紫外分光光度计，北京普析通用科技公司；CT14RD高速冷冻离心机，上海天美生化有限公司；台式高速离心机，长沙湘仪仪器有限公司。

乙酸、愈创木酚溶液、乙酸钠、氢氧化钾、盐酸、过氧化氢、邻苯二酚氯化钠、氯仿、分析纯甲醇、色谱纯甲醇、石油醚色谱纯正己烷，国药集团化学试剂有限公司；混合脂肪酸标准品、亚油酸钠，Sigma公司。

二、试验方法

1. 红变率

$$X=(N_0/N)\times 100\% \tag{5-1}$$

式中　X——红变率；

N_0——发生红变果实数量；

N——样本总数。

2. 色差值

采用 CR-400 型色差计在 L^*、a^*、b^* 模式下围绕蓝莓果皮赤道对称部位进行测量，L^* 表示果实亮度，a^* 表示果皮红绿之间的偏转程度。

3. SSC

采用 TD65 数显糖度仪进行测定。

4. TA 含量

采用氢氧化钠滴定法进行测定。

5. 总酚、类黄酮与花青素

采用盐酸-甲醇法进行测定。取 0.5g 蓝莓果皮组织，加入适量预冷后的 1%HCl-甲醇溶液在冰浴条件下进行研磨，转入 25mL 刻度试管中，定容至刻度后立即混匀，放置于 4℃避光提取 20min，提取期间进行摇动数次，过滤后收集滤液备用。用 1%HCl-甲醇溶液作为空白进行参比调零，取滤液分别测定于 280nm、325nm、530nm 和 600nm 波长处的吸光值，分别用 OD_{280}/g、OD_{325}/g 和 $OD_{530}-OD_{600}/g$ 来表示每克蓝莓果皮中总酚、类黄酮及花青素的含量。

6. POD 活性

取 3.0g 蓝莓果皮，在冰浴条件下加入 5.0mL 提取缓冲液后再研磨，在 4℃、12000×g 离心 30min，收集上清液低温保存备用。取试管加 3.0mL 愈创木酚溶液及 0.5mL 上清液，加 200μL 0.5mol/L 过氧化氢溶液启动反应，以蒸馏水调零，反应开始 15s 的时候开始记录其在 470nm 处的吸光度值，为反应起始值，之后每 60s 记录吸光度值，至少测定 6 次，活性单位为 $\Delta OD_{470}/min \cdot g$。

7. PPO 活性

将 100μL 酶提取液加入 1.0mL 50mmol/L 邻苯二酚溶液和 4.0mL pH5.5 的乙酸-乙酸钠缓冲液混合后立即计时，反应开始 15s 的时候开始记录其在 420nm 处的吸光度值为初始值，之后每 60s 记录一次吸光度值，至少测定 6 次，每 1min 每克蓝莓样品吸光度值增加 1 为 1 个活性单位，单位为 $\Delta OD_{420}/(min \cdot g)$。

8. LOX 活性

将 2.75mL pH5.5 的乙酸-乙酸钠缓冲液和 50μL 的 0.1mol/L 亚油酸钠溶液充分混合后置于 30℃下保温 10min，加 100μL 酶液，混匀后，用蒸馏水调零，反应开始 15s 的时候开始记录其在 234nm 处的吸光度值，并将其记为反应起始值，之后每 30s 记录一次吸光度值，至少测定 6 次，每克蓝莓样品每分钟吸光度值增加 0.01 为一个活性单位，单位 U=$0.01\Delta OD_{234}/(min \cdot g)$。

9. MDA 含量测定

采用硫代巴比妥酸比色法进行测定。

10. 相对电导率

采用电导率仪对其进行测定。

三、结果与分析

（一）红变率的变化

如图 5-1 所示，蓝莓果实在采后自然后熟阶段没有果皮红变现象发生，在冷藏的前 15d 也没有红变现象发生，而冷藏 30d 的果实个别出现红变现象，随着冷藏时间的延长果皮红变率呈逐渐上升趋势，到冷藏 60d 时果皮红变率为 5.11%。冷藏后转入常温货架期间，蓝莓果实的红变率逐渐升高。其中，冷藏 15d 的蓝莓在常温货架期第 4 天开始出现红变现象，随着货架期的延长，果皮红变率缓慢上升，随着冷藏时间的延长冷藏 30d 以上的果实，果实在常温货架期间果皮红变率上升速度加快，冷藏 60d 的果实至货架期第 8 天时，果皮红变率已高达 51.14%。

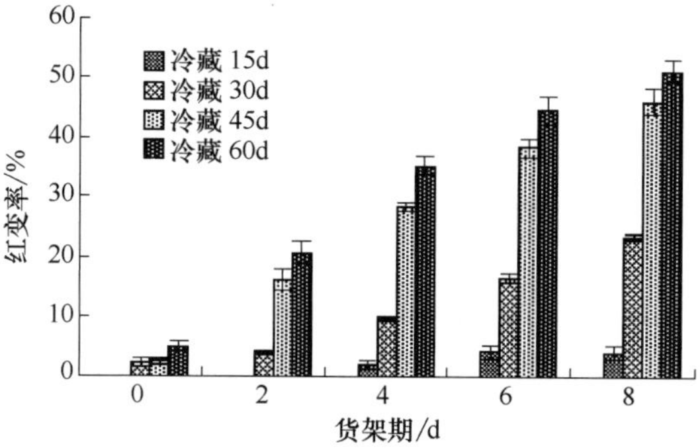

图 5-1 冷藏不同时间的蓝莓果实常温货架期间红变率的变化

（二）L^* 值的变化

图 5-2 表明，蓝莓果实在常温自然后熟阶段果皮 L^* 值呈波动下降趋势，且下降幅度较小。冷藏过程中，前 15d 蓝莓果皮 L^* 值快速下降，之后趋于平缓，从冷藏 30d 开始下降速度再次加快，至冷藏 60d 时，L^* 值下降为 27.52，含量极显著低于冷藏 15d（$P<0.01$）。蓝莓经冷藏后转入常温货架期间，果皮 L^* 值总体均呈下降趋势，冷藏 30d 以后的蓝莓果实自出库开始果皮 L^* 值便呈快速下降趋势，但幅度不同，冷藏 45d 蓝莓果皮货架期间 L^* 值下降幅度最大，达 6.64，冷藏 45d 以上的蓝莓果实整个货架期间果皮 L^* 值均显著低于采后常温自然后熟组（$P<0.05$）。

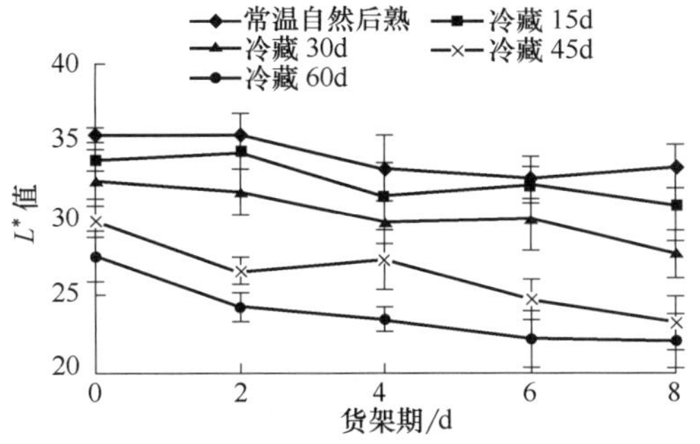

图 5-2　常温自然后熟和冷藏后常温货架期间蓝莓果皮 L^* 值的变化

（三） a^* 值的变化

如图 5-3 所示，采后常温自然后熟阶段蓝莓果皮 a^* 值呈缓慢上升趋势。冷藏中后期蓝莓果皮 a^* 值显著升高，到冷藏 60d 时 a^* 值高达 0.42，这与蓝莓果皮红变率的变化趋势相对应。冷藏后转入常温货架期间，蓝莓果皮 a^* 值均呈现上升趋势，蓝莓果实经冷藏 15d 后整个货架期间果皮 a^* 值仅上升 0.043，较好地维持了蓝莓果皮正常颜色；经中长期冷藏的蓝莓果实常温货架期间果皮 a^* 值均为正值，冷藏 60d 组蓝莓果皮在常温货架期间 a^* 值上升幅度最大，高达 3.22，在货架期第 2 天至第 8 天其 a^* 值均极显著高于其他组（$P<0.01$）。

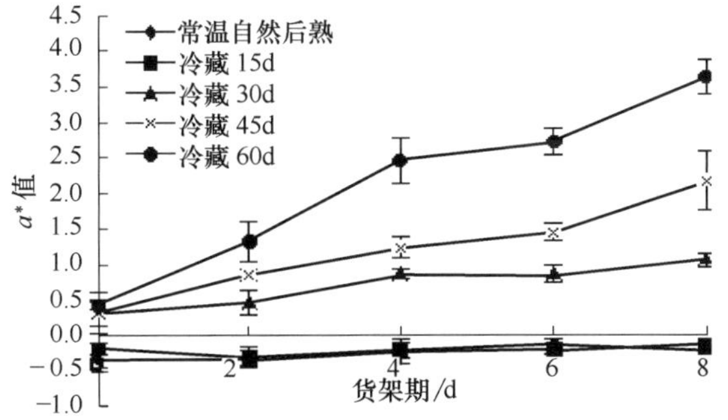

图 5-3　常温自然后熟和冷藏后常温货架期间蓝莓果皮 a^* 值的变化

（四）蓝莓果皮红变形态特征

由红变率的变化可知，蓝莓经长期冷藏后常温货架期间果皮红变现象严重，因此将正常颜色蓝莓果实与果皮发生红变后的蓝莓果实进行对比，如图 5-4 所示，正常蓝莓果实果皮呈深蓝色且表面覆有一层白色蜡质，蓝莓果实的果皮发生红变后，亮度下降，果皮颜色由深蓝色转变为红色，感官品质受到严重影响。

彩图 5-4

图 5-4 正常颜色蓝莓果实与果皮发生红变后的蓝莓果实对比图

（五）常温自然后熟和冷藏后常温货架期间蓝莓果实糖酸含量、果皮色素含量及其相关酶活性的变化与果皮红变发生的关系

1. 常温自然后熟和冷藏后常温货架期间蓝莓果实糖酸含量的变化

（1）SSC 含量变化

如图 5-5 所示，采后常温自然后熟阶段蓝莓果实中 SSC 呈先快速升高后缓慢下降的趋势，货架期第 6 天出现高峰值为 10.86%。冷藏前 30d 下降速度缓慢，至冷藏 30d 时，SSC 仅下降了 0.2%，可知适当时间冷藏可有效保持蓝莓果实中 SSC，冷藏 30d 以后的蓝莓果皮 SSC 下降速度显著加快，冷藏 60d 时其 SSC 显著低于冷藏 30d 组（$P<0.05$）。冷藏后常温货架期间蓝莓果皮 SSC 均总体呈下降趋势，冷藏 30d 蓝莓果实自常温货架期第 2 天开始含量显著降低，至货架第 4 天 SSC 极显著低于出库当天（$P<0.01$）；冷藏 45d 和冷藏 60d 蓝莓果实自出库开始 SSC 便急剧下降，货架期第 2 天至第 8 天，SSC 显著低于冷藏 15d 的蓝莓果实（$P<0.05$），其中冷藏 60d 蓝莓果实在常温货架期间 SSC 下降最为严重，至货架期结束时 SSC 仅为 6.97%。

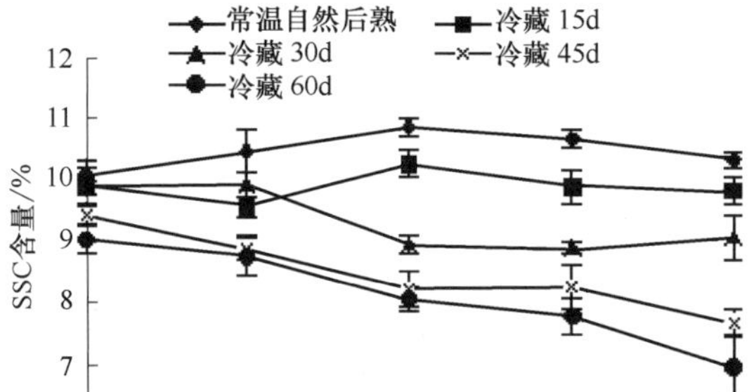

图 5-5 常温自然后熟和冷藏后常温货架期间蓝莓果皮 SSC 的变化

（2）TA 含量变化

如图 5-6 所示，蓝莓果实在采后常温自然后熟阶段呈先快速升高后急剧下降的趋势，货架期第 2 天蓝莓果皮 TA 含量最高，达 1.04%。冷藏过程中，前 15d 蓝莓果实 TA 含量下降缓慢，随着冷藏时间延长，下降速度加快，至冷藏 45d 时 TA 含量下降至 0.65%，极显著低于冷藏 15d 组（$P<0.01$）。冷藏后常温货架期间蓝莓果实 TA 含量均呈现不同程度的下降趋势，冷藏 15d 蓝莓果实在整个货架期间下降幅度最小，仅为 0.18%，经中长期冷藏的蓝莓果实在常温货架期的前 2d TA 含量均有显著下降，其中冷藏 60d 后蓝莓果实常温货架期间 TA 含量下降幅度最大，至货架期第 8 天其含量仅为 0.29%，远低于出库当日的 TA 含量。

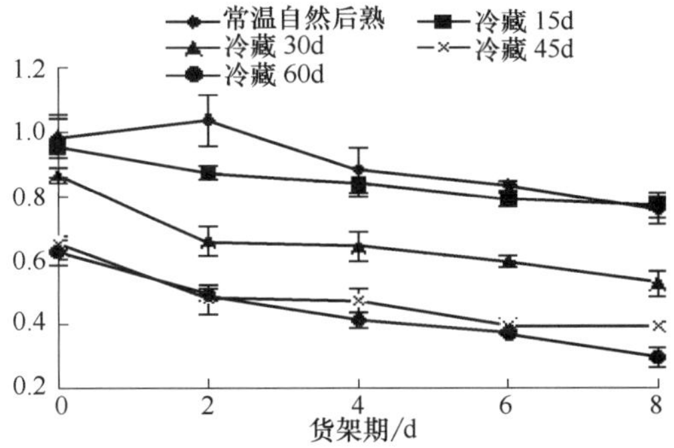

图 5-6 常温自然后熟和冷藏后常温货架期间蓝莓果皮 TA 含量的变化

2. 常温自然后熟和冷藏后常温货架期间蓝莓果皮色素含量及其相关酶活性的变化

（1）总酚含量变化

如图 5-7 所示，常温自然后熟阶段蓝莓果皮总酚含量呈先快速上升后急剧下降，在货架中后期变化速度趋缓。冷藏过程中，蓝莓果皮总酚含量呈现早期略有上升后期快速下降的趋势，冷藏结束时，蓝莓果皮总酚含量仅为 34.45OD_{280}/g，远低于采收当日含量。经冷藏 15d 蓝莓果实常温货架期间果皮总酚含量没有出现明显的高峰值，变化幅度较小，有效延缓了冷藏后常温货架期间总酚含量下降速度；冷藏 30d、45d 蓝莓果皮货架期间多酚含量变化趋势均呈现先升高后快速下降趋势，且均在常温货架期第 2 天出现高峰值，且峰值显著低于常温自然后熟第 2 天蓝莓果皮中总酚含量（$P<0.05$），其中冷藏 45d 蓝莓果皮货架期间下降幅度最大；冷藏 60d 蓝莓果皮常温货架期间由于冷藏时间过长，其含量始终处于较低水平。

（2）花青素含量变化

如图 5-8 所示，采后常温自然后熟阶段的蓝莓果皮在贮藏期的前 2d 由于蓝莓果实进一步成熟花青素含量略有上升，之后含量呈下降趋势，整个贮藏期间含量下降幅度较小。冷藏过程中，冷藏 15d 以后蓝莓果皮花青素含量快速下降，冷藏 30d 时花青素含量仅为 68.36（$OD_{530}-OD_{600}$）/g，显著低于采收当日蓝莓果皮花青素含量（$P<0.05$）。冷藏后常

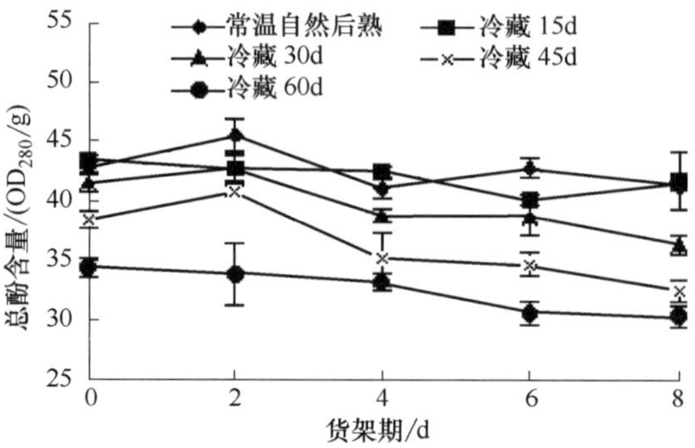

图 5-7 常温自然后熟和冷藏后常温货架期间蓝莓果皮总酚含量的变化

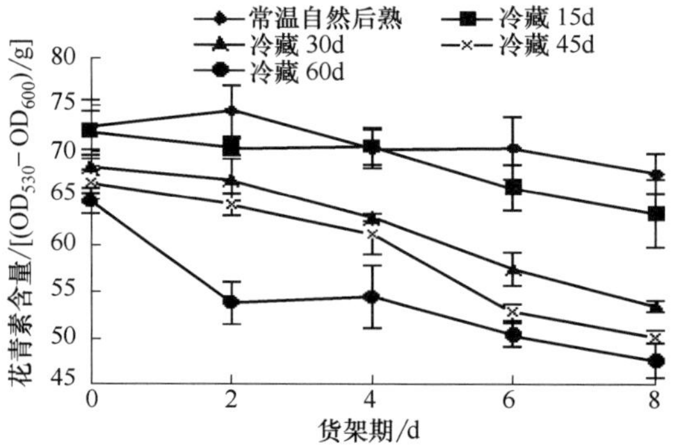

图 5-8 常温自然后熟和冷藏后常温货架期间蓝莓果皮花青素含量的变化

温货架期间，蓝莓果皮花青素含量均呈现下降趋势，冷藏 15d 蓝莓果皮在货架期前 6d 花青素含量得到较好的保持，与采后自然后熟阶段相比差异不显著；冷藏 30d 以上的蓝莓果实自出库开始随着红变现象的加剧果皮花青素含量便快速下降，冷藏 60d 后蓝莓果皮红变现象最为严重，与之相对应的蓝莓果皮花青素含量在货架期前 2d 急剧下降，货架第 2 天时花青素含量仅为 53.86（$OD_{530}-OD_{600}$）/g，极显著低于出库日的含量（$P<0.01$）。

（3）类黄酮含量变化

如图 5-9 所示，采后自然后熟阶段蓝莓果皮类黄酮含量随着果实成熟衰老呈下降趋势。冷藏前 30d 蓝莓果皮类黄酮含量下降缓慢，之后急剧下降，至冷藏结束时类黄酮含量极显著低于采收当日蓝莓果皮类黄酮含量（$P<0.05$）。冷藏后转入常温货架期间，经 15d 冷藏后的蓝莓果皮类黄酮含量呈匀速缓慢下降趋势，与常温自然后熟阶段差异不显著；冷藏 45d 和 60d 蓝莓果皮常温货架期间类黄酮含量下降速度快，幅度大，整个货架期类黄酮含量均显著低于其他组（$P<0.05$），其中冷藏 60d 后蓝莓果皮常温货架期间类黄酮含量下降幅度最大，货架期结束时类黄酮含量仅为 5.71 OD_{325}/g。

（4）POD 活性变化

如图 5-10 所示，常温自然后熟阶段蓝莓果皮 POD 活性总体呈现上升趋势，在贮藏期第 6 天出现活性高峰，之后活性有所下降。冷藏前 15d 蓝莓果皮 PPO 活性稍有上升之后

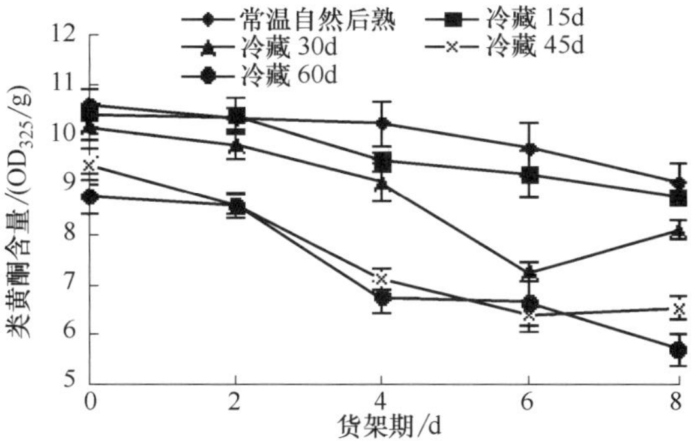

图 5-9　常温自然后熟和冷藏后常温货架期间蓝莓果皮类黄酮含量的变化

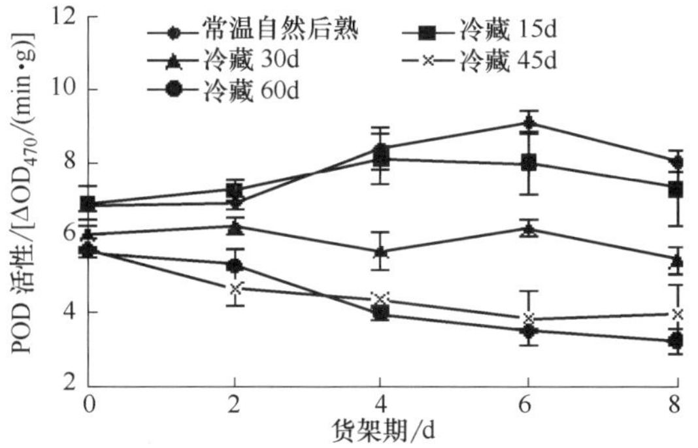

图 5-10　常温自然后熟和冷藏后常温货架期间蓝莓果皮 POD 活性的变化

快速下降，冷藏至 30d 时 POD 活性仅为 6. 12 ΔOD_{470}/(min · g)，显著低于采收当日（$P<0.05$）。冷藏后转入常温货架期间，经 15d 冷藏的蓝莓果皮 POD 活性变化趋势与常温自然后熟阶段相似，但活性高峰与常温自然后熟组相比提前 2d 出现，活性峰值显著低于常温自然后熟组（$P<0.05$）；冷藏 30d 以上的蓝莓果实受低温胁迫严重，体内自由基增多，常温货架期间蓝莓果皮 POD 活性均整体呈现下降趋势，其中冷藏 60d 蓝莓果皮 POD 活性变化最为剧烈，下降幅度高达 2. 43 ΔOD_{470}/(min · g)。

（5）PPO 活性变化

如图 5-11 所示，常温自然后熟阶段蓝莓果皮 PPO 活性呈先快速下降后缓慢上升趋势。冷藏过程中，蓝莓果皮 PPO 活性总体呈上升趋势，冷藏前 45d 蓝莓果皮 PPO 活性上升剧烈，至冷藏 45d 时蓝莓果皮 PPO 活性高达 1. 75 ΔOD_{420}/(min · g)。冷藏后转入常温货架期间，经 15d 冷藏的蓝莓果实果皮 PPO 活性呈先下降后上升之后再下降的趋势，货架期第 4 天出现活性高峰，货架期第 6 天至第 8 天，冷藏 15d 蓝莓果皮 PPO 活性显著低于常温自然后熟组（$P<0.05$），冷藏 30d 的蓝莓果皮常温货架期间活性高峰消失，可知适当冷藏可有效缓解常温货架期间 PPO 活性剧烈变化；冷藏 45 天和 60 天蓝莓果皮常温货架期间 PPO 活性分别在第 4 天和第 6 天出现活性高峰，活性峰值均显著高于冷藏 15d 组（$P<0.05$）。

表 5-1 冷藏蓝莓果皮红变与果实糖酸含量、果皮色素含量及其相关酶之间的相关性分析

指标	红变率/%	a^*值	SSC 含量/%	TA/%	总酚/(OD_{280}/g)	花青素/[($OD_{530}-OD_{600}$)/g]	类黄酮/(OD_{325}/g)	POD 活性/[ΔOD_{470}/(min·g)]	PPO/[ΔOD_{420}/(min·g)]
红变率/%	1	0.929*	-0.790	-0.887*	-0.929*	-0.998**	-0.842	-0.616	0.908*
a^*值	0.929*	1	-0.912*	-0.905*	-0.934*	-0.929*	-0.766	-0.694	0.936*
SSC 含量/%	-0.790	-0.912*	1	0.717	0.863	0.807	0.829	0.516	-0.875
TA/%	-0.887*	-0.905*	0.717	1	0.744	0.889*	0.694	0.492	-0.943*
总酚/(OD_{280}/g)	-0.929*	-0.934*	0.863	0.744	1	0.921*	0.754	0.792	-0.805
花青素/[($OD_{530}-OD_{600}$)/g]	-0.998**	-0.929*	0.807	0.889*	0.921*	1	0.870	0.577	-0.924*
类黄酮/(OD_{325}/g)	-0.842	-0.766	0.829	0.694	0.754	0.870	1	0.196	-0.873
POD 活性/[ΔOD_{470}/(min·g)]	-0.616	-0.694	0.516	0.492	0.792	0.577	0.196	1	-0.406
PPO/[ΔOD_{420}/(min·g)]	0.908*	0.936*	-0.875	-0.943*	-0.805	-0.924*	-0.873	-0.406	1

注：*表示在 0.05 水平上显著相关，**表示在 0.01 水平上显著相关。

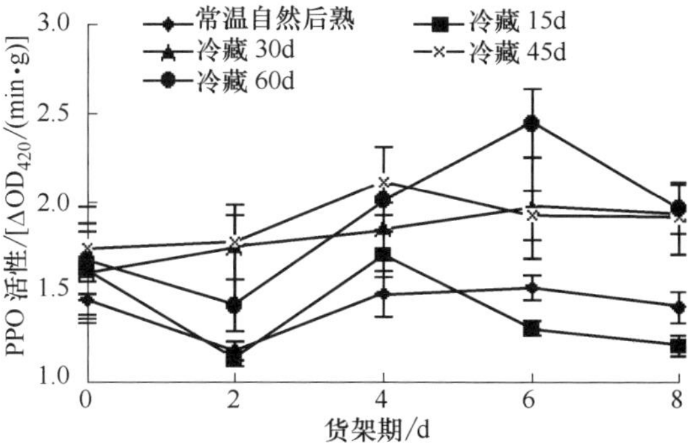

图 5-11　常温自然后熟和冷藏后常温货架期间蓝莓果皮 PPO 活性的变化

3. 冷藏蓝莓果皮红变发生与果实糖酸含量和果皮色素含量及其相关酶活性的相关性分析

由表 5-1 可得出，蓝莓果皮红变率与 TA 含量呈显著负相关，与 a^* 值呈显著正相关；与色素中总酚含量呈显著负相关，花青素含量呈极显著负相关；红变率与 PPO 活性呈显著正相关。如表 5-1 所示，蓝莓果皮花青素含量与 TA 含量和总酚含量呈显著正相关，与 PPO 活性呈显著负相关，与 POD 相关性不大。

第二节　蓝莓果皮红变发生与膜脂代谢的关系

膜脂是植物细胞膜的重要组成成分。膜脂的组成成分对保持细胞膜结构和功能的稳定性具有重要作用。有研究表明，脂质中不饱和脂肪酸所占比例与果蔬的抗冷害能力具有紧密的联系。

一、材料与条件

1. 主要试剂与材料

试验使用的蓝莓品种为“蓝丰”，选取成熟度为八九成熟、大小均匀一致和无病虫害和机械损伤的果实，在 0~1℃下预冷 10h 后装入厚度为 0.02mm 的聚乙烯薄膜袋中，每袋盛果 200g，预冷后蓝莓分为三组进行处理，第一组蓝莓果实直接置于常温下（20±0.5)℃，每隔 1d 测定各项指标；第二组蓝莓果实在（0±0.5)℃下贮藏，贮藏过程中每隔 15d 取出进行常温货架期的观察与测定，每隔 1d 测定各指标；第三组蓝莓果实经预冷后放入 10℃冷库中，开始每隔 2d 降 1℃，10d 后降至 5℃后，再每 1d 降 1℃，15d 时降至(0±0.5)℃进行贮藏，贮藏过程中每隔 15d 取出进行常温货架期的观察与测定，每隔 1d 对各指标进行测定。均设 3 次重复。

乙酸、愈创木酚溶液、乙酸钠、氢氧化钾、盐酸、过氧化氢、邻苯二酚、硫代巴比妥酸、氯化钠、氯仿、分析纯甲醇、色谱纯甲醇、石油醚色谱纯正己烷，国药集团化学试剂有限公司；混合脂肪酸标准品、亚油酸钠，Sigma 公司。

2. 主要仪器与设备

FA-004 电子分析天平，上海精科科技有限公司；CR-400 色差仪，日本柯尼卡美能达有限公司；TD65 数显糖度仪，浙江产；UV-1810 紫外分光光度计，北京普析通用科技公司；CT14RD 高速冷冻离心机，上海天美生化有限公司；台式高速离心机，长沙湘仪仪器有限公司。

二、试验方法

同第四章第五节。

三、结果与分析

（一）蓝莓果皮脂肪酸组成的 GC-MS 分析

对采收当日的蓝莓果实进行提取脂肪酸，经甲酯化后进样分析，总离子流图如图 5-12 所示。蓝莓果皮中的脂肪酸组成、类别及相对含量如表 5-2 所示，采收当日蓝莓果皮中共含 6 种脂肪酸，分别为棕榈酸、硬脂酸、油酸、亚油酸、亚麻酸和花生酸，其中饱和脂肪酸为 16 碳的棕榈酸、18 碳的硬脂酸及 20 碳的花生酸共 3 种，不饱和脂肪酸为 18 碳的油酸、亚麻酸及亚油酸共 3 种。含量从大到小依次为亚油酸（46.406%）> 棕榈酸（22.302%）> 亚麻酸（14.478%）> 硬脂酸（10.748%）> 油酸（5.181%）> 花生酸（1.155%）。由此可知，蓝莓果皮中不饱和脂肪酸以亚油酸和亚麻酸为主，亚油酸的含量最高；饱和脂肪酸中以棕榈酸和硬脂酸为主，棕榈酸的含量最高。

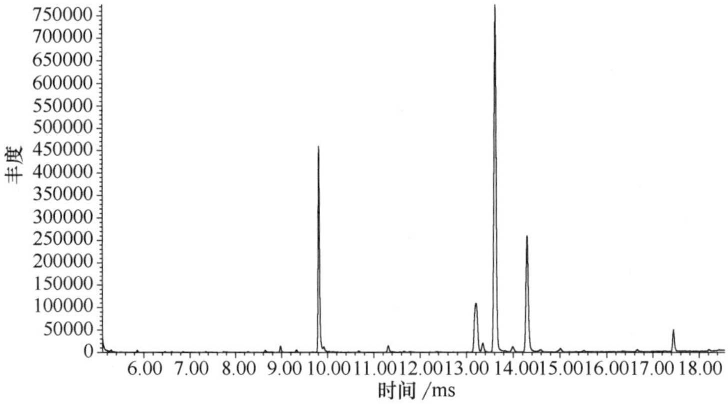

图 5-12　蓝莓果皮脂肪酸甲酯总离子流图

表 5-2　采收当日蓝莓果皮脂肪酸组成、类别及其相对含量

序号	类别	种类	含量/%
1	$C_{16:0}$	棕榈酸	22.032

续表

序号	类别	种类	含量/%
2	$C_{18:0}$	硬脂酸	10.748
3	$C_{18:1}$	油酸	5.181
4	$C_{18:2}$	亚油酸	46.406
5	$C_{18:3}$	亚麻酸	14.478
6	$C_{20:0}$	花生酸	1.155

（二）常温自然后熟和冷藏后常温货架期间蓝莓果皮中 IUFA 及 UFA/FA 的变化

如表 5-3 所示，采后常温自然后熟第 4 天及不同冷藏时间货架期第 4 天蓝莓果皮脂肪酸组成及相对含量的变化情况，如表 5-3 所示，蓝莓果皮采后自然后熟阶段及经冷藏后常温货架期间脂肪酸的种类没有发生改变，但各种脂肪酸的相对含量发生不同程度的变化。饱和脂肪酸随着冷藏时间的延长均呈现上升趋势，其中棕榈酸的变化幅度最大，从冷藏 30d 开始常温货架第 4 天的蓝莓果皮棕榈酸相对含量急速上升，冷藏 60d 后常温货架期第 4 天棕榈酸相对含量高达 34.906%，冷藏时间越长不饱和脂肪酸含量下降越严重，冷藏 45d 后常温货架第 4 天不饱和脂肪酸相对含量下降最为迅速，尤其是亚油酸的相对含量仅为 35.727%。由此可见，冷藏时间越长，常温货架期间蓝莓果皮脂肪酸中不饱和脂肪酸氧化现象越严重，细胞膜逐渐由液晶态转化为凝胶状，膜流动性变差。

表 5-3 常温自然后熟及冷藏后常温货架期蓝莓果皮中脂肪酸相对含量的变化

冷藏时间+货架期/d	饱和脂肪酸含量/%			不饱和脂肪酸含量/%		
	棕榈酸	硬脂酸	花生酸	亚麻酸	亚油酸	油酸
0+4	23.672 ± 0.842	11.103 ± 0.194	1.395 ± 0.091	13.252 ± 0.696	45.656 ± 0.172	4.919 ± 0.188
15+4	24.750 ± 0.506	12.302 ± 0.274	1.515 ± 0.067	12.769 ± 0.186	43.784 ± 0.352	4.754 ± 0.208
30+4	27.533 ± 0.494	13.334 ± 0.090	2.023 ± 0.127	12.033 ± 0.263	40.843 ± 0.264	4.334 ± 0.059
45+4	32.671 ± 0.275	15.002 ± 0.093	2.500 ± 0.058	10.028 ± 0.173	35.727 ± 0.205	4.071 ± 0.121
60+4	34.906 ± 0.363	17.458 ± 0.112	3.286 ± 0.095	9.303 ± 0.117	31.588 ± 0.150	3.459 ± 0.052

IUFA 及 UFA/FA 的改变是由细胞膜中不饱和脂肪酸及饱和脂肪酸相对含量的变化导致的，IUFA 和 UFA/FA 这两个指标是衡量细胞膜功能性完整度及细胞膜流动性高低的重要指标。如表 5-3 所示，所表示的常温自然后熟及冷藏后常温货架期蓝莓果皮中 6 种脂

肪酸相对含量的变化情况可得出其间蓝莓果皮脂肪酸 IUFA 及 UFA/FA 的变化趋势，如图 5-13 和图 5-14 所示，随着冷藏时间的延长，蓝莓果皮常温货架期中 IUFA 及 UFA/FA 均呈现下降趋势，经中长期冷藏的蓝莓果皮 IUFA 及 UFA/FA 下降最多，冷藏 45d 后常温货架第 4 天时 IUFA 和 UFA/FA 仅为 105.608 和 0.991，分别下降了 22.34%和 45.40%。由此说明冷藏的中后期常温货架期中蓝莓果皮细胞膜膜脂过氧化进程加快，细胞膜流动性下降严重，这与蓝莓果皮红变发生的趋势相一致。

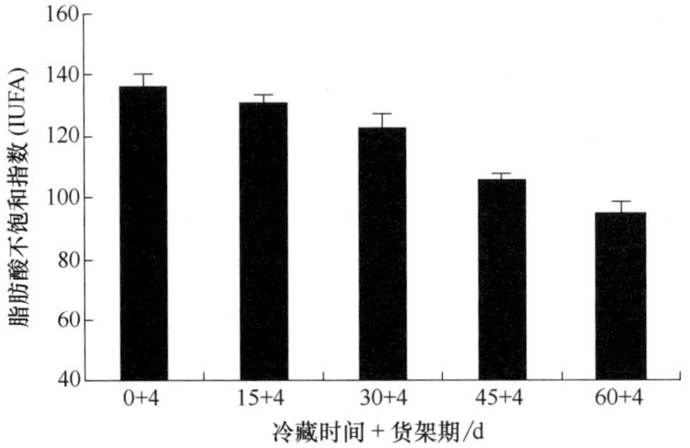

图 5-13　常温自然后熟和冷藏后常温货架期蓝莓果皮脂肪酸 IUFA 的变化

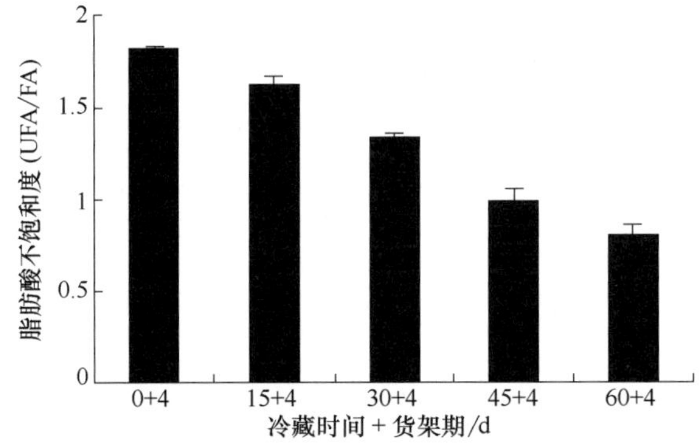

图 5-14　常温自然后熟和冷藏后常温货架期蓝莓果皮脂肪酸 UFA/FA 的变化

（三）常温自然后熟和冷藏后常温货架期间蓝莓果皮中主要脂肪酸含量的变化

分析蓝莓果皮中脂肪酸组分，可以确定蓝莓果皮主要有以亚麻酸和亚油酸为主的不饱和脂肪酸，以棕榈酸为主的饱和脂肪酸，具体分析了这 3 种脂肪酸在采后自然后熟、冷藏及冷藏后常温货架期过程中的含量变化情况。

1. 棕榈酸甲酯、亚油酸甲酯及亚麻酸甲酯的标准曲线绘制

以不同质量浓度的脂肪酸标准液各 1μL 分别进样，测定其峰面积，以浓度为横坐标，峰面积为纵坐标，分别绘制标准曲线，线性回归方程及相关系数如表 5-4 所示。

表 5-4　三种脂肪酸线性回归方程和相关系数

脂肪酸甲酯	线性回归方程	R^2
棕榈酸甲酯	Y=2E+07X-39300	0.9971
亚油酸甲酯	Y=2E+07X-150681	0.9925
亚麻酸甲酯	Y=2E+07X-52245	0.9913

2. 常温自然后熟和冷藏后常温货架期间蓝莓果皮中亚麻酸和亚油酸含量的变化

如图 5-15 所示，采后常温自然后熟的蓝莓果皮中亚油酸含量呈先上升后下降的趋势，总体呈下降趋势；冷藏过程中亚油酸含量呈先缓慢下降后快速下降的趋势，冷藏结束时亚油酸含量显著低于采收当日的含量（$P<0.05$）；冷藏后转入常温货架期间，蓝莓果皮亚油酸含量均呈现下降趋势，冷藏 45d 和冷藏 60d 后蓝莓果皮常温货架期间亚油酸含量下降较快，其中冷藏 60d 的蓝莓果皮货架期间亚油酸含量下降幅度最大，货架期结束时亚油酸含量仅为 2.68mg/kg，与出库时相比下降了 37.42%。

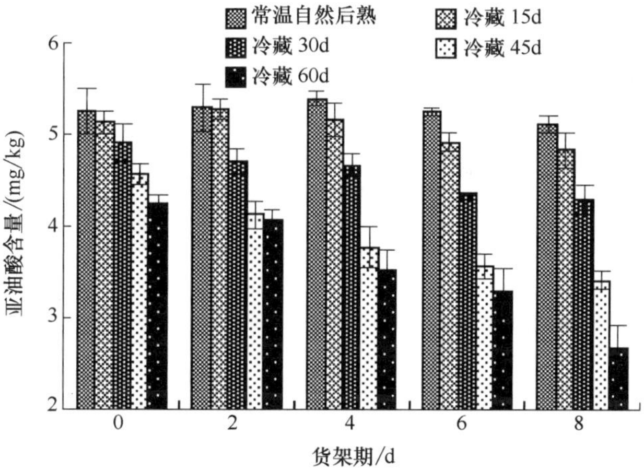

图 5-15　常温自然后熟和冷藏后常温货架期间蓝莓果皮亚油酸含量的变化

如图 5-16 所示，采后自然后熟、冷藏和冷藏后常温货架期间蓝莓果皮中亚麻酸含量均呈现下降趋势。冷藏前 15d 亚麻酸含量下降缓慢，之后急剧下降；常温货架期间，冷藏 30d 以上的蓝莓果实常温货架期间果皮亚麻酸含量均显著低于常温自然后熟组（$P<0.05$），其中冷藏 45d 组货架期结束时蓝莓果皮亚麻酸含量下降幅度最大，高达 0.77mg/kg。

3. 常温自然后熟和冷藏后常温货架期间蓝莓果皮棕榈酸含量的变化

如图 5-17 所示，常温自然后熟过程中蓝莓果皮棕榈酸含量呈匀速上升趋势，冷藏后常温货架期间蓝莓果皮棕榈酸含量均呈现上升趋势，冷藏 15d 蓝莓果皮常温货架期间与常温自然后熟组存在不显著差异，随着冷藏时间的延长，常温货架期间棕榈酸含量上升速度加快，冷藏 30d 及冷藏 45d 后货架期 4~8d 棕榈酸含量显著高于常温自然后熟（$P<0.05$），冷藏 60d 蓝莓果皮货架期间棕榈酸含量上升速度最快，货架期第 8 天棕榈酸含量

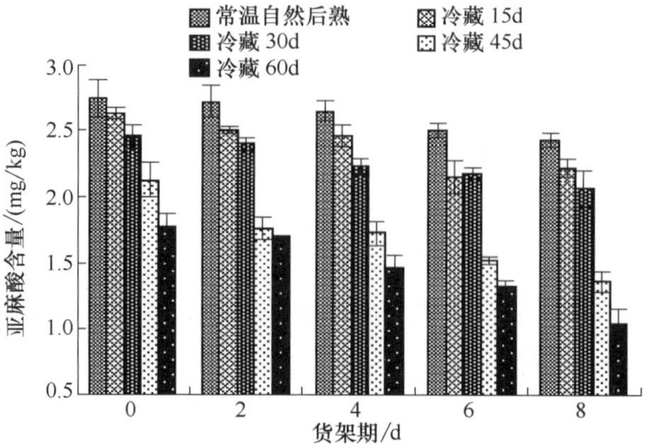

图 5-16 常温自然后熟和冷藏后常温货架期间蓝莓果皮亚麻酸含量的变化

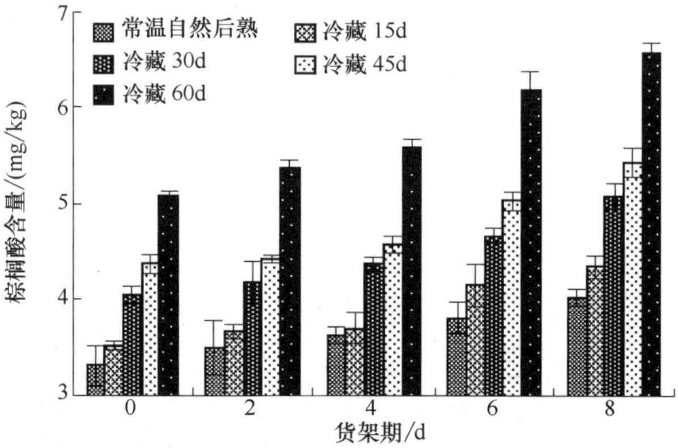

图 5-17 常温自然后熟和冷藏后常温货架期间蓝莓果皮棕榈酸含量的变化

高达 6.58mg/kg，极显著高于出库当日的蓝莓果皮棕榈酸含量（$P<0.01$）。

（四）常温自然后熟和冷藏后常温货架期间蓝莓果皮中 MDA 含量和细胞膜透性的变化

1. MDA 含量变化

如图 5-18 所示，蓝莓果皮 MDA 含量在采后常温自然后熟的前 2d 上升速度缓慢，之后随着成熟衰老进程加快，MDA 含量急速上升，贮藏期第 8 天 MDA 含量高达 16.44nmol/g。冷藏过程中蓝莓果皮 MDA 含量的变化趋势与常温自然后熟组相似，冷藏 30d 之后含量快速上升，到冷藏 60d 时蓝莓果皮 MDA 含量显著高于采收当日。冷藏后转入常温货架期间，随着冷藏时间的延长，常温货架期间发生红变的蓝莓果实数量不断增加，经冷藏 45d 和 60d 后的蓝莓果实常温货架期的第 2 天至第 8 天果皮 MDA 含量快速积累，极显著高于其他三组（$P<0.01$）。

2. 细胞膜相对电导率变化

如图 5-19 所示，采后自然后熟的蓝莓果皮随着贮藏期的延长细胞膜相对电导率呈匀

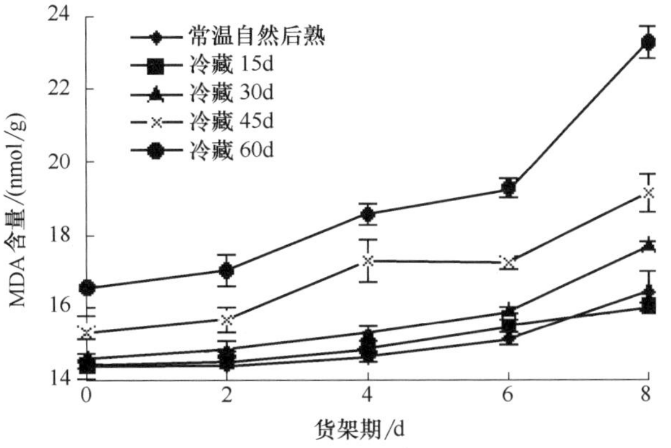

图 5-18 常温自然后熟和冷藏后常温货架期间蓝莓果皮 MDA 含量的变化

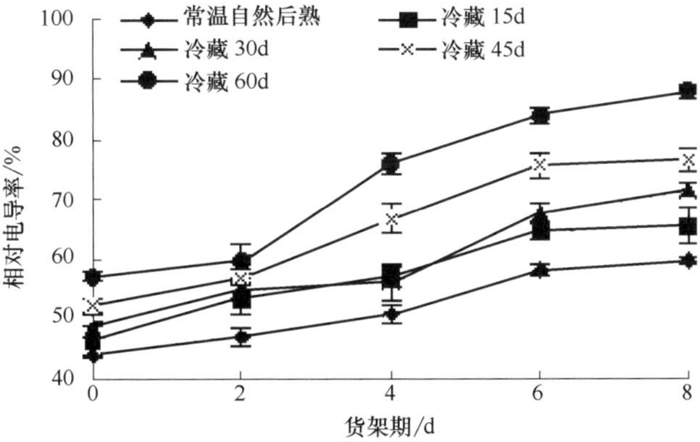

图 5-19 常温自然后熟和冷藏后常温货架期间蓝莓果皮细胞膜相对电导率的变化

速上升趋势。冷藏过程中蓝莓果皮相对电导率上升缓慢，冷藏 45d 时相对电导率仅为 52.34%，与采收当日相比差异不显著，由此可见冷藏可有效缓解贮藏期间蓝莓果皮相对电导率的上升。冷藏后转入常温货架期间，经长期冷藏的蓝莓果皮细胞膜相对电导率变化趋势与 MDA 相似，上升幅度很大，其中冷藏 60d 后常温货架期蓝莓果皮的相对电导率上升幅度最大，上升幅度为 30.62%，极显著高于其他组。

（五）常温自然后熟和冷藏后常温货架期间蓝莓果皮中 LOX 活性的变化

如图 5-20 所示，采后自然后熟阶段蓝莓果皮 LOX 活性出现先缓慢下降之后再升高的趋势，货架期间没有出现显著的活性变化。冷藏过程中蓝莓果皮 LOX 活性呈先下降后缓慢上升趋势，短期冷藏可有效抑制 LOX 活性的上升。冷藏后转入常温货架期间，冷藏 30d 以上的蓝莓果实其果皮 LOX 活性显著升高，冷藏 30d 和冷藏 45d 组常温货架期间均出现显著的活性峰值，冷藏 60d 后常温货架期间蓝莓果皮 LOX 活性上升幅度最大且一直呈快速上升趋势，货架末期其 LOX 活性极显著高于其他组（$P<0.01$）。

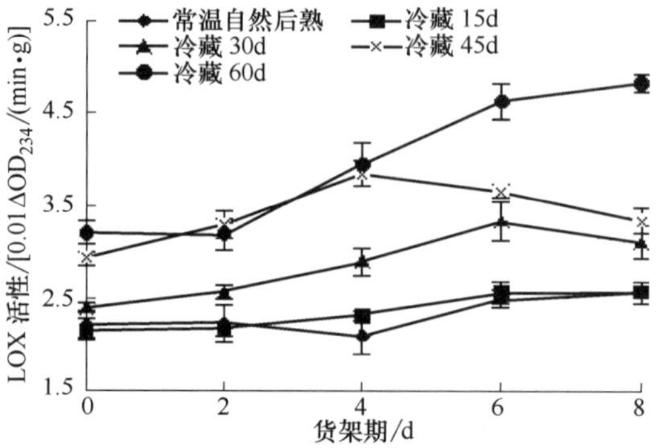

图 5-20 常温自然后熟和冷藏后常温货架期间蓝莓果皮 LOX 活性的变化

（六）冷藏蓝莓果皮常温货架期间膜脂代谢主要指标间的相关性分析

如表 5-5 所示，亚油酸、亚麻酸含量与棕榈酸含量呈极显著负相关，与 LOX 活性呈显著负相关，与细胞膜相对电导率呈极显著负相关。结果表明蓝莓在受到长时间低温逆境胁迫时，LOX 活性急剧上升，LOX 以亚油酸和亚麻酸为底物对其进行加氧作用，导致亚油酸和亚麻酸这两种不饱和脂肪酸快速降解，蓝莓果皮细胞膜流动性降低，膜渗透性增大，细胞膜受到损伤；MDA 含量与亚油酸含量呈显著负相关，与相对电导率呈显著正相关，说明随着膜脂过氧化进程加快，MDA 含量不断积累，对细胞膜产生了毒害作用导致细胞膜渗透率增大，膜内电解质大量渗出。

表 5-5 冷藏蓝莓果皮常温货架期间膜脂代谢主要指标间的相关性分析

指标	亚油酸/（mg/kg）	亚麻酸/（mg/kg）	棕榈酸/（mg/kg）	MDA/（nmol/g）	相对电导率/%	LOX/[ΔOD_{234}/(min·g)]
亚油酸/（mg/kg）	1	0.967**	-0.939*	-0.863	-0.993**	-0.936*
亚麻酸/（mg/kg）	0.967**	1	-0.993**	-0.951*	-0.981**	-0.887*
棕榈酸/（mg/kg）	-0.939*	-0.993**	1	0.981**	0.967**	0.826
MDA/（nmol/g）	-0.863	-0.951*	0.981**	1	0.912*	0.703
相对电导率/%	-0.993**	-0.981**	0.967**	0.912*	1	0.897*
LOX/[ΔOD_{234}/(min·g)]	-0.936*	-0.887*	0.826	0.703	0.897*	1

注：*表示在 0.05 水平上显著相关，**表示在 0.01 水平上显著相关。

（七）冷藏蓝莓果皮常温货架期间红变发生相关指标与膜脂代谢主要指标的相关性分析

如表 5-6 所示，蓝莓果皮红变率与亚油酸、亚麻酸含量呈极显著负相关，与棕榈酸含量、MDA 含量及相对电导率呈极显著正相关，a^* 值与亚油酸含量呈现显著负相关，与亚麻酸含量呈极显著负相关，与棕榈酸含量呈现显著正相关，结果表明冷藏蓝莓果皮红变的发生与膜脂代谢有密切的关系。

如表 5-6 所示，蓝莓果皮中总酚含量与亚麻酸含量呈显著正相关，与棕榈酸和 MDA 含量呈显著负相关，花青素含量与膜脂代谢的六个指标均达到极显著相关水平，PPO 活性与亚麻酸、亚油酸含量呈显著负相关，与相对电导率呈现显著正相关，由此可知冷藏后常温货架期内冷藏蓝莓果皮膜脂代谢紊乱，细胞质膜受损，多酚及花青素类色素物质从液泡中流出与细胞质中 PPO 相遇，三者之间的相互作用导致了花青素含量急剧下降，蓝莓果皮红变发生严重。

表 5-6　冷藏蓝莓果皮红变相关指标与膜脂代谢主要指标的相关性分析

指标	亚油酸 /（mg/kg）	亚麻酸 /（mg/kg）	棕榈酸 /（mg/kg）	MDA /（nmol/g）	相对电导率 /%	LOX /［ΔOD_{234}/（min · g）］
红变率 /%	−0.949**	−0.974**	0.995**	0.962**	0.968**	0.867
a^* 值	−0.880*	−0.988**	0.910*	0.853	0.872	0.878
TA /%	0.905*	0.881*	−0.851	−0.789	−0.889*	−0.816
总酚 /（OD_{280}/g）	0.793	0.950*	−0.909*	−0.887*	−0.814	−0.787
花青素 /［（OD_{530} ~ OD_{600}）/g］	0.962**	0.974**	−0.990**	−0.940**	−0.976**	−0.893**
PPO /［ΔOD_{420} /（min · g）］	−0.946*	−0.912*	−0.836	0.722	0.906*	0.974**

注：* 表示在 0.05 水平上显著相关，** 表示在 0.01 水平上显著相关。

第六章

不同调控方式对蓝莓品质劣变的作用研究

第一节 间歇升温对冷藏蓝莓果蒂凹陷的调控作用研究

间歇升温目前已应用在多种果蔬贮藏保鲜中。对果蔬组织中不饱和脂肪酸的合成起积极作用，抑制 MDA 含量的升高，减少膜损伤，从而减轻冷害症状。在桃果实研究中应用间歇升温贮藏后果实冷害症状不明显，且维持较高硬度和色泽（Fernández-Trujillo，1997）。采用 5℃和 10℃间歇升温的方式处理苹果，避免了果实贮藏期间冷害的发生，有效延长了苹果的贮藏期，维持贮藏期间果实的品质。有研究表明间歇升温处理南果梨维持了较高的能量水平，提高了果实中 ATPase、NDA 和 VPP 活性，促进其基因表达，而 PLD 的活性及基因表达在间歇升温处理后明显降低，南果梨褐变程度也随之降低（Wang *et al.*，2017）。本节就间歇升温对冷藏蓝莓果蒂凹陷的机制进行探究，以丰富蓝莓品质劣变的机理。

一、材料与条件

1. 主要试剂与材料

蓝莓果实由辽宁省沈阳市浑南祝家蓝莓基地提供，挑选出颜色、大小与成熟度均一致，且无机械损伤的蓝莓果实用于试验。

三氯乙酸、硫代巴比妥酸、甲醇、氯仿、石油醚、氢氧化钾、氯化钠、苯、色谱级甲醇和正己烷、亚麻酸甲酯、亚油酸甲酯，美国阿拉丁工业公司；植物 PLD、LOX 酶联免疫检测试剂盒，上海尚乐生物科技有限公司 OminiPlant RNA、HiFiScript cDNA Synthesis、UltraSYBR Mixture（Low ROX）(CWBIO）试剂盒。

2. 主要仪器与设备

实时荧光定量 PCR 仪：美国 Bio-Rad 公司；涡旋振荡器：德国 Wiggens 公司；DHG-9148A 电热鼓风干燥箱：济南天舜生物技术有限公司；iMark 酶标仪：美国 Bio-Rad 公司；DDS307 电导率仪：上海精密科学仪器有限公司；CT3 质构仪：美国 Brookfield 公司；DBR45 LH-T32 水果糖度测量仪：杭州陆恒生物科技有限公司。

3. 试验条件

挑选出的果实经预冷后分为两组，一组为正常冷藏处理组：（0±0.5）℃，相对湿度 80%～85%下贮藏 30d；另一组为间歇升温处理组：在 30d 的冷藏期间每 10d 转至（20±0.5）℃，相对湿度 80%～85%环境中放置 1d。在冷藏结束后，两组均进行为期 10d 的常温货架期观察与测定。

二、试验方法

1. 硬度

使用 CT3 质构仪对果实硬度进行测定，探针直径为 8mm，测量深度为 7mm，测量速度为 0.5mm/s，果实带皮并在赤道线部进行第一次测定，之后旋转 90°去皮测定第二次，记录为果实与果肉的硬度。

2. 凹陷率

选取蓝莓果实样品，按式（6-1）进行计算：

$$X=(N_0/N)\times100\% \quad (6\text{-}1)$$

式中　X——蓝莓果实凹陷率；

N_0——凹陷的蓝莓果实个数；

N——调查的蓝莓果实总数。

3. SSC

将果实样品研磨匀浆，经过纱布过滤后使用手持水果糖度测量仪对蓝莓果实 SSC 进行测定，结果表示为质量分数。

4. 腐烂率

选取蓝莓果实样品，按式（6-2）进行计算：

$$X=(N_0/N)\times100\% \quad (6\text{-}2)$$

式中　X——蓝莓果实腐烂率；

N_0——腐烂的蓝莓果实个数；

N——调查的蓝莓果实总数。

5. 相对电导率的测定

取 3 个 0.5 片果实放进小烧杯，去离子水浸泡并振荡。将水倾去，并使用去离子水冲洗三次，用滤纸吸净表面水分，锡纸密封 3h，测其电导率；之后在 100℃沸水浴条件下煮沸 15min，测其电导率。按式（6-3）进行计算：

$$L_e(\%)=(L_1/L_0)\times100 \quad (6\text{-}3)$$

式中　L_e——在一定时间内，细胞内电解质渗出量占总电解质的百分比；

L_1——样品活组织提取液的电导率；

L_0——被杀死后提取液的电导率。

6. 果实膜脂含量的测定

参照 Welti 等（2002）方法来测定蓝莓果实的膜脂含量。

7. 果实脂肪酸含量的测定

称取 5.0g 蓝莓果实，将其剪碎后放置在玻璃皿中，在 100℃烘箱中灭酶 10min，然后将其转移至研钵中，待其冷却后加入 10mL 氯仿/甲醇（2∶1）混合液，研磨充分后转入 50mL 离心管中，于 20℃，8300×g 条件下离心 20min。吸取下清液转入 25mL 鸡心瓶中并迅速加入 5mL 7.6g/L 的氯化钠溶液，于 150g/min 条件下摇动 30min，静置 10min，弃去上层，减压干燥，得到总类脂。依次加入 6mL 饱和甲醇的石油醚和饱和石油醚的甲醇于总类脂中，充分振荡，静置 10min，吸取下层甲醇相，减压浓缩，得到极性脂。向极性脂中加入 1mL 色谱级甲醇溶解后，依次加入 1mL 0.4mol/L、色谱级甲醇溶解的氢氧化钾溶液和4mL苯/石油醚（1∶1）混合液，充分振荡，静置15min，加入8mL蒸馏水，充分振荡，静置10min，待溶液分层后，弃去下层，减压蒸干，加入1mL色谱级正己烷溶解并转移到1.5mL进样瓶里。

气相色谱条件：HP19091F-102（25m×200μm×0.30μm）熔融石英毛细管柱；气化室温度250℃，程序升温：初始柱温80℃，以10℃/min升至200℃；以5℃/min升至230℃，保持5min。载气为氦气，进样量为1μL，分流比为20∶1。溶剂延迟3min。质谱条件：离子源温度230℃；电离电压70eV；接口温度250℃；电子倍增管1235V；扫描范围为20~600Amu。脂肪酸的鉴定基于NIST/Wiley MS Search 2.0质谱库。利用亚麻酸甲酯、亚油酸甲酯标准品的标准曲线对其进行定量分析。

8. MDA含量的测定

称取1.0g样品，加入5mL 10% TCA，研磨匀浆并离心，收集上清液低温保存备用。去一定量上清液，加入2mL 0.67%硫代巴比妥酸，混匀并于沸水浴中加热20min，取出冷却后再次离心，分别在450nm、532nm、600nm波长处测定上清液的吸光度值。并按以下公式计算：

$$\text{MDA含量} = (CV)/(V_s \times m \times 1000) \tag{6-4}$$

式中 C——反应混合液中MDA含量；

V——样品提取液总体积；

V_s——测定时所取样品提取液体积；

m——样品质量。

9. 脯氨酸含量的测定

采用磺基水杨酸法测定游离脯氨酸含量。

10. PLD活性的测定

根据植物PLD酶联免疫检测试剂盒说明书测定PLD的活性。

11. LOX活性的测定

根据植物LOX酶联免疫检测试剂盒说明书测定LOX的活性。

12. *PLD β*、*LOX1*、*CBF* qRT-PCR的测定

蓝莓果实中总RNA的提取、cDNA合成、qRT-PCR分别按照OminiPlant RNA Kit、HiFiScript cDNA Synthesis Kit、UltraSYBR Mixture（Low Rox）Kit（CWBIO）试剂盒使用说明书，相关基因所用引物均由Primer Premier 5.0设计（表6-1），由北京奥科生物公司合成。

表6-1 实时荧光定量PCR引物

基因	上游引物（5′~3′）	下游引物（5′~3′）
Actin	5′-ACTACCATCCACTCTATCACCG-3′	5′-AACACCTTACCAACAGCCTTG-3′
PLD α1	5′-CGAGACATTCAGCCATCCAA-3′	5′-AAGCAGGTGACCAGGCAGAT-3′

续表

基因	上游引物（5′～3′）	下游引物（5′～3′）
PLD α2	5′-TCTGGCGGAAAGTATTATGAGC-3′	5′-CTGTAACCACCGACCACCCTGT-3′
PLD β	5′-TCAGCTTACGTCGTTATTCCTATGTG-3′	5′-ACGGTTGCCAAGACAGTAGAAGTTC-3′
PLD δ	5′-ATGATACTCCTGAGCATCGGTTGTTC-3′	5′-ATGGTTGCCTTGGAGCCTTACTTC-3′
LOX1	5′-GGATCACCATGATGCGCTAA-3′	5′-ATGGCTTCAGTGTTCCGTCA-3′

三、结果与分析

1. 间歇升温处理对蓝莓果实冷藏后常温货架期间硬度的影响

如图 6-1 所示，在分别进行间歇升温和正常冷藏处理 30d 后的果实在常温货架期间的硬度均呈下降趋势，然而在出库当天及第 4 天、第 6 天时间歇升温处理组的硬度均显著高于正常冷藏组（$P<0.05$），由此可以得知，间歇升温处理能够有效缓解蓝莓果实冷藏出库后在常温货架期间的硬度下降，从而维持果实较好的品质。

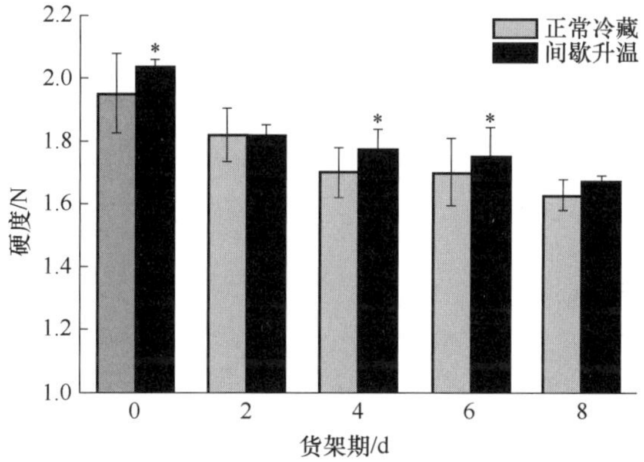

图 6-1　间歇升温处理对冷藏 30d 后常温货架期间果实硬度的影响

*表示在 $P<0.05$ 水平上差异显著

2. 间歇升温处理对冷藏后常温货架期间果实凹陷率的影响

如图 6-2 所示，在分别进行间歇升温处理和正常冷藏处理 30d 后常温货架期间的果实凹陷率呈逐渐上升趋势，货架期间前 6d 间歇升温组的果实凹陷率均显著低于对照组（$P<0.05$）。由此可知，间歇升温处理在一定程度上能够有效减缓蓝莓果实果蒂的凹陷，从而减缓果实冷害的发生。

3. 间歇升温处理对蓝莓果实冷藏后常温货架期间 SSC 的影响

由图 6-3 可知，在分别进行间歇升温和正常冷藏处理 30d 后果实的 SSC 从货架期第 2 天开始，两种处理条件下的果实 SSC 呈逐渐上升趋势，并且间歇升温处理组显著高于对照组（$P<0.05$）。由此可知，在保持蓝莓果实贮藏品质方面间歇升温处理具有一定的作用。

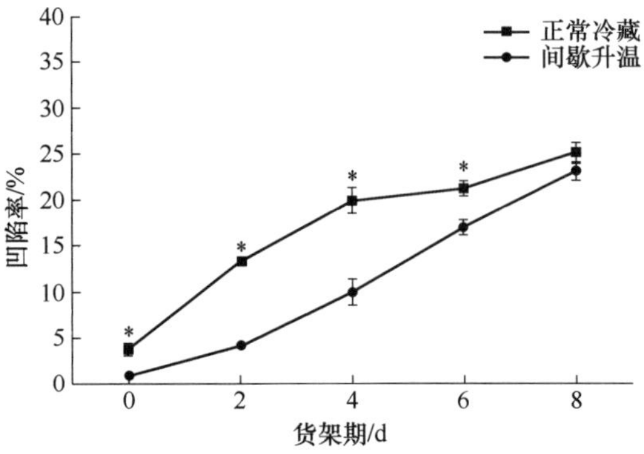

图 6-2 间歇升温处理对冷藏 30d 后常温货架期间果实凹陷率的影响

＊表示在 $P<0.05$ 水平上差异显著

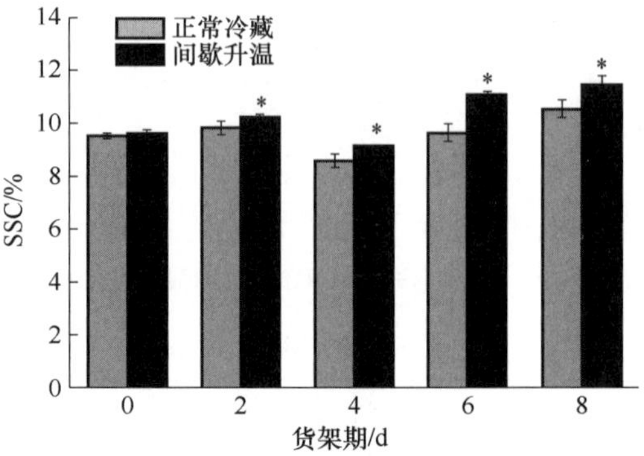

图 6-3 间歇升温处理对冷藏 30d 后常温货架期间果实 SSC 的影响

＊表示在 $P<0.05$ 水平上差异显著

4. 间歇升温处理对蓝莓果实冷藏后常温货架期间腐烂率的影响

如图 6-4 所示，两种处理条件下的腐烂率均随着货架期的延长而明显上升，第 2 天开始，间歇升温处理组的腐烂率显著低于正常冷藏组（$P<0.05$），第 8 天时正常冷藏组腐烂率达到 67.3%，而间歇升温处理组仅为 43.5%，由此可知，间歇升温处理能够有效抑制蓝莓果实的腐烂，使其保持较好的感官品质与商品价值。

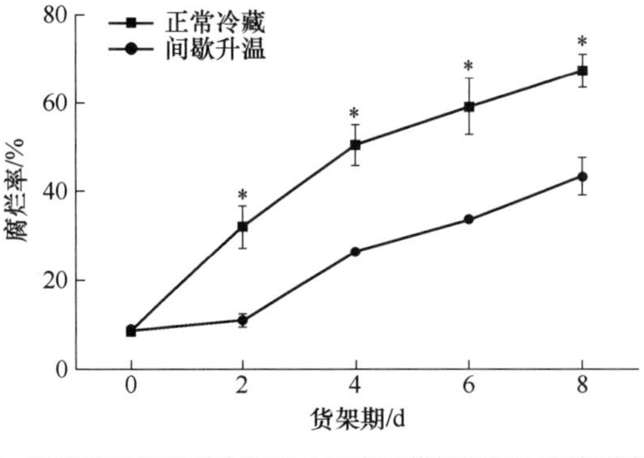

图 6-4 间歇升温处理对冷藏 30d 后常温货架期间果实腐烂率的影响

＊表示在 $P<0.05$ 水平上差异显著

5. 间歇升温处理对蓝莓果实冷藏后常温货架期间相对电导率和 MDA 含量的影响

如图 6-5（1）所示，在分别进行间歇升温处理和正常冷藏处理 30d 后常温货架期间的相对电导率均逐步呈上升趋势，然而在整个货架期内，间歇升温处理组的相对电导率均低于正常冷藏组。由此可知，间歇升温能够有效减缓果实相对电导率的增加，使得细胞膜维持相对较高的完整性和稳定性。如图 6-5（2）所示，冷藏 30d 后的蓝莓果实在常温货架期间 MDA 含量持续上升，而间歇升温 30d 后的蓝莓果实在货架期间维持缓慢的上升趋势，并在出库后期均显著（$P<0.05$）低于正常冷藏组。由此可知，间歇升温处理抑制了蓝莓果实膜脂的过氧化进程，有效地减轻了低温下蓝莓果实细胞膜的损伤，从而缓解了蓝

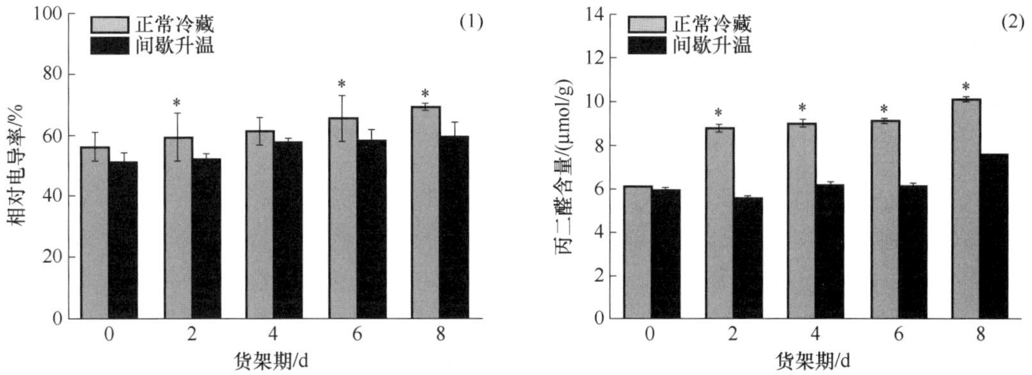

图 6-5　间歇升温处理对冷藏 30d 后常温货架期间果实相对电导率（1）和 MDA 含量（2）的影响

* 表示在 $P<0.05$ 水平上差异显著

莓果实凹陷的发生。

6. 间歇升温处理对蓝莓果实冷藏后常温货架期间膜脂含量的影响

如图 6-6 所示，正常冷藏 30d 后货架期第 4 天蓝莓果实 DGDG 的百分含量显著增加（$P<0.05$），间歇升温处理组略有增加［图 6-6（1）（2）］。另外，两组处理的果实在常温货架期第 4d 蓝莓果实 PA 含量较鲜果有所增加，但 PC 含量均呈下降趋势［图 6-6（3）］。与此同时，PE 百分含量较鲜果均有所下降，并无显著差异，并且 LPC 含量的下降趋势有所缓解［图 6-6（4）］。

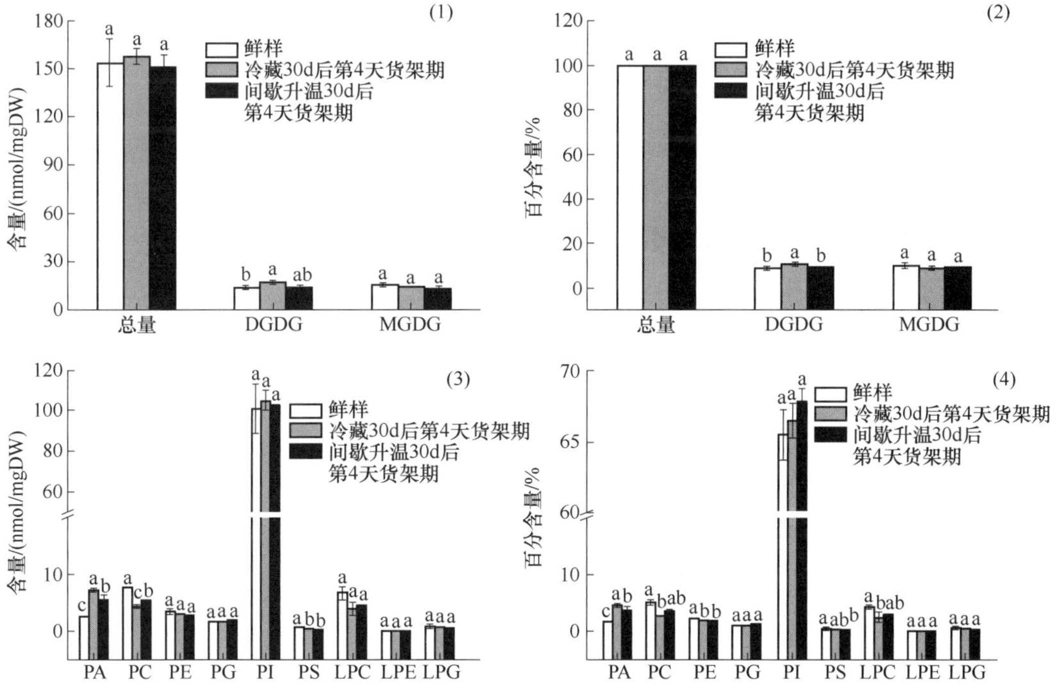

图 6-6　间歇升温处理对冷藏 30d 后常温货架期间果实膜脂含量的影响

不同字母表示在 $P<0.05$ 水平上差异显著

7. 间歇升温处理对蓝莓果实冷藏后常温货架期间脂肪酸含量的影响

如图 6-7 所示，间歇升温处理组较正常冷藏组蓝莓果实亚油酸、油酸、棕榈酸均显著增加（$P<0.05$）；如表 6-2 所示，间歇升温处理组的脂肪酸不饱和指数与不饱和度均显著增加（$P<0.05$）。

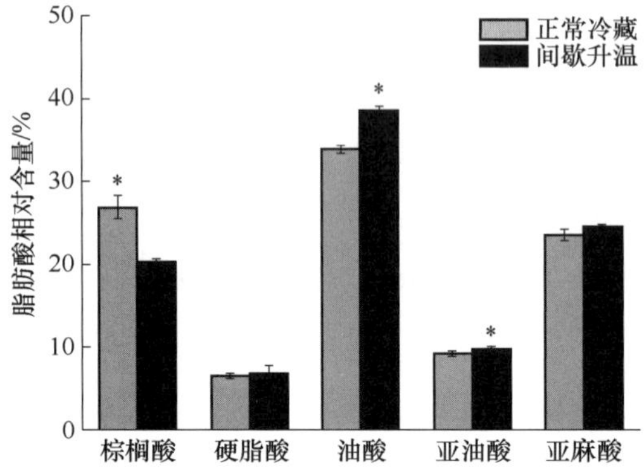

图 6-7 间歇升温处理对冷藏 30d 后常温货架期间果实脂肪酸含量的影响

* 表示在 $P<0.05$ 水平上差异显著

表 6-2 间歇升温对冷藏 30d 后常温货架期间果实脂肪酸含量的影响

样品	脂肪酸不饱和指数	脂肪酸不饱和度
正常冷藏 30d 后第 4 天货架期	122.797	1.993
间歇升温 30d 后第 4 天货架期	131.716*	2.682*

注：* 表示在 0.05 水平上显著相关。

8. 间歇升温处理对蓝莓果实冷藏后常温货架期间脯氨酸含量的影响

如图 6-8 所示，在常温货架期间，间歇处理组果实的脯氨酸含量均低于正常冷藏处理组，并且在前 6d 均处于显著（$P<0.05$）低水平，由此可知，间歇升温处理能够有效抑制果实脯氨酸的积累，有助于增强蓝莓果实对低温胁迫的耐受性并降低冷害的发生。

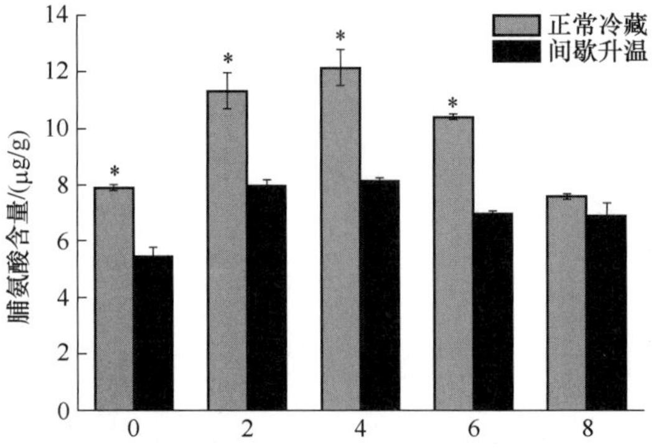

图 6-8 间歇升温处理对冷藏后常温货架期间果实脯氨酸含量的影响

* 表示在 $P<0.05$ 水平上差异显著

9. 间歇升温处理对蓝莓果实冷藏后常温货架期间 PLD 和 LOX 活性的影响

如图 6-9（1）所示，间歇升温处理组较正常冷藏组相比，在货架期前 6d 均处于显著低水平（$P<0.05$），并且有效抑制了 PLD 活性的上升，由此能够说明间歇升温处理可以有效抑制 PLD 活性的上升，延缓细胞膜磷脂降解的进程，抑制蓝莓果蒂的凹陷。

如图 6-9（2）所示，在常温货架期间，间歇升温处理组 LOX 活性高于正常冷藏组，并且在第 2 天、第 4 天达到显著水平。正常冷藏组货架期在第 2 天达到峰值，而间歇升温组在第 6 天达到峰值。由此可知，间歇升温处理能够有效减缓 LOX 活性的上升，使得果实细胞膜具有较高的不饱和度和流动性，减轻低温胁迫对细胞膜的损伤。

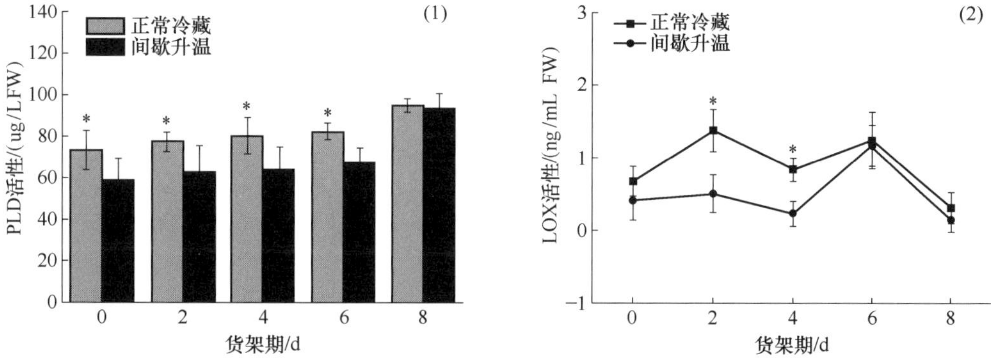

图 6-9　间歇升温对蓝莓果实冷藏 30d 后常温货架期间 PLD（1）和 LOX（2）活性的影响

*表示在 $P<0.05$ 水平上差异显著

10. 间歇升温处理对蓝莓果实冷藏后常温货架期 *PLD β*、*LOX1*、*CBF* 基因表达量的影响

由图 6-10 可以得知，在常温货架期间，间歇升温处理组蓝莓果实 *PLDβ* 基因表达量的上升趋势较为缓慢，并且 *LOX1* 基因表达量维持相对较低水平，*CBF* 基因表达量均高于正常冷藏组。由此说明，间歇升温处理能够有效抑制 *LOX1* 与 *PLDβ* 基因表达量，并且提高 *CBF* 的基因表达，从而减缓 *LOX* 对蓝莓果实脂肪酸的作用速率，增加蓝莓果实的耐冷性，减缓蓝莓果蒂凹陷的发生。

在本节研究中，间歇升温有效地降低了蓝莓果蒂的凹陷率，减轻了冷害的发生，同时，间歇升温处理组蓝莓果实保持着较高的硬度、SSC 及较低的腐烂率，有效地提高了蓝莓果实的品质，更好地发挥其商品和经济价值。另外，与正常冷藏相比，间歇升温处理组延缓了蓝莓果实中 DGDG、PA、棕榈酸的增加，抑制了 PC、PE、LPC、亚油酸和油酸的减少，与此同时，间歇升温处理组的蓝莓果实细胞膜渗透率、膜脂过氧化产物 MDA、脯氨酸含量始终低于正常冷藏组，由此可知，间歇升温减轻蓝莓果实膜脂和脂肪酸的降解，减轻了低温对细胞膜结构和功能的损伤，从而延缓了蓝莓果蒂凹陷的发生。间歇升温处理显著抑制了蓝莓果实 PLD、LOX 酶活及基因表达量，延缓了细胞膜降解进程，从而降低了蓝莓果蒂凹陷的程度。

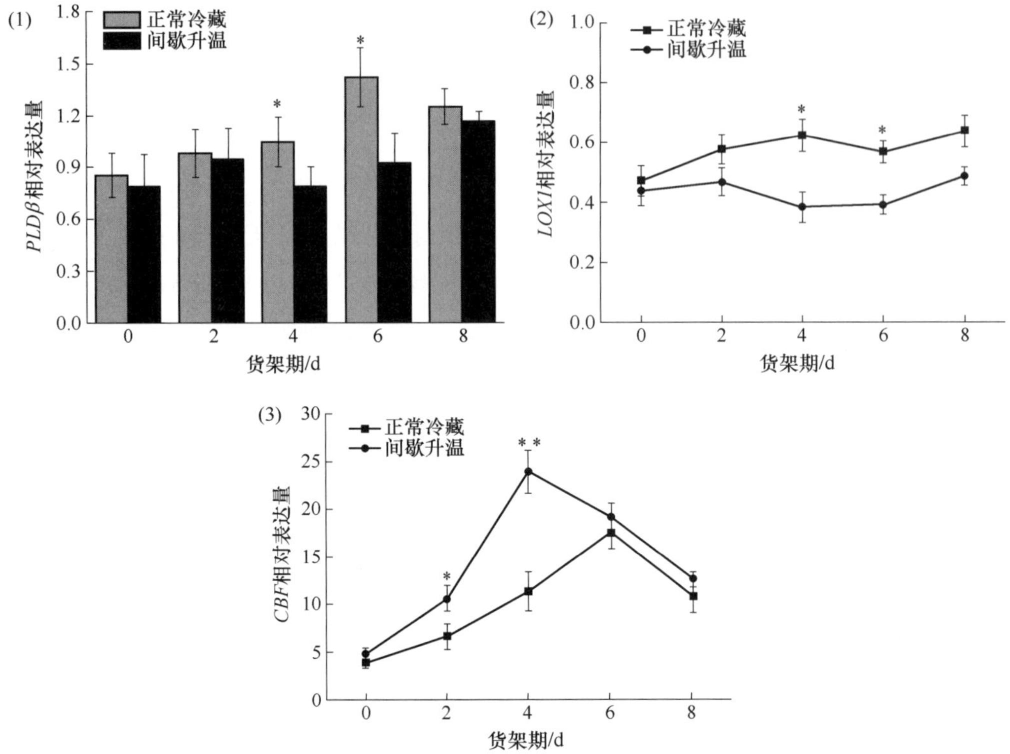

图 6-10 间歇升温处理对冷藏 30d 后常温货架期间 *PLD β*（1）、*LOX1*（2）、*CBF*（3）基因表达量的影响

* 表示在 $P<0.05$ 水平上差异显著

第二节　程序降温处理对冷藏蓝莓果皮红变的影响

程序降温是一种将冷敏感果蔬贮藏于略高于冷害临界温度中一段时间，以诱导果蔬对后续低温的耐受性的保鲜技术。目前，这种保鲜方法已被用在多种果蔬贮藏中以减轻冷藏后冷害发生。通过程序降温处理发现南果梨 ETH 生成量减少，同时 ETH 下游与信号转导有关基因的表达增加，与酯类香气合成相关物质减少。周倩（2014）经试验发现程序降温处理可以使冷藏蓝莓出库转常温货架后维持较高硬度，延缓 SSC 及 TA 合理下降，抑制蓝莓冷藏期间 MDA 的增加，降低果蒂凹陷率，从而延长果实的贮藏期。不同果实品种、不同成熟度或成熟阶段所需要的程序降温温度和时间也不太相同，可根据情况自己设定。通过前文的研究结果表明，蓝莓果实在冷藏过程、采后自然后熟及冷藏后常温货架期间果实糖酸含量、果皮色素含量及其相关酶活性、膜脂代谢等均发生了显著的变化，与蓝莓果皮红变发生密切相关，本部分试验通过对采后蓝莓果实进行程序降温处理，研究程序降温处理对蓝莓果皮红变发生、色素含量及其相关酶活性和膜脂代谢的影响，通过比较直接冷

藏组及阶段降温组蓝莓果皮在冷藏过程中及经 30d 冷藏后常温货架期间果皮红变发生情况及生理代谢的变化，验证冷藏后蓝莓果皮红变的发生机理，并通过分析两组处理蓝莓果皮中各项生理生化指标的变化，探索程序降温处理对蓝莓果皮红变发生的调控效果。

一、材料与条件

1. 主要试剂与材料

供试品种为“蓝丰”，采自辽宁省农科院，挑选出颜色、大小与成熟度均一致，且无机械损伤的蓝莓果实用于试验。

氢氧化钾、亚麻酸甲酯、亚油酸甲酯、氢氧化钠、氯化钠、氯仿、甲醇（色谱级、分析级）、浓盐酸、石油醚、苯、正己烷，国药集团化学试剂有限公司；混合脂肪酸标准品、亚油酸钠，Sigma 公司。

2. 主要仪器与设备

DBR45 LH-T32 水果糖度测量仪：杭州陆恒生物科技有限公司；UV-1810 紫外分光光度计，北京普析通用科技公司；iMark 酶标仪：美国 Bio-Rad 公司；CR-400 色差仪，日本柯尼卡美能达有限公司。

3. 试验条件

挑选出的果实经预冷后分为两组：第一组果实于（0±0.5）℃下贮藏，贮藏过程中每隔 15d 取出进行常温货架期的观察与测定；第二组蓝莓果实经预冷后放入 10 ℃冷库中，开始每隔 2d 降 1℃，10d 后降至 5℃后，再每隔 1d 降 1℃，15d 时降至（0±0.5）℃进行贮藏，贮藏过程中每隔 15d 取出进行常温货架期的观察与测定。

二、试验方法

1. 色差值

使用 CR-400 色差仪对蓝莓果皮色差值进行测定，测定点对称分布于果实赤道面，记录每个点 L^*、a^*、b^*、h 值，其中 a^* 值表示有色物质的红绿偏向，正值越大偏向红色的程度越大，负值越大偏向绿色的程度越大。

2. 红变率

选取蓝莓果实样品，按式（5-1）进行计算：

$$X=(N_0/N)\times100\%$$

3. SSC 含量

使用手持水果糖度测量仪对蓝莓果实 SSC 进行测定。

4. TA 含量

采用氢氧化钠滴定法对果实的 TA 含量进行测定。

5. 总酚、类黄酮、花青素含量

称取0.5g蓝莓果皮放入研钵，加入少许经预冷的1%盐酸-甲醇溶液，研磨匀浆后转入刻度试管中。随后使用盐酸-甲醇溶液冲洗研钵并定容，4℃避光提取20min，取滤液分别与波长280nm、325nm、600nm和53nm处测定吸光度值。

6. PPO活性测定

参照曹建康等（2007）的方法进行测定。

7. 细胞膜透性

取3×0.5片果实放进小烧杯，去离子水浸泡并振荡。后将水倾去并使用去离子水冲洗三次，用滤纸吸净表面水分，锡纸密封3h，测其电导率；之后在100℃沸水浴条件下煮沸15min，测其电导率。按式（6-3）进行计算。

8. MDA含量测定

参照曹建康等（2007）的方法进行测定。

9. 果实脂肪酸含量

同第六章第一节。

10. LOX活性

根据植物LOX酶联免疫检测试剂盒说明书测定LOX的活性。

三、结果与分析

（一）程序降温处理对果实冷藏过程及冷藏后常温货架期间 a^* 值的影响

如图6-11（1）所示，程序降温组与直接冷藏组果实的 a^* 值均呈上升趋势，从冷藏30d开始至冷藏结束，程序降温组蓝莓果皮 a^* 值显著（$P<0.05$）低于直接冷藏组；如图6-11（2）所示，货架期前6d程序降温组 a^* 值显著低于直接冷藏组，货架后期由于红变率的快速上升，a^* 值也出现急剧上升。

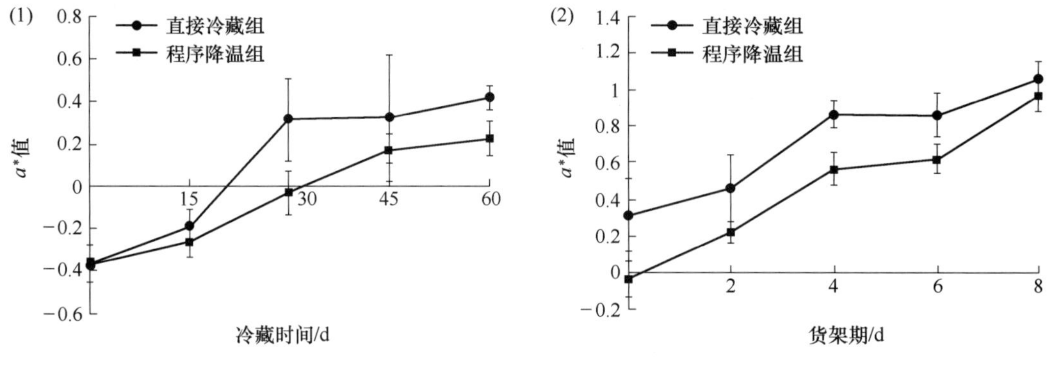

图6-11 程序降温处理对果实冷藏过程中（1）及冷藏后常温货架期间（2）a^* 值的影响

（二）程序降温处理对冷藏过程及冷藏后常温货架期间果实红变率的影响

如图 6-12（1）所示，直接冷藏组的果实在冷藏第 30 天出现了果皮红变现象，而程序降温组则在第 45 天时才发生红变，且红变率显著（$P<0.05$）低于直接冷藏组。如图 6-12（2）所示，整个货架期间程序降温组蓝莓果皮红变率始终低于直接冷藏组。由此可见，程序降温能够有效抑制贮藏期间蓝莓果皮红变现象的发生。

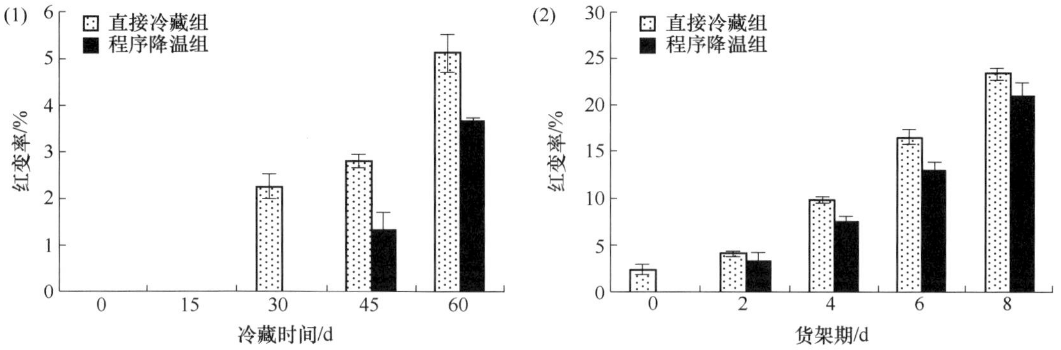

图 6-12　程序降温处理对冷藏过程中（1）及冷藏后常温货架期间（2）果实红变率的影响

（三）程序降温处理对果实冷藏过程及冷藏后常温货架期间 SSC 的影响

如图 6-13（1）所示，冷藏过程中程序降温组 SSC 呈下降趋势，但未与直接冷藏组差异达到显著水平；如图 6-13（2）所示，两组处理的 SSC 均在冷藏后常温货架期第 2 天开始快速下降，整个货架期间两组 SSC 差异并不显著。

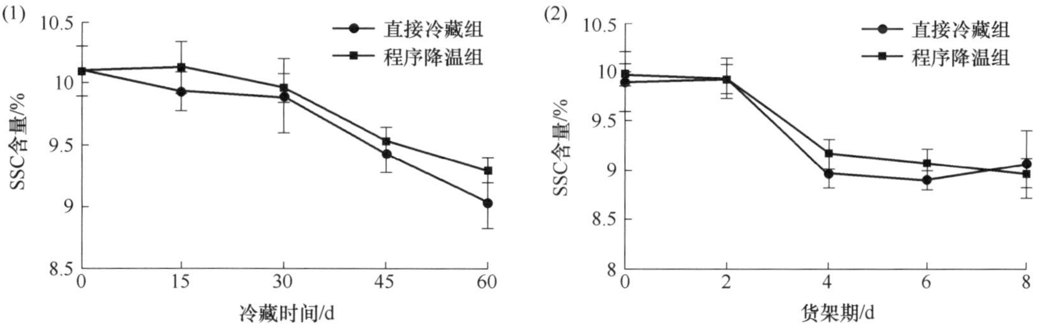

图 6-13　程序降温处理对果实冷藏过程中（1）及冷藏后常温货架期间（2） SSC 的影响

（四）程序降温处理对果实冷藏过程及冷藏后常温货架期间 TA 含量的影响

如图 6-14（1）所示，两组处理中 TA 含量均呈下降趋势，自 30d 开始，直接冷藏组 TA 含量快速下降，冷藏 45d 时，程序降温组蓝莓果皮 TA 含量极显著（$P<0.01$）高于直接冷藏组；如图 6-14（2）所示，两组处理中 TA 含量也呈下降趋势，整个货架期间程序

降温组 TA 含量下降幅度显著低于直接冷藏组。

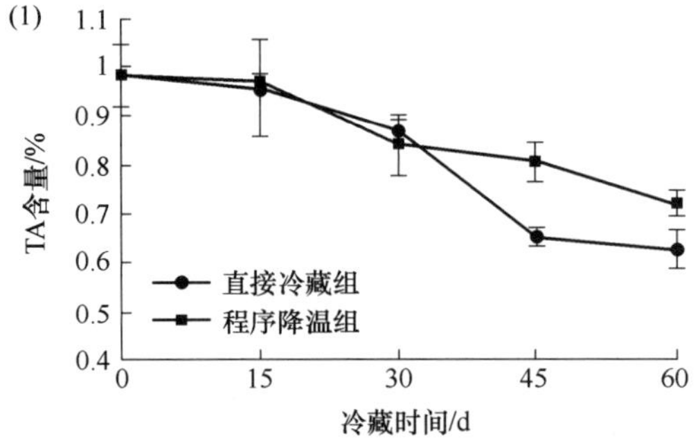

图 6-14　程序降温处理对果实冷藏过程中（1）及冷藏后常温货架期间（2） TA 含量的影响

（五）程序降温处理对果实冷藏过程及冷藏后常温货架期间花青素、总酚含量的影响

如图 6-15（1）所示，两组处理中果皮花青素含量均呈下降趋势，两组之间差异不显著；如图 6-15（2）所示，冷藏后常温货架期 4~8d，程序降温组有效抑制了蓝莓果皮花青素含量的氧化降解速度，减缓了蓝莓果皮红变发生速度。如图 6-15（3）所示，冷藏前 30d 程序降温组总酚含量略低于直接冷藏组，冷藏 30d 以后高于直接冷藏组，且在 60d 时差异达显著水平（$P<0.05$）；如图 6-15（4）所示，冷藏后常温货架期间直接冷藏组蓝莓果皮总酚含量呈先上升后快速下降的趋势，而程序降温处理组呈缓慢下降趋势。

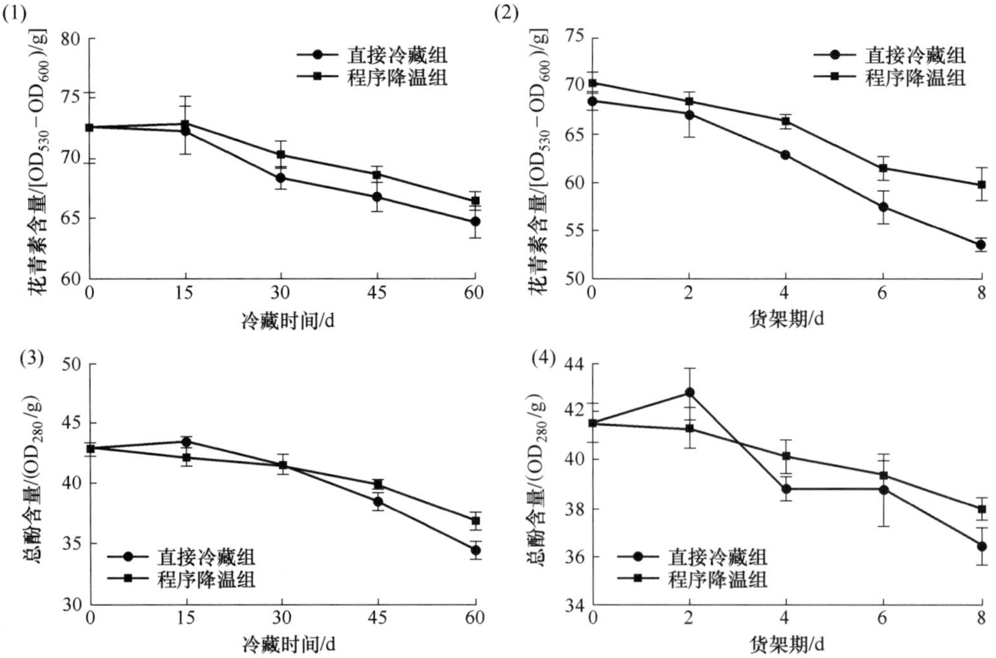

图 6-15　程序降温处理对果实冷藏过程中（1）（3）及冷藏后常温货架期间（2）（4）花青素和总酚含量的影响

（六）程序降温处理对果实冷藏过程及冷藏后常温货架期间 PPO 活性的影响

如图 6-16（1）所示，在冷藏过程中两组果实果皮 PPO 活性变化趋势基本相一致，但程序降温组 PPO 活性高峰值显著（$P<0.05$）低于直接冷藏组；如图 6-16（2）所示，程序降温 PPO 活性在货架期第 4 天出现活性高峰，至第 8 天时，程序降温组蓝莓果皮 PPO 活性显著低于直接冷藏组（$P<0.05$）。

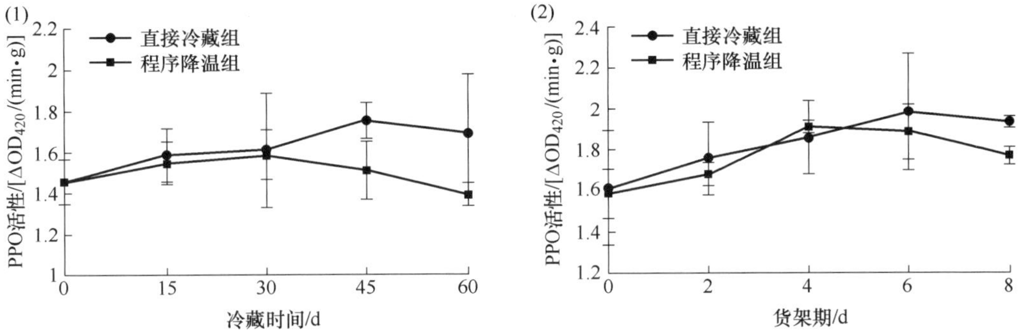

图 6-16 程序降温处理对果实冷藏过程中（1）及冷藏后常温货架期间（2）PPO 活性的影响

（七）程序降温处理对果实冷藏过程及冷藏后常温货架期间相对电导率的影响

如图 6-17（1）所示，冷藏前 30d 程序降温组有效抑制了蓝莓果皮膜透性的增加，30d 之后快速升高；如图 6-17（2）所示，程序降温组相对电导率在冷藏后常温货架期间上升幅度显著低于直接冷藏组。由此可见，程序降温处理能够有效抑制果皮细胞膜透性增加。

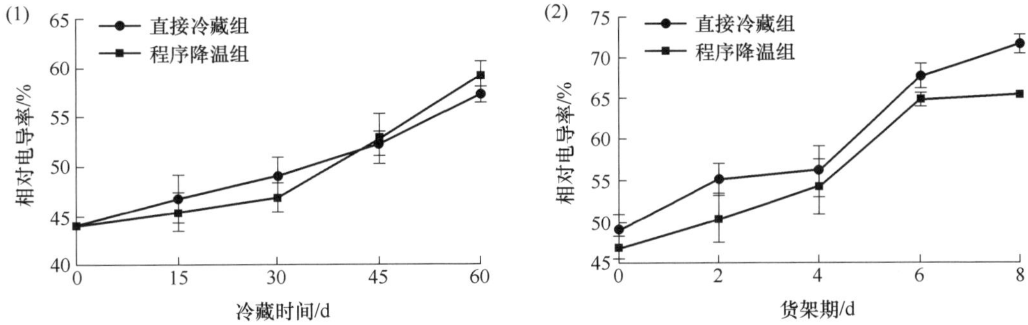

图 6-17 程序降温处理对果实冷藏过程中（1）及冷藏后常温货架期间（2）相对电导率的影响

（八）程序降温处理对果实冷藏过程及冷藏后常温货架期间 MDA 含量的影响

如图 6-18（1）所示，在整个冷藏期间，膜脂过氧化加剧，但程序降温处理组 MDA

含量始终低于直接冷藏组；如图6-18（2）所示，程序降温处理在冷藏后常温货架前4d显著抑制了MDA含量的上升，在第4天时极显著（$P<0.01$）低于直接冷藏组。由此可见，程序降温处理可有效缓解蓝莓果皮膜脂过氧化进程，减少MDA含量的积累。

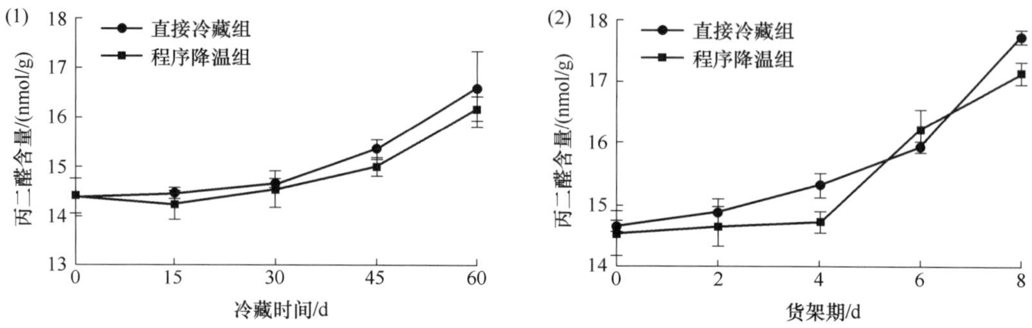

图6-18 程序降温处理对果实冷藏过程中（1）及冷藏后常温货架期间（2）MDA含量的影响

（九）程序降温处理对果实冷藏过程及冷藏后常温货架期间脂肪酸含量的影响

1. 程序降温处理对果实冷藏过程及冷藏后常温货架期间饱和脂肪酸含量的影响

如图6-19（1）所示，程序降温处理在冷藏中前期有效抑制了棕榈酸含量的上升，并在前30d程序降温组蓝莓果皮棕榈酸含量显著低于直接冷藏组（$P<0.05$）；如图6-19（2）所示，冷藏后常温货架期前6d程序降温组棕榈酸含量始终显著低于直接冷藏组，在货架后期，由于果实果皮细胞膜完整性下降，棕榈酸含量急剧升高。

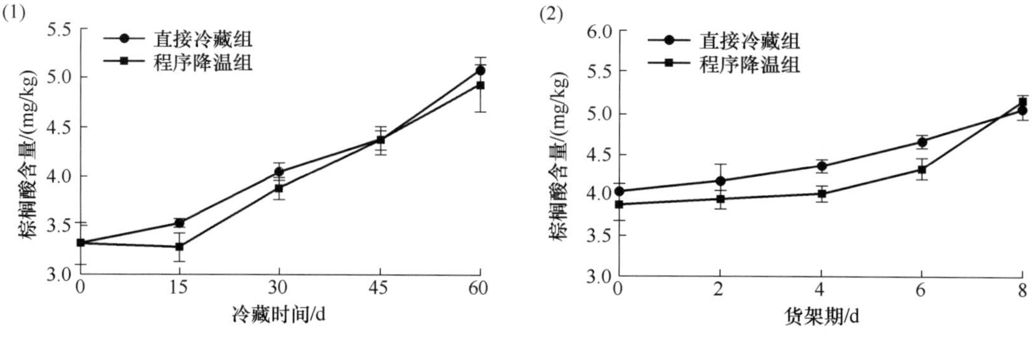

图6-19 程序降温处理对果实冷藏过程中（1）及冷藏后常温货架期间（2）棕榈酸含量的影响

2. 程序降温处理对果实冷藏过程及冷藏后常温货架期不饱和脂肪酸含量的影响

如图6-20（1）（2）所示，在冷藏过程中两组果实的亚油酸与亚麻酸含量均呈下降趋势，在冷藏15d至60d时，程序降温组亚麻酸含量显著（$P<0.05$）高于直接冷藏组；如图6-20（3）（4）所示，在冷藏后常温货架期间两组处理果实的亚油酸及亚麻酸含量均呈下降趋势，整个货架期间程序降温组亚麻酸含量在一直高于直接冷藏组。

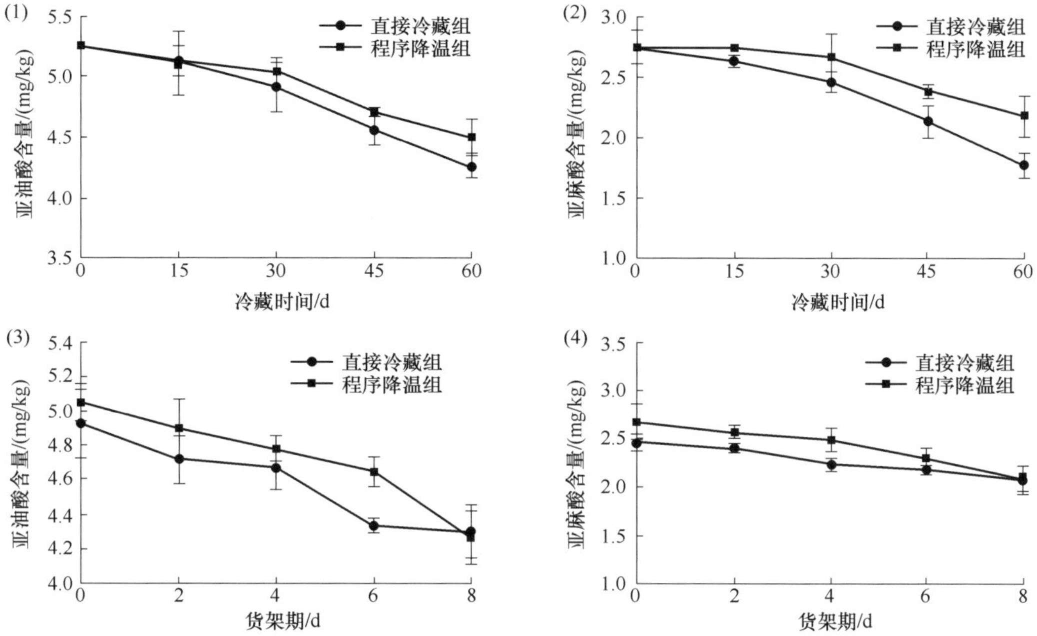

图 6-20　程序降温处理对果实冷藏过程中（1）（2）及冷藏后常温货架期间（3）（4）亚油酸、亚麻酸含量的影响

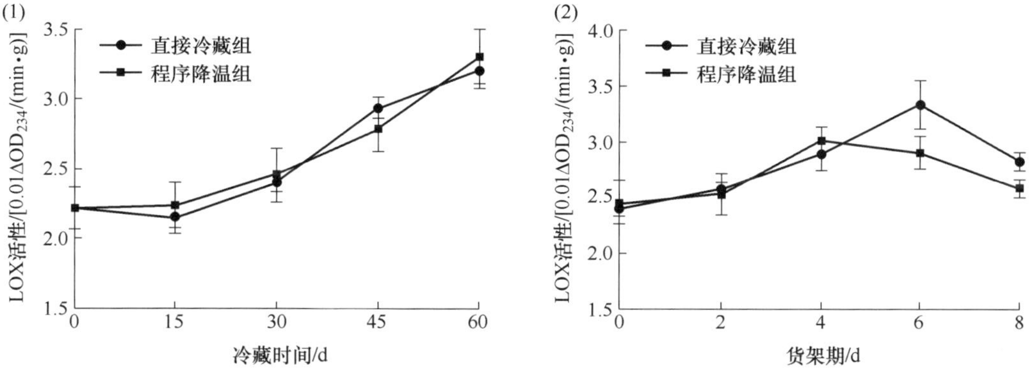

图 6-21　程序降温处理对果实冷藏过程中（1）及冷藏后常温货架期间（2） LOX 活性的影响

（十）程序降温处理对果实冷藏过程及冷藏后常温货架期间 LOX 活性的影响

如图 6-21（1）（2）所示，随着冷藏时间的延长，两组果实 LOX 活性逐渐上升，但差异不显著；在冷藏后常温货架期间，两组果实 LOX 活性分别在第 4 天和第 6 天出现活性高峰。由此可见，程序降温处理能够显著抑制贮藏期间果实 LOX 活性，从而维持细胞膜膜脂代谢稳定。

综上，程序降温处理能够有效缓解冷藏后常温货架期间蓝莓果皮红变现象的发生，抑

制果皮 a^* 值升高；显著延缓花青素含量的下降；通过抑制 LOX 活性上升，减慢蓝莓果皮不饱和脂肪酸含量的下降速度；减缓含量的积累，显著抑制细胞膜透性的增大，从而有效缓解藏蓝莓果皮红变这一低温伤害现象的发生。

第三节 外源能量物质处理对冷藏蓝莓果蒂凹陷的作用

根据已有研究表明，外源能量物质能够在一定程度上延长果蔬贮藏时间和提高果蔬的品质，但对于蓝莓果实果蒂凹陷现象的机理并未有明确的研究证明。本节将外源 ATP 和 DNP 处理应用于冷藏处理蓝莓果实，研究这两种物质处理对冷藏处理蓝莓果蒂凹陷的影响，通过分析蓝莓果实果蒂凹陷指数、ATP 含量和 EC 值以及 PPP 途径、TCA 途径和 EMP 相关基因表达水平的变化，探究 ATP 和 DNP 处理对冷藏蓝莓果实果蒂凹陷过程中关键基因表达的调控，及对凹陷缓解的作用机理。

一、材料与条件

1. 主要试剂与材料

蓝莓采摘于 2018 年 7 月辽宁省沈阳市浑南祝家蓝莓基地，采收的果实于 1h 内运回实验室，并进行分装处理，保证蓝莓果实成熟度一致且大小基本相同，将蓝莓果实分装成 6 组。在常温下散去田间热后将其中两组以 1.0mmol/L 的 ATP 溶液浸泡 3min，处理后的果实平铺放置于自然条件下风干，待完全干后转入（0±0.5）℃条件下冷藏，第一组冷藏时间为 30d，第二组冷藏时间为 60d；另取两组放入蒸馏水中浸泡 3min，风干后转入（0±0.5）℃条件下冷藏，第三组冷藏时间为 30d，第四组冷藏时间为 60d；最后两组蓝莓果实浸泡于 1.0mmol/L 的 DNP 溶液 3min，风干转入（0±0.5）℃冷库，第五组冷藏时间为 30d，第六组冷藏时间为 60d。整个试验过程环境的相对湿度保持在 80%～85%。待冷藏出库后分别取几个处理的在常温货架期第 0 天、第 4 天、第 8 天的果实进行试验分析，每个试验时间点随机选取 70 个果实进行测定。同时果实组织均经液氮冷冻采样，后于-80℃保存。

ATP、ADP、AMP、DNP、高氯酸、氢氧化钾、磷酸缓冲液、乙腈（色谱级）、甲醇（色谱级），国药集团化学试剂有限公司；OminiPlant RNA 试剂盒、HiFiScript cDNA 合成试剂盒、RealMasterMix（SYBR Green）试剂盒，CWBIO。

2. 主要仪器与设备

iMark 酶标仪、iQ5 实时荧光定量 PCR 仪，美国 Bio-Rad 公司；7890-5975GC-MS 气相色谱-质谱联用仪，美国 Agilent 公司；SHA-C 型恒温振荡器，常州国华电器有限公司；UV762 紫外-可见分光光度计，上海鼎科科学仪器有限公司；DHG-9148A 电热鼓风干燥箱，济南天舜生物技术有限公司。

3. 试验条件

试剂浓度和浸泡时间	冷藏时间
蒸馏水浸泡 3min	30d
	60d
1.0mmol/L ATP 溶液浸泡 3min	30d
	60d
1.0mmol/L DNP 溶液浸泡 3min	30d
	60d

二、试验方法

1. 腐烂率

选取蓝莓果实样品，按式（6-2）进行计算。

2. 凹陷率

选取蓝莓果实样品，按式（6-1）进行计算。

3. ATP、ADP、AMP 的测定

称取蓝莓果实 2g，置于 5mL 0.6mol/L 高氯酸研磨匀浆，并在 4℃、18000×g 条件下离心 15min，收集上清液。使用 0.1mol/L 氢氧化钾溶液将上清液 pH 调节至 6.5~6.8，定容至 10mL，经 0.45mm 孔径滤膜过滤，并用高效液相色谱测定 ATP、ADP、AMP 含量。

流动相 A 为 0.1mol/L 磷酸缓冲液，用 0.1mol/L 氢氧化钾溶液将其 pH 调至 7.0，流动相 B 为纯乙腈，流速为 1.2mL/min。进样量为 10μL，UV 检测波长为 254nm。使用外标曲线计算 ATP、ADP 和 AMP 的浓度。

4. 能荷的测定

$$能荷=(ATP+1/2ADP)/(ATP+ADP+AMP)$$

5. 总 RNA 的提取及反转合成第一链 cDNA

根据 OminiPlant RNA 试剂盒（CWBIO）从蓝莓中提取总 RNA，使用 HiFiScript cDNA 合成试剂盒从 5 mg 总 RNA 合成第一链 cDNA，该 cDNA 用作 qRT-PCR 分析的模板。

6. qRT-PCR 测定

用 QuantStudio 6 Flex 仪器（Life Technologies，Camarillo，CA）评估基因表达；使用比较 Ct 方法计算相对表达水平；使用 Primer Premier 5.0 软件设计相关基因 qRT-PCR 引物，并由 GENEWIZ 合成，并根据 RealMasterMix（SYBR Green）试剂盒（CWBIO）的说明书设计 qRT-PCR 程序。

三、结果与分析

1. 外源 ATP 与 DNP 处理对蓝莓果实冷藏及冷藏后常温货架期间腐烂率的影响

如图 6-22（1）所示，冷藏 30d 的蓝莓果实在前 6d 的腐烂率缓慢上升，在第 8 天也仅为48.87%。与此同时，DNP处理组在常温货架的第4天就超过了ATP处理组达到50.9%，在第8天更是达到了79.96%。冷藏60d转常温货架期［图6-22（2）］的蓝莓果实腐烂率更加证明了DNP促进蓝莓果实腐烂变质的效果，但对于外源ATP组，虽显著（$P<0.05$）低于DNP处理组，但其腐烂程度在第4天也达到了46.87%。

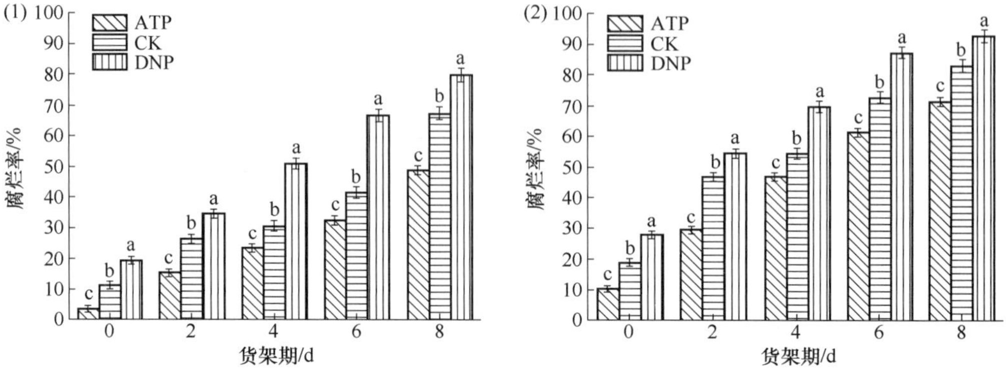

图6-22 外源ATP与DNP处理对果实冷藏30d（1）和60d（2）及冷藏后常温货架期间腐烂率的影响

不同字母表示在$P<0.05$水平上差异显著

2. 外源ATP与DNP处理对蓝莓果实冷藏及冷藏后常温货架期间凹陷率的影响

如图6-23所示，经过外源ATP处理显著低于CK和DNP处理的蓝莓果实凹陷率，其中经过外源ATP处理后冷藏30d的蓝莓果实在经过了8d的常温货架后凹陷率从4.29%上升到46.23%，而DNP处理冷藏30d的蓝莓果实在常温货架中凹陷率由22.24%上升到79.96%，CK和DNP处理组凹陷率要显著高于ATP处理组。在冷藏60d组的蓝莓果实DNP处理组的凹陷率要显著高于ATP处理组和CK，DNP处理组在常温货架期第8天的凹陷率达到90.29%，可见其品质几乎已经全部变坏。由此我们可以发现外源ATP在蓝莓果实冷藏过程中起到了保护蓝莓果实品质的作用，使得蓝莓果实内部组织保持了较完整的结构，延迟了蓝莓果蒂部位凹陷的发生，而DNP处理组则出现了完全相反的效果。

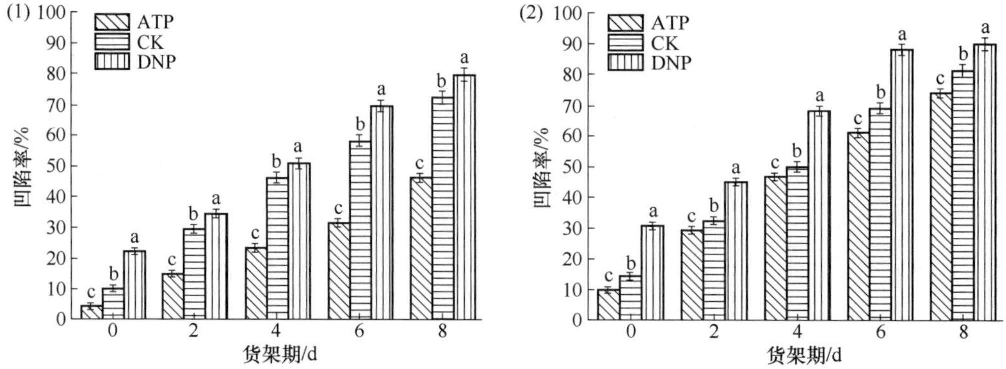

图6-23 外源ATP与DNP处理对果实冷藏30d（1）和60d（2）后常温货架期间凹陷率的影响

不同字母表示在$P<0.05$水平上差异显著

3. 外源 ATP 与 DNP 处理对果实冷藏及冷藏后常温货架期间 ATP、ADP、AMP 含量及能荷的影响

如图所示，外源 ATP 处理显著提高了蓝莓果实组织的 ATP 含量［图 6-24（1）（2）］和能荷值［图 6-24（7）（8）］水平，降低了 AMP 含量［图 6-24（5）（6）］，而 DNP 处理的蓝莓果实 ATP 含量和能荷水平呈现下降趋势且显著（$P<0.05$）低于 CK 组和 DNP 处理组的蓝莓果实，这说明外源 ATP 处理的蓝莓果实在常温货架期的能荷水平得到了提升，进一步维持了果实的品质。AMP 呈现的上升趋势在刚进去常温货架期时较为接近但在后期 ATP 处理组与 CK 和 DNP 处理组表现出显著（$P<0.05$）的差异。ADP 含量［图 6-24（3）（4）］在常温货架期间呈现下降趋势，ATP 处理组要显著（$P<0.05$）高于 DNP 处理组。这些结果均表明高能量物质使得冷藏 30d 出库的蓝莓果实在常温货架初期能够保值较高的水平，但在一定时间内会发生急剧下降，之后在走向衰老期的过程中缓慢下降，而冷藏 60d 的蓝莓果实在冷库中由于经历的时间较长，在出库后 ATP 含量较低，在前期维持一段时间过后进入衰老期，表现急剧下降的趋势，但经过外源 ATP 处理的蓝莓果实无论冷藏 30d 或 60d 的 ATP 含量和能荷值都显著高于 DNP 处理组。

4. 外源 ATP 及 DNP 对冷藏及冷藏后常温货架期间蓝莓果实中 EMP 途径的重要基因的影响

如图 6-25 所示，外源 ATP 和 DNP 对于 GK 的影响相对较小，冷藏 30d 和 60d 的蓝莓果实 ATP 处理组［图 6-25（1）（2）］的 GK 相对表达量均显著（$P<0.05$）高于 DNP 处理组，ATP 处理组在冷藏转常温贮藏前期与 CK 差异较小，在长期冷藏转常温贮藏的第 4 天表现较为显著（$P<0.05$）。ATP/AMP 比值的高低对 EMP 途径中 PK 的基因表达量有重要的调节作用，当 ATP 浓度较高时，PK 的基因表达量较低，糖酵解作用减弱；当 AMP 积累，ATP 较少时，基因表达恢复，糖酵解作用加强。如图 6-25（3）（4）所示，外源 ATP 的加入在刚开始就提供了机体大量的能量，由于糖酵解关键酶 PK 受 ATP 浓度影响较大，呈现出下降的趋势，但在后期当 ATP 浓度下降时，PK 将积累的葡萄糖等的次级代谢产物大量分解，出现了上升的趋势，使得在冷藏 30d 和 60d 转常温的第 4 天开始显著（$P<0.05$）高于 CK 基因表达量。同时，ATP 处理组的 PK 的基因表达量一直显著（$P<0.05$）高于 DNP 处理组，且到冷藏 60d 常温第 8 天更为明显。

5. 外源 ATP 与 DNP 处理对果实冷藏及冷藏后常温货架期间 TCA 途径重要基因的影响

如图 6-26（1）（2）所示，外源 ATP 有效地维持了经过冷藏 30d 的蓝莓果实中 *CS* 基因表达水平的稳定性，能够在一定时间范围内缓解外界刺激带来的基因上调与下调的趋势，在相同的储藏条件下能够呈现较高且稳定的基因表达水平。外源 DNP 处理组和 CK 组处理后冷藏 60d 的蓝莓果实出库当天均出现较高的基因表达水平且均显著（$P<0.05$）高于 ATP 处理组，但在常温货架期的第 4 天时，DNP 处理组和 CK 组呈现下降趋势，而

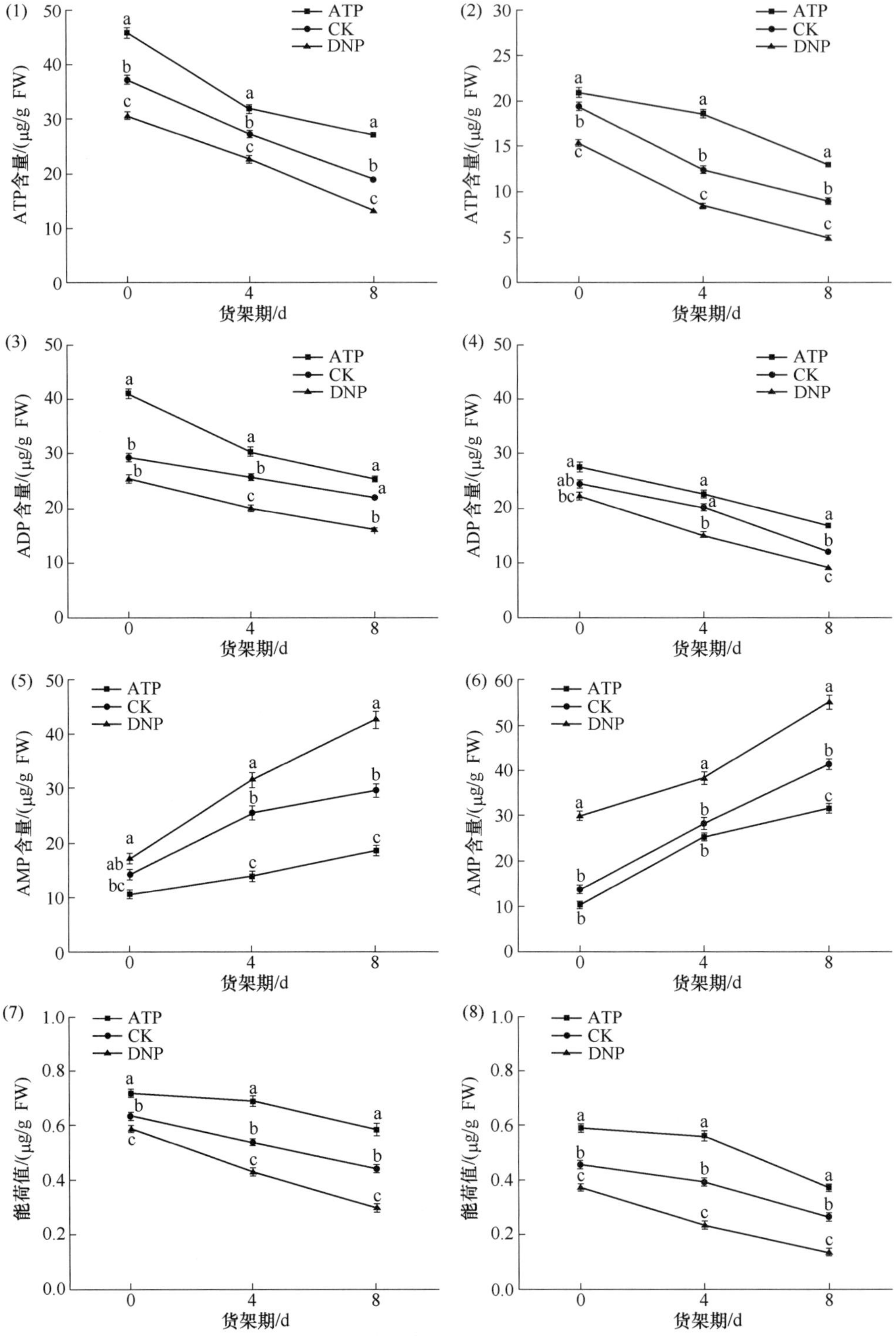

图 6-24　外源 ATP 及 DNP 处理对蓝莓果实冷藏 30d 和 60d 后常温货架期间 ATP（1）（2）、ADP（3）（4）、AMP（5）（6）含量和能荷值（7）（8）的影响

不同字母表示在 P<0.05 水平上差异显著

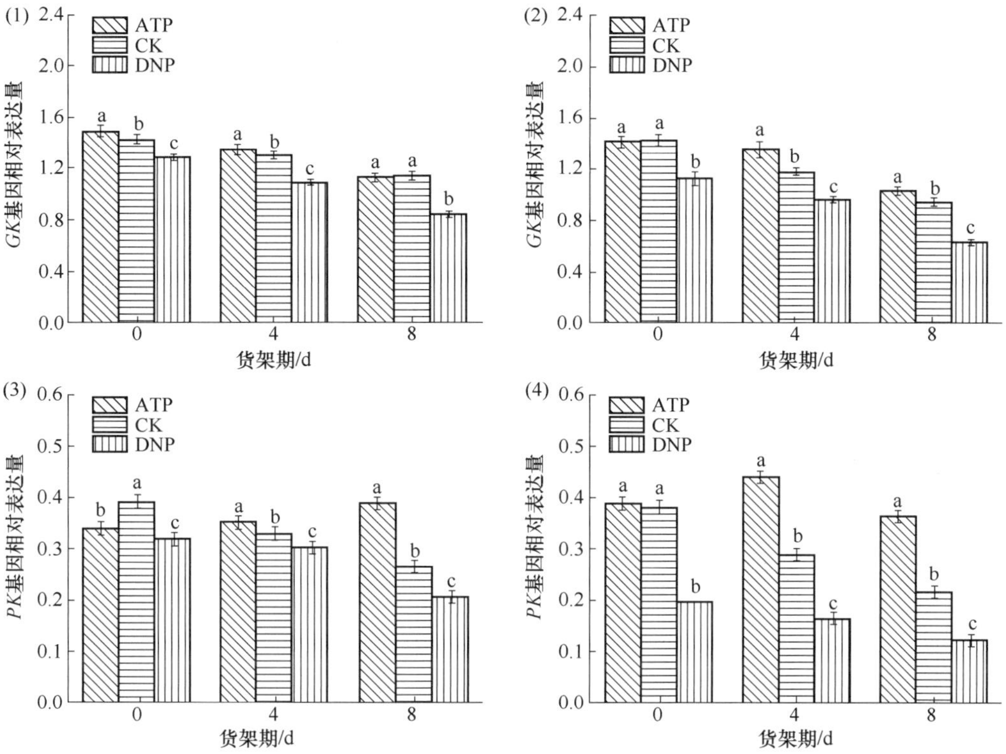

图 6-25 外源 ATP 及 DNP 处理对蓝莓果实冷藏 30d 和 60d 后常温货架期间 *GK*（1）（2）和 *PK*（3）（4）基因表达量的影响

不同字母表示在 $P<0.05$ 水平上差异显著

ATP 处理组保持了较高的基因表达水平同时显著（$P<0.05$）高于其他两个处理组。外源 ATP 处理组的 *ICD* 基因表达相对量相对较高，在冷藏 30d 出库当天呈现较高的基因表达且能够维持在相对表达量 1.6 以上，而冷藏 60d 货架期的基因表达水平虽有所降低但处于稳定下降的趋势，能够维持在相对表达量 1.2 以上。DNP 处理组在冷藏 30d 货架期 0d 表达量较高后经过急速下降后再次上升，而在冷藏 60d 货架期间刚开始表现较高的基因表达水平，显著（$P<0.05$）高于 ATP 处理组，在第 4 天经过缓慢下降后在第 8 天迅速下降，且显著（$P<0.05$）低于 ATP 处理组和 CK 组［图 6-26（3）（4）］。

6. 外源 ATP 与 DNP 处理对果实冷藏及冷藏后常温货架期间 PPP 途径重要基因的影响

NADH 脱氢酶基因在两组不同处理和两组不同冷藏时间均表现了显著（$P<0.05$）的差异［图 6-27（1）（2）］，其中外源 ATP 处理组在冷藏 30d 表现出较平稳的基因相对表达量水平，在冷藏 60d 后的常温货架期开始出现下降的趋势。而 DNP 处理组在两种冷藏出库当天均表现出较强的促进作用，但在货架期第 4 天大幅度下降，DNP 处理组基因表达量水平显著（$P<0.05$）低于 ATP 处理组，但在第 8 天再次上升且显著（$P<0.05$）高于 ATP 处理组。如图 6-27（3）（4）所示，ATP 处理组在冷藏后的货架期间处于长期抑

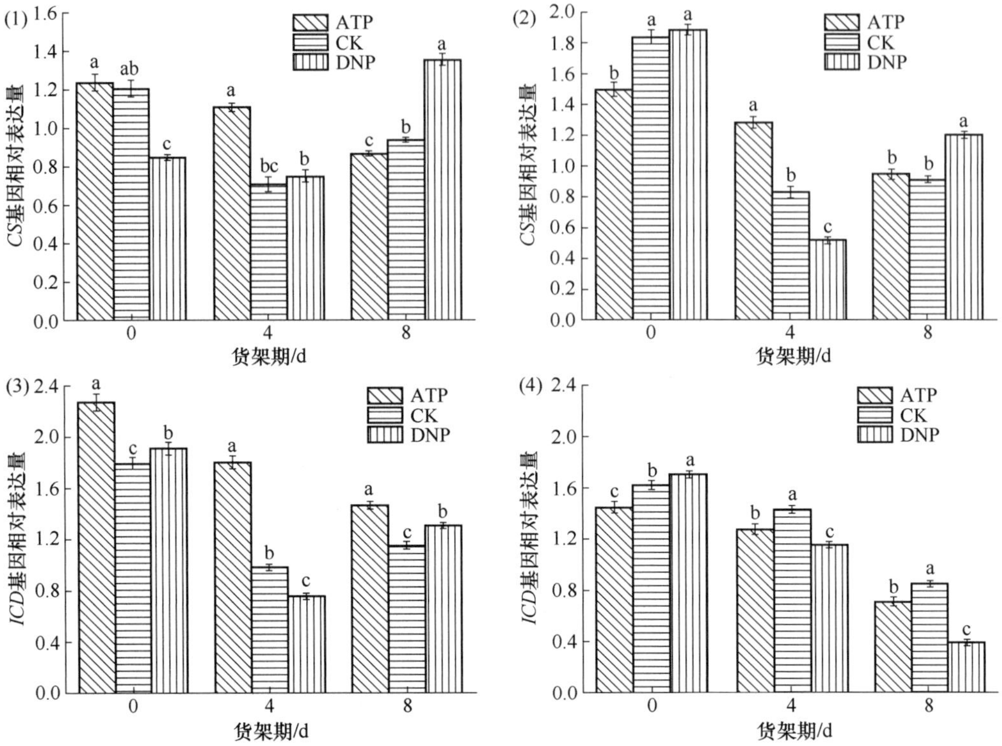

图 6-26 外源 ATP 及 DNP 处理对蓝莓果实冷藏 30d 和 60d 后常温货架期间 *CS*（1）（2）和 *ICD*（3）（4）基因表达量

不同字母表示在 $P<0.05$ 水平上差异显著

制状态，其基因相对表达量水平显著（$P<0.05$）低于 DNP 处理组。而 DNP 处理组和 CK 组在冷藏后的货架期间由呈现下降趋势，但均保持高于 ATP 处理组的表达量水平。

CCR 基因的表达量［图 6-27（5）（6）］经过外源 ATP 处理后的基因表达量并没有明显升高的趋势，反而与其他两组相比较在出库当天有抑制的效果，但在后期的常温货架期间 ATP 处理组保持了缓慢下降的趋势，而 DNP 处理组表现波动性较大，在冷藏 30d 的 DNP 处理组中在经过 0~4d 的急速下降之后，在 4~8d 有出现大幅度的上升趋势，这与冷藏和外源 DNP 的作用相关。冷藏 60d 的 DNP 处理组货架期保持着较高的表达趋势显著（$P<0.05$）高于其他两组，ATP 处理组反而呈现下降趋势。

如图 6-27（7）（8）所示，细胞色素 C 氧化酶基因表达量水平在冷藏 30d 出库当天 ATP 处理组和 CK 之间并不表现明显的差异，但二者的基因表达量显著（$P<0.05$）低于 DNP 组。DNP 处理组一直处于较高的表达水平，但在冷藏 60d 后期表现出下降趋势。ATP 合成酶［图 6-27（9）（10）］在 ATP 处理组的表现较为稳定且呈现下调的趋势，DNP 处理组保持较高的表达水平且同样呈现下调趋势，且在前期显著（$P<0.05$）高于 ATP 处理组和 CK，在第 8 天显著下降。综上所述，ATP 处理组对于 PPP 途径相关基因表

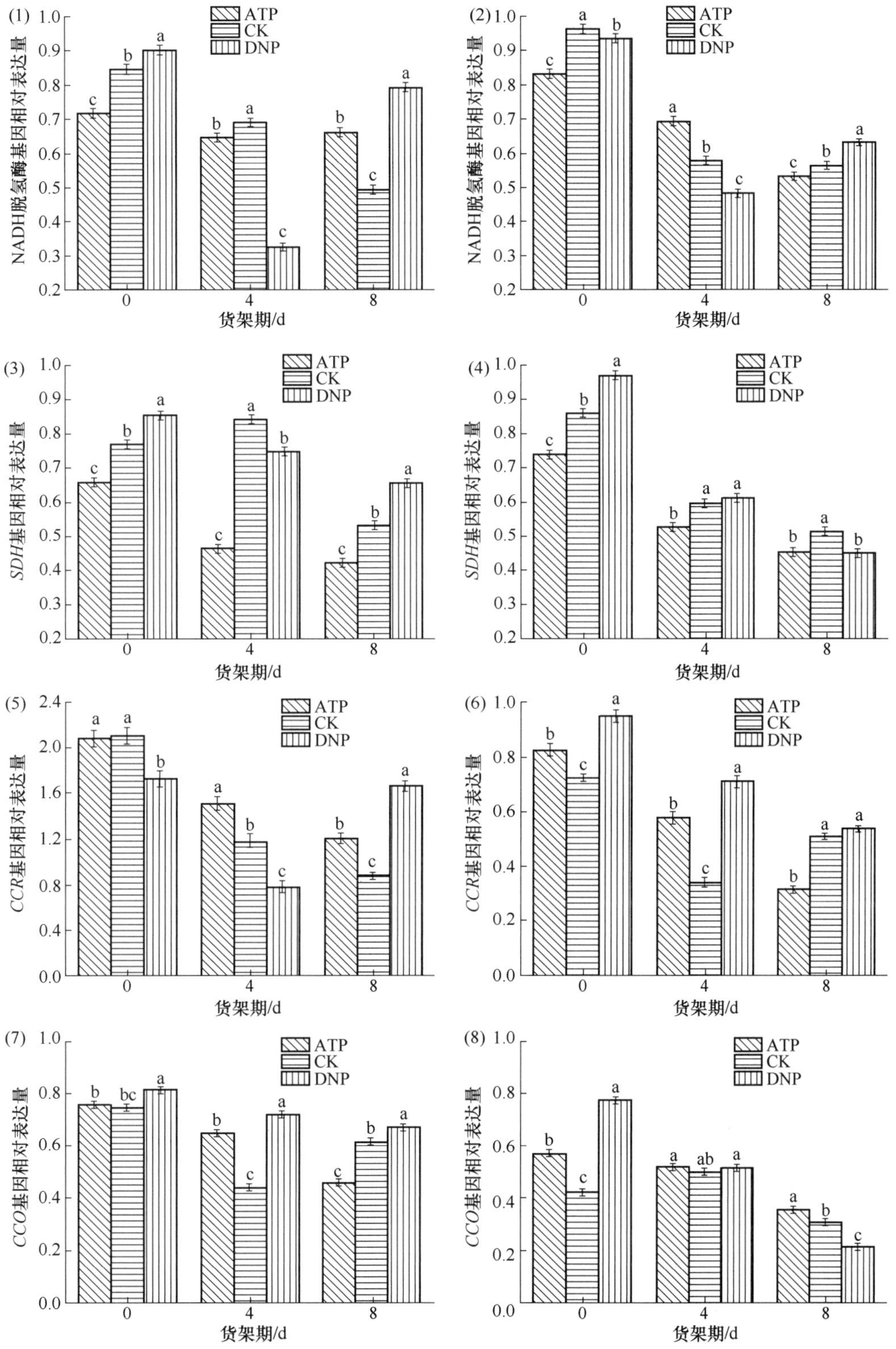

图 6-27　外源 ATP 及 DNP 处理对蓝莓冷藏 30d 和 60d 后常温货架期 NADH 脱氢酶（1）（2）、*SDH*（3）（4）、 *CCR*（5）（6）、 *CCO*（7）（8）和 *ATPase*（9）（10）基因表达的影响

不同字母表示在 $P<0.05$ 水平上差异显著

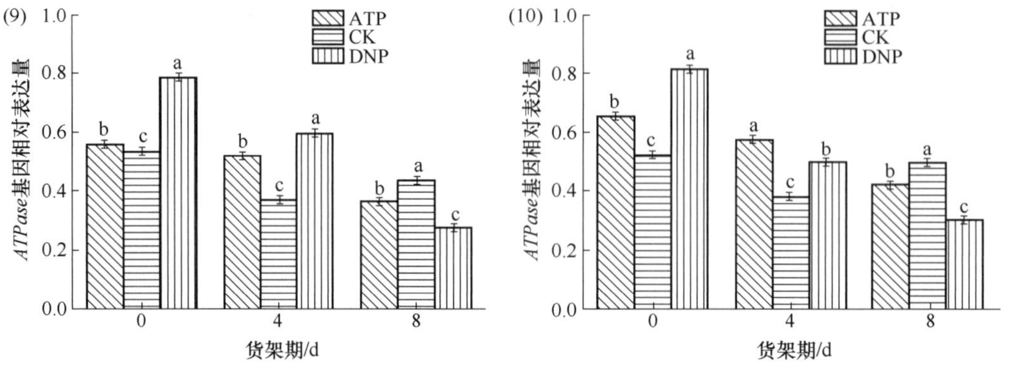

图 6-27 外源 ATP 及 DNP 处理对蓝莓冷藏 30d 和 60d 后常温货架期 NADH 脱氢酶（1）（2）、*SDH*（3）（4）、*CCR*（5）（6）、*CCO*（7）（8）和 *ATPase*（9）（10）基因表达的影响（续）

不同字母表示在 $P<0.05$ 水平上差异显著

达整体呈现促进作用，同时 DNP 处理组表现出应激作用以及抑制作用。综上，ATP 处理缓解了由于外界应激作用而带来的上调与下调趋势，使得蓝莓果实的贮藏期的机体内部代谢水平较缓慢平稳。

本节探究了 EMP 途径、TCA 以及 PPP 途径三个能量相关代谢途径在经过两种不同处理后以及冷藏转常温货架期间的基因表达水平，得出了以下结论：

ATP 处理显著降低了蓝莓果实的凹陷率和腐烂率；而 DNP 处理显著提高了蓝莓果实的凹陷率和腐烂率。进一步研究表明 ATP 处理可以提升蓝莓果实贮藏期间 ATP 的含量以及能荷值，以提供蓝莓果实离体后的生命活动；DNP 处理降低了蓝莓果实内部 ATP 的含量以及能荷值。

ATP 处理组与 CK 相比 EMP 途径、TCA 途径以及 PPP 途径总体为正向影响。其中 ATP 处理对于 GK 起到了间接提升的作用，对于 PK 的影响较明显，在 ATP 含量较高 AMP 含量较低的时基因表达水平保持较低的稳定趋势，在 ATP 含量升高 AMP 含量下降时基因表达出现响应，EMP 途径加强；ATP 处理对于 TCA 中的 CS 和 ICD 以及 PPP 途径的 NADH 脱氢酶、SDH、CCR、细胞色素 C 氧化酶和 ATP 合成酶具有稳定的作用。在冷应激作用下能够维持机体基因表达的相对稳定，以至于机体内部能量物质得以较长时间维持机体内部的代谢循环，提供能量抵抗冷害的发生，延长维持蓝莓果实品质的时间。

DNP 处理组对于糖酵解的作用并不明显，但对于 TCA 循环和 PPP 途径在冷藏后的货架前期均表现了不同程度的促进作用，在后期又表现了不同程度的下降。DNP 处理使得蓝莓果实中的 NADH 被取代，电子链传递电子量下降，机体为抵御冷刺激大量消耗体内的能量物质以维持机体各代谢的正常运行和生物体的活性，但随着酶活性的提高，离体蓝莓果实内部限量的营养物质被快速消耗，ROS 物质大量生成，蓝莓果实面临着快速的衰亡。

第四节　ABA在蓝莓采后果实软化过程中的作用及机理研究

采用外源ABA及ABA抑制剂对采后蓝莓果实进行处理，研究ABA对蓝莓果实生理方面指标（果肉质地、硬度、水分、色泽），细胞壁降解酶活性及相关基因表达模式变化，及其对ABA合成基因的调控作用，以及其对果实营养指标的影响，来解析（阐明）ABA在果实软化过程中的作用机理。为减轻果实采后软化，提高果实品质，探索新的调控技术提供理论基础。

一、材料与条件

1. 主要试剂与材料

蓝莓果实经（20±0.5）℃预冷5h后，进行如下处理：①ABA处理组，2mmol/L ABA溶解于的1%无水乙醇中，再溶解于蒸馏水中；②对照组，1%无水乙醇溶解于蒸馏水中；③NDGA（ABA抑制剂）处理组，70μm NDGA溶解于1%无水乙醇，再溶解于水中；每组蓝莓均在（20±0.5）℃的黑暗条件下浸泡浸泡处理。对照组和NDGA处理组均属于对照组。处理15min后，将各组蓝莓置于实验台上，自行阴干；在果实全部干透之后，装入15cm×15cm的塑料蓝莓盒中，每盒80个蓝莓（125g/盒）。将蓝莓放置于（20±0.5）℃，相对湿度80%~85%条件下贮藏8d，在此期间每隔1天测定相关数据1次，每次指标均设置3次生物学与3次重复。用来提取RNA的蓝莓果实用液氮速冻10min后置于-80℃超低温冰箱中贮存。

4-硝基-β-D-吡喃半乳糖苷、硼氢化钠、去离子水、乙二胺四乙酸、碳酸钠、二甲基亚砜、柠檬酸-磷酸氢二钠溶液、氢氧化钠、丙酮、无水乙醇、氯仿、乙酸钠、3，5-二硝基水杨酸（3，5-dinitrosalicylic acid，DNS）、NDGA、盐酸、甲酸、IAA标准品（Sigma）、ABA标准品（Sigma）、JA标准品（Sigma）、SA标准品（Sigma）、GA_3标准品（Sigma）、甲醇（分析级和色谱级）、果胶（WSP ESP NSP）。

2. 主要仪器与设备

5000MCI激光的解剖电镜，美国Bio-Rad公司；核磁共振分析仪（MR23-060H-I），德国Wiggens公司；手持水果糖度测量仪，杭州陆恒生物科技有限公司；CR-400色差仪，日本柯尼卡美能达有限公司；Regulus8100扫描电子显微镜，日立公司；CT3质构仪，美国Brookfield Engineering Laboratories公司DDS307电导率仪，上海精密科学仪器有限公司；iMark酶标仪、实时荧光定量PCR仪，美国Bio-Rad公司；Vortex3000涡旋振荡器，德国Wiggens公司。MC190 HD CCD相机，上海精密科学仪器有限公司；UltraSYBR Mixture（Low Rox）试剂盒，康为世纪。

3. 试验条件

处理组	处理方式
对照组	1%无水乙醇溶于蒸馏水
NDGA 处理组	70μmNDGA 溶于 1%无水乙醇，再溶解于水中
ABA 处理组	2mmol/L ABA 溶于 1%无水乙醇

二、试验方法

（一）硬度

使用 CT3 质构仪对果实硬度进行测定，探针直径为 8mm，测量深度为 7mm，测量速度为 0.5mm/s，果实带皮并在赤道线部进行第一次测定，之后旋转 90°去皮测定第二次，记录为果实与果肉的硬度。

（二）果肉形态

利用带有 5000MCI 激光的解剖电镜（LEICA M165 C，Leica Biosystems，Germany）进行观察，用 MC190 HD CCD 相机进行拍摄，并使用图像处理软件对果实的软化性状进行鉴定。

（三）果实营养指标

1. SSC 的测定

使用手持水果糖度测量仪对蓝莓果实 SSC 进行测定。

2. TA 含量的测定

使用氢氧化钠滴定法对果实的 TA 含量进行测定。

3. 淀粉含量的测定

使用高氯酸水解蒽酮法测定，标准曲线参照曹建康等（2007）的方法。

4. 总酚含量、还原糖含量、维生素 C 含量的测定

参考曹建康等（2007）的方法进行测定。

5. 果实色泽的测定

使用 CR-400 色差仪对蓝莓果皮色差值进行测定。

6. 果实水分分布的测定

使用核磁共振分析仪（MR23-060H-I）对水分分布进行测定，CPMG 序列和自旋回波序列分别用来蓝莓果实的横向弛豫时间（T2）和 MRI 检测。

7. 果实细胞壁多糖组分含量的测定

细胞壁组分的提取参考 Chen 等（2017a，2017b，2015b）。50g 蓝莓在 95%乙醇中研磨至粉碎，并且沸水中加热 30min，乙醇体积为 250mL，在加热过程中保持乙醇的添加，随后将该步骤换成 80%乙醇并且重复 2 次操作。混合物冷却后 3000×g 离心 10min，过滤，使用 85%乙醇洗涤残渣。该残渣在 4℃下与二甲基亚砜：水（9：1）比例的混合溶液中孵育一夜。再使用氯仿乙醇（2：1）的混合溶液清洗 10min，最后使用丙酮对残渣进行清洗直至残渣变白。以上的乙醇不溶性残渣在 40 ℃的烘箱中烘至恒重，贮存备用。

松散结合的 WSP，ESP 和 NSP 分别用去离子水、乙二胺四乙酸（ethylenediaminetetraacetic acid，EDTA）和 Na_2CO_3 提取。将剩余的残渣重新悬浮在含有 100mmol/L $NaBH_4$ 的 4mmol/L NaOH 溶液中，摇 6h 后离心 10min，上清液即为 HCEL。最后的剩余物用蒸馏水彻底清洗，直到中和，即为 CEL 组分。

果胶组分参照羟基二苯基法测定。CEL 与 HCEL 参照 Wang 等（2017）的方法测定。

8. 蓝莓果实细胞壁降解酶类活性的测定

PG、PE、β-Gal 以及 Cx 活性的测定参照曹建康等（2007）的方法，具体如下：

PG、PE 活性测定。酶液制备：取 10.0g 果实样品在预冷的研钵中，加 20mL 95%乙醇冰浴研磨匀浆后转入离心管中 4℃下静置 10~20min，然后冷冻离心 20min。倾去上清液后再用加 80%乙醇，重复上述操作。最后所得沉淀加提取缓冲液静置离心，所得上清液即为酶液。酶活测定：取 2 支 25mL 的刻度试管，1 支试管中加入 0.5mL 酶提取液、1mL pH4.0 柠檬酸-磷酸氢二钠溶液、1mL 1%果胶溶液；另 1 支试管中加入 0.5mL 酶提取液和 1mL pH4.0 柠檬酸-磷酸氢二钠溶液作为对照。同时于 37℃保温 1h 取出后用 3，5-二硝基水杨酸试剂终止反应，置于沸水锅 5min 后冷却，蒸馏水定容混匀。检测其在 540nm 吸光度值，按照公式计算酶活性，单位为 μg/(h·g)。

β-Gal、Cx 活性测定。酶液制备：同 PG、PE 测定。酶活测定：取 2 支 25mL 刻度试管各加入 0.5 mL 酶液，向其中 1 支加入 1mL 10mmol/L 4-硝基-β-D-吡喃半乳糖苷（4-nitrophenyl β-D-glucopyranoside，PNPG），另一支加 1mL 50mmol/L pH5.0 的乙酸-乙酸钠缓冲液作为对照，将两支试管在 37℃下保温 40 min，加入 2mL 1mol/L 的 Na_2CO_3 终止反应，测 400nm 吸光度值。以标准品对硝基酚绘制标准曲线。以每克蛋白质每分钟生成 1nmol 对硝基酚定义为 1 个酶活性单位（U）。

9. 果实内源激素含量变化的测定

内源激素 IAA、ABA、GA_3、SA、JA 以异丙醇/水/盐酸提取方法提取；采用 ESI-HPLC-MS/MS 方法使用 poroshell 120 SB-C18 反相色谱柱（2.1×150，2.7μm）对植物激素进行定量分析。

10. 蓝莓果实细胞壁降解酶类和内源激素合成基因表达水平的测定

RNA 的提取使用康维世纪植物多酚果实 RNA 试剂盒；按照 HiFiScript cDNA 反转录试剂盒（CWBIO）手册操作得到用于荧光定量的 cDNA 模板。

qRT-PCR 的引物参照下表的基因序列使用 primer5.0 进行设计，并且由金唯智公司合成。对于 qRT-PCR 验证差异基因表达，使用 UltraSYBR Mixture（Low Rox）Kit 试剂盒（康为世纪）试剂盒，qRT-PCR 的混合体系参照康维世纪 UltraSYBR 说明书操作，并使用 QuantStudio 6 Flex 仪器对基因表达进行定量。使用转录组测序得到的基因全长序列，通过 Primer Premier 5.0 软件设计引物（表 6-3），并由金唯智合成。

三、结果与分析

（一）ABA 及 ABA 抑制剂处理对采后常温货架期间果实硬度的影响

如图 6-28 所示，ABA 处理组与 NDGA 处理组的果实硬度分别低于和高于对照果实，在贮藏期 8d 时，ABA 处理、对照组和 NDGA 处理的蓝莓中，果肉硬度下降到 0.26N、0.28N 和 0.30N，果实硬度下降到 1.02N、1.2N 和 1.24N。进一步数据分析表明，与对照组蓝莓相比，ABA 处理蓝莓的硬度显著降低（$P<0.05$），而除了采后 2d 以外 NDGA 处理蓝莓的硬度显著更高（$P<0.05$）。这些结果表明，外源 ABA 处理可能加速软化过程，而 NDGA 处理则能够有效缓解蓝莓果实常温货架期间硬度的下降，从而使蓝莓果实维持相对较好的品质。

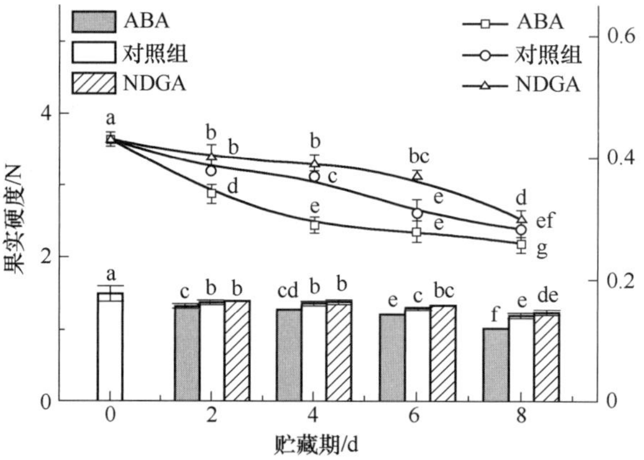

图 6-28 ABA 及 ABA 抑制剂处理对采后常温货架期间果实硬度的影响

不同字母表示在 $P<0.05$ 水平上差异显著

（二）ABA 及 ABA 抑制剂处理对蓝莓采后果肉形态及果实水分分布的影响

1. ABA 及 ABA 抑制剂处理对采后蓝莓果肉形态的影响

如图 6-29 所示，采后蓝莓的解剖电镜图像表明，对照样品在贮藏期 6d 表现出软化现象，并在贮藏期 8d 表现出明显的果冻状果肉，并伴有果皮的皱缩；相比之下，ABA 处理的蓝莓比对照组蓝莓早 2d 出现软化现象，即在贮藏期 4d 表现出果冻状果肉、水渍状果肉和果皮皱缩的症状。然而，NDGA 处理的蓝莓直到第 8 天才出现这种软化症状，在此时

表 6-3　用于 PCR 验证的引物序列

基因名称	基因序号	上游引物（5′~3′）	下游引物（5′~3′）
Vcactin		5′-ACTACCATCCACTCTATCACCG-3′	3′-AACACCTTACCAACAGCCTTG-5′
VcPG2	c126208	5′-TCCGTACTCGTCCCAACCG-3′	3′-ACCCAGATTCCTGCACAAAC-5′
VcPG3	c128720	5′-GCTATGGCATTACAAAGACAA-3′	3′-CCATGAATGGTACTGGTGGA-5′
VcPE1	c115925	5′-GGATTTGAATGAAGCGTTGTAGT-3′	3′-ATTTCTCCTTATTTGCCTCACG-5′
VcPE2	c112899	5′-GTTCGTTTGGGTCTGTTCGG-3′	3′-AATGCGGCGGTCGTGTTT-5′
Vcβ-Gal	c124596	5′-TTCCTCGTTCGTGGCTTTA-3′	3′-CATACACTATCTATTTCTCGCTA-5′
Vcβ-Gal	c131271	5′-TGAAGAGGTGGATAATGGGACT-3′	3′-TGAGGAAACAGGAGGCAAC-5′
VcCx	c119790	5′-GATCGAGGAAATGGCTGTC-3′	3′-TTGAGCAAATGTATCTGGGTT-5′
VcNCED1	c126206	5′-GATTTCCCTCCAACAGCCTACT-3′	3′-CGGACATCTTGAACACCACCT-5′
VcNCED6	c109767	5′-CATCAGGTGGTGTTCAA-3′	3′-GACTCGTCCGTATCATTT-5′
VcZEP1	c121590	5′-CGGCCCGATTCAACTCCT-3′	3′-TCCGGTCTCCGGTAACAC-5′
VcAAO3	c127974	5′-TGGACAAGAGGGCTACCG-3′	3′-GCTGGCTGGACATTTGAG-5′
VcPYL	c121430	5′-AGTTGATGTTAAATCTGGGCTTCC-3′	3′-TGGGCTCGGTCCTGTCTTC-5′
VcPL18	c111350	5′-ACATCACATCCTCGAACACTTT-3′	3′-TCTGGCACCGCTAATCCT-5′
VcCYP707	c121781	5′-TATGAATTGGGCGGTAGG-3′	3′-AAAGCGATTATGGGAACG-5′
VcGlu	c115891	5′-TGGTGGAGGAGTCAGGGAT-3′	3′-GGAAGGGTGAGTGTTGTCGT-5′
VcGlu	c116178	5′-AAATGGGACAAGGGAAACG-3′	3′-GGAAGCAGGCAAGAAGGAAC-5′
VcGlu	c126138	5′-GGTATCCGCCCAACTCAA-3′	3′-GGTATCCGCCCAACTCAA-5′
Kinase	c156015	5′-AATGCGGTTGAGGGTGGT-3′	3′-TCTGTAAGGATTTAGGTCGTTA-5′

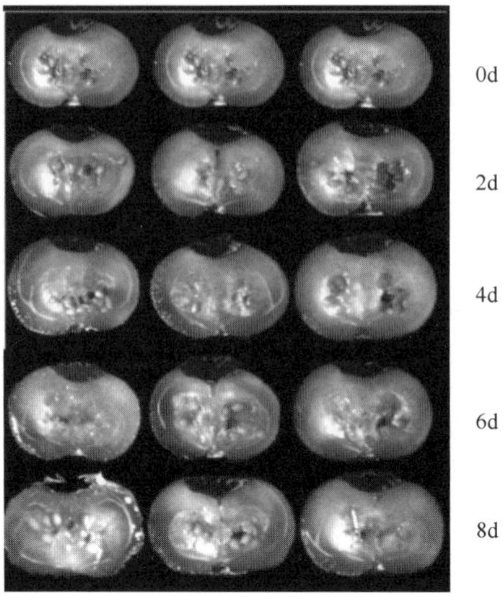

图 6-29 ABA 及 ABA 抑制剂处理对采后常温货架期间果肉形态的影响

ABA 组的蓝莓果肉已经有严重的水渍状果肉。这也在果肉质地变化层面表明，外源 ABA 处理加速果实软化进程，使果肉提前出现软化及渍水状态，而 NDGA 处理则可延缓果肉水渍化进程。

2. ABA 及 ABA 抑制剂处理对蓝莓采后果实水分分布的影响

由图 6-30 所示，采收当天 0d 的新鲜样本的低场核磁图像主要由橙色部分构成，而贮藏期 6d 时，各组果实的低场核磁图像则是绿色部分较多。说明随着贮藏期的延长，果实的橘红色部分逐渐减少，绿色部分逐渐增加；这表明新鲜蓝莓果实的水分含量比较充足，而与新鲜蓝莓果实相比，贮藏后 6d 的蓝莓果实的水分含量有所丧失。

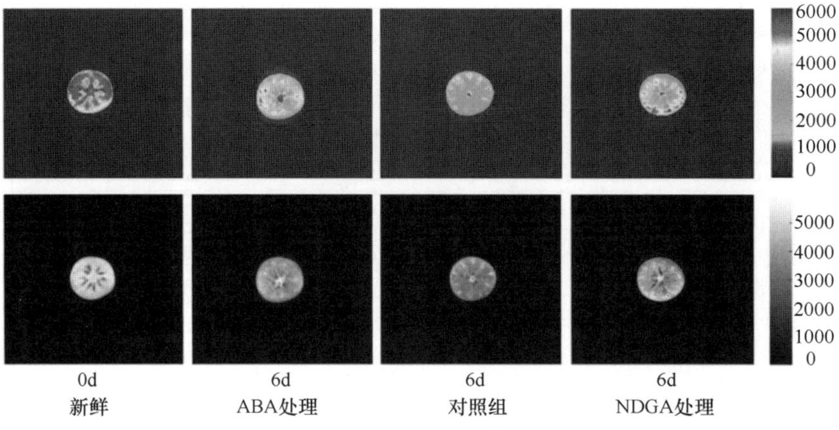

图 6-30 新鲜蓝莓果实、ABA 及 ABA 抑制剂处理对常温贮藏期蓝莓果实核磁共振成像图

水分是否迁移，可由弛豫时间来表示。如表 6-4 所示，横向弛豫时间的范围是 0.01~1000ms；包含三个弛豫时间，且对应三个峰值；T_{21}（0.01~10ms）、T_{22}（10~

100ms）、T_{23}（100~1000ms）分别代表紧密的结合水、束缚水和最容易流失的自由水。对于新鲜样品来说结合水的相对水分含量（T_{21}）为 0.47%，在贮藏期 6d 时，该组分在对照、ABA 处理和 NDGA 处理的蓝莓果实中增加到 1.41%、1.13%和 1.13%；与此同时，在 0d 的新鲜果实、6d 的 ABA 组、对照组和 NDGA 处理组果实中，束缚水的相对含量（T_{22}）分别为 5.59%、6.64%、6.57%和 6.79%，而最容流失的自有水的相对含量为 93.54%、92.30%、91.95%和 92.08%。此外，进一步的统计分析表明，在贮藏期 6d 时，结合水和束缚水的含量明显升高，且自由水的含量明显降低（$P<0.05$），且与 0d 新鲜果实相比，蓝莓在贮藏期 6d 时的水分面积也是显著降低（$P<0.05$），但是在贮藏期 6d 时，三种水分的相对含量上，ABA 处理、对照组和 NDGA 处理的蓝莓果实之间并没有观察到显著性差异。

表 6-4　蓝莓果实相对水分含量的变化

贮藏条件	M_{21}/%	M_{22}/%	M_{23}/%	面积
新鲜（0d）	0.47 ± 0.05^{b}	5.59 ± 0.15^{b}	93.54 ± 1.52^{a}	3440.92
ABA 处理（6d）	1.13 ± 0.09^{a}	6.57 ± 0.23^{a}	92.30 ± 2.36^{b}	2543.50
对照组（6d）	1.41 ± 0.11^{a}	6.64 ± 0.15^{a}	91.95 ± 4.25^{b}	2596.86
NDGA 处理（6d）	1.13 ± 0.12^{a}	6.79 ± 0.58^{a}	92.08 ± 3.96^{b}	2593.23

（三）ABA 及 ABA 抑制剂处理对蓝莓采后果肉营养指标及色调角的影响

1. ABA 及 ABA 抑制剂处理对蓝莓采后果实营养指标的影响

如图 6-31（1）所示，在贮藏期 0~8d，ABA 处理和对照的蓝莓果实的固形物含量无显著趋势，相比之下，NDGA 处理的蓝莓果实 SSC 含量则是在贮藏期前 6d 直线下降，随后缓慢上升。各组蓝莓果实的 SSC 含量在贮藏期 8d 时在 10.5%至 11%范围内，且不构成显著差异。图 6-31（2）表示蓝莓在贮藏过程中，ABA 处理和对照的蓝莓果实中的酸含量均呈现降低趋势，而在 NDGA 处理的蓝莓中酸含量在贮藏期 6d 略有增加，随之下降。在贮藏期结束时，ABA 处理和对照的蓝莓果实中的酸含量分别下降到 0.75%和 0.97%，而 NDGA 处理则延缓了酸含量的下降。进一步的统计分析表明，ABA 处理的蓝莓中酸的明显低于对照和 NDGA 处理的蓝莓果实（$P<0.05$）。

如图 6-31（3）所示，糖含量在每组蓝莓的贮藏前期（4d 前）均短暂增加，然后迅速下降。进一步的统计分析表明，ABA 处理的蓝莓果实糖含量在贮藏期 4d 和 8d 显著上升，且显著高于对照的蓝莓果实（$P<0.05$）。如图 6-31（4）所示，对照组和 ABA 处理的蓝莓中的淀粉含量在前 4d 均显著下降，随后缓慢上升，而 NDGA 组的蓝莓果实的淀粉含量则在贮藏期 2d 下降至最低，随后上升（2~6d），在 6d 之后略微下降。但是三组果实的淀粉含量在贮藏期 8d 时比较相近。分析表明，在贮藏期 2d 时，ABA 处理的蓝莓果实

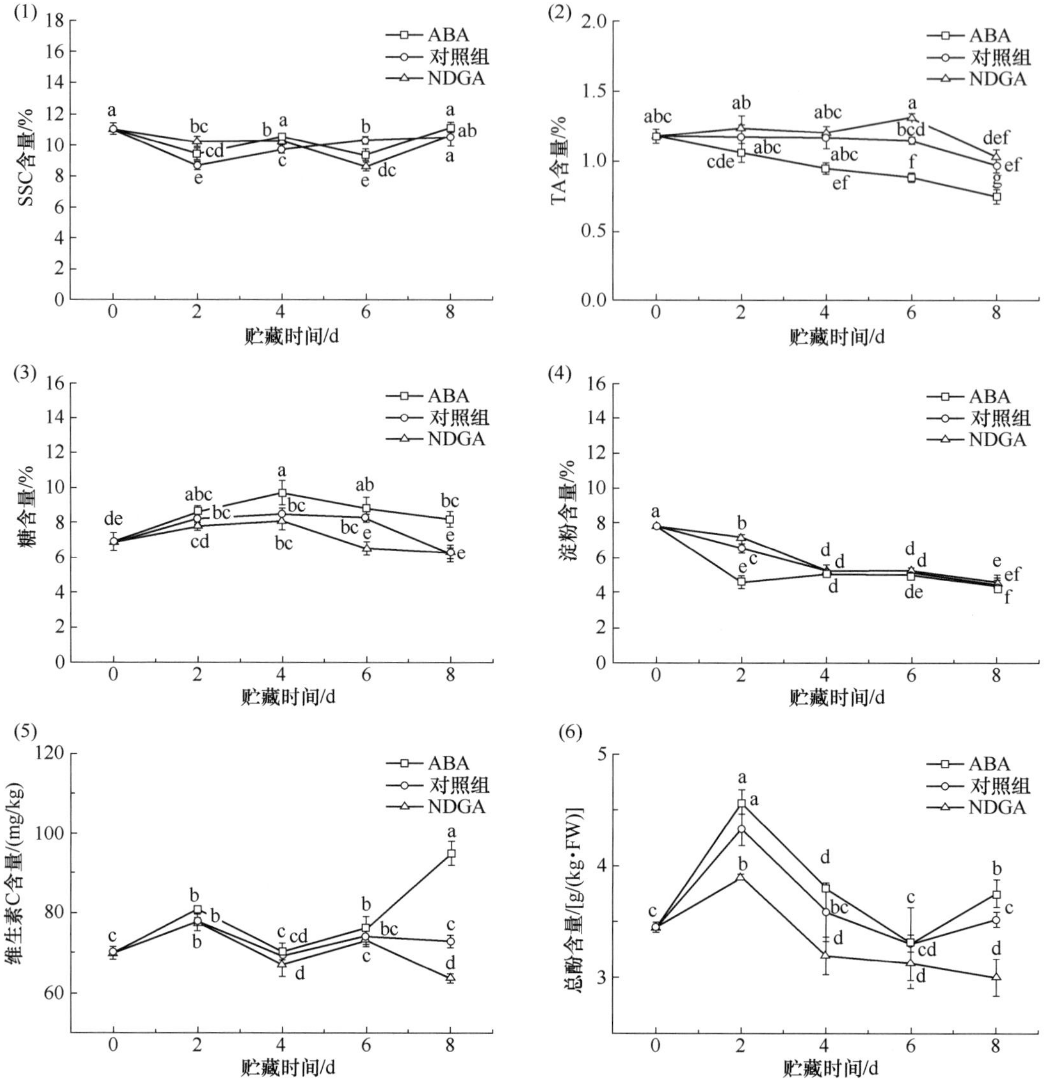

图 6-31 ABA 及 ABA 抑制剂处理对常温贮藏期蓝莓果实营养指标变化（1） SSC 含量 （2） TA 含量 （3）糖含量 （4）淀粉含量 （5）维生素 C 含量 （6）总酚含量的影响

不同字母表示在 $P<0.05$ 水平上差异显著

中的淀粉含量显著高于对照组和 NDGA 处理的蓝莓果实；而在贮藏后期 4～8d 时，各组淀粉含量比较相似，不构成显著差异。

如图 6-31（5）（6）所示，各组维生素 C 含量在 0～6d 表现出相似趋势，在贮藏前 6～8d，ABA 组果实的含量显著上升（$P<0.05$），而对照与 NDGA 组则显著下降（分别为 73mg/kg 和 64mg/kg）。各组总酚含量也均表现出相似趋势，在前 2d 增加，2～6d 减少。在贮藏期 6～8d 时，对照组和 ABA 处理的蓝莓中总酚含量增加，而 NDGA 处理的蓝莓中总酚含量则减少。统计分析表明，除 2d 与 6d 外，ABA 处理的蓝莓中的总酚含量均显著

高于其他两组（$P<0.05$）；在最高含量时，该组总酚含量分别为对照和NDGA处理的果实的1.14倍和1.21倍。

由结果分析可知，ABA在促进蓝莓果实的软化进程的同时，加速酸的降解，提高糖类、总酚、维生素C的积累，抑制贮藏前期淀粉的消耗，但对固形物的影响并不显著。NDGA处理的果实则含有更低的糖类、总酚、维生素C含量，以及更高的酸含量。

2. ABA及ABA抑制剂处理对蓝莓采后果实色泽变化的影响

如图6-32所示，随贮藏期延长，ABA处理组和对照的蓝莓果实的$h°$值在贮藏期2d均表现出显著上升趋势（$P<0.05$），NDGA处理的蓝莓果实$h°$值在贮藏期前2d出现小幅度下降，在贮藏期2d至8d，对照组和NDGA处理的蓝莓果实的$h°$值呈现上升趋势。此时，ABA组$h°$值出先上升在下降的趋势。统计分析表明，ABA处理组$h°$值始终高于其他两组，NDGA组$h°$值则显著低于对照组果实。这一结果表明，在果实软化过程中伴随果实色泽变化，ABA处理促进果实软化的同时，促进果实色泽朝向不在新鲜的一方发展，NDGA处理则可以抑制这一色泽衰老显现。

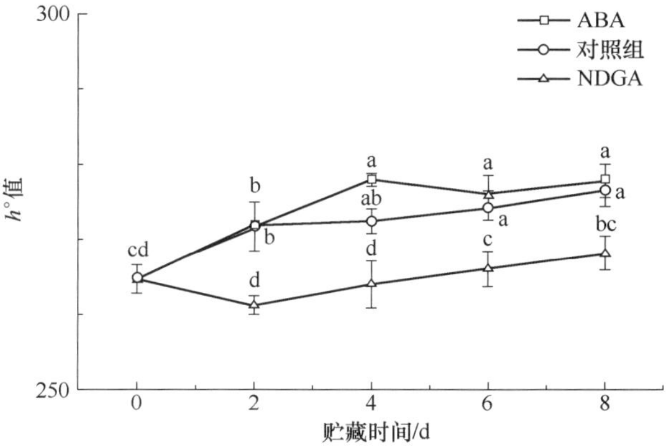

图6-32 ABA及ABA抑制剂处理对常温贮藏期蓝莓果实色泽变化的影响

不同字母表示在$P<0.05$水平上差异显著

3. ABA及ABA抑制剂处理对采后果实细胞壁多糖组分含量的影响

如表6-5所示，WSP含量在贮藏过程中不断增加，ESP、NSP、CEL和HCEL含量在贮藏过程中持续降低。在贮藏期8d各组WSP含量分别上升到0d果实的1.89倍、1.61倍和1.51倍（ABA处理组，对照处理组和NDGA处理组），ESP含量下降到贮藏期0d果实的46.5%、55.7%和64.8%，NSP含量下降到贮藏期0d果实的65.7%、68.6%和73.5%，CEL含量下降到66.3%、74.5%和89.3%，HCEL含量下降到88.6%、89.36%和93.6%。与对照组果实相比，ABA处理的蓝莓果实在4~8d表现出更低的ESP含量（$P<0.05$），在2~8d表现出较低的NSP含量和CEL含量（$P<0.05$），在6~8d表现出较低的HCEL含量（$P<0.05$），且在6~8d表现出较高的WSP含量（$P<0.05$）。除此之外，与对照组果实相比，在贮藏过程的2~8d，NDGA组的蓝莓果实均表现出较高的ESP、NSP、CEL和HCEL

含量，并且除贮藏期 4d 之外，NDGA 组均表现出显著的低含量的 WSP（P<0. 05）。以上表明 ABA 处理的蓝莓果实中 SSP、ESP、CEL 和 HCEL 含量均低于对照和 NDGA 处理的蓝莓果实，而 ABA 处理的蓝莓果实中 WSP 含量较高于对照和 NDGA 处理的蓝莓，即 ABA 处理能加速细胞壁多糖组分向水溶性 WSP 的转化，同时提高不溶性细胞壁多糖组分（包括 SSP、CSP、CEL 和 HCEL）在贮藏过程即软化过程中的分解速度，由此促进果实软化。而 NDGA 则起到相反作用，抑制 WSP 的生成，延缓水不溶性果胶的降解，从而保持果实硬度。

表 6-5 ABA 及 ABA 抑制剂处理对常温贮藏期蓝莓果实细胞壁多糖组分的影响

贮藏时间/d		0	2	4	6	8
WSP	ABA	0. 39 ±0. 01^{i}	0. 48 ±0. 03^{fg}	0. 54 ±0. 04^{d}	0. 59 ±0. 04^{c}	0. 74 ±0. 02^{a}
/（g/kg）	对照组	0. 39 ±0. 01^{i}	0. 46 ±0. 04^{g}	0. 51 ±0. 03^{d}	0. 53 ±0. 03^{d}	0. 63 ±0. 03^{b}
	NDGA	0. 39 ±0. 01^{i}	0. 43 ±0. 02^{h}	0. 49 ±0. 01^{ef}	0. 51 ±0. 01^{de}	0. 59 ±0. 03^{c}
ESP	ABA	1. 31 ±0. 08^{a}	1. 08 ±0. 01^{b}	0. 81 ±0. 07^{de}	0. 69 ±0. 05^{ef}	0. 61 ±0. 03^{f}
/（g/kg）	对照组	1. 31 ±0. 08^{a}	1. 18 ±0. 05^{ab}	0. 93 ±0. 09^{c}	0. 82 ±0. 03^{d}	0. 73 ±0. 05^{e}
	NDGA	1. 31 ±0. 08^{a}	1. 21 ±0. 04^{a}	1. 03 ±0. 07^{bc}	0. 91 ±0. 04^{cd}	0. 85 ±0. 08^{d}
NSP	ABA	2. 65 ±0. 33^{a}	2. 42 ±0. 21^{d}	2. 21 ±0. 20^{f}	1. 81 ±0. 16^{i}	1. 74 ±0. 23^{j}
/（g/kg）	对照组	2. 65 ±0. 33^{a}	2. 48 ±0. 15^{c}	2. 35 ±0. 19^{e}	1. 93 ±0. 18^{h}	1. 82 ±0. 13^{i}
	NDGA	2. 65 ±0. 33^{a}	2. 52 ±0. 23^{b}	2. 43 ±0. 21^{d}	2. 02 ±0. 20^{g}	1. 95 ±0. 11^{h}
CEL	ABA	2. 83 ±0. 09^{a}	2. 61 ±0. 07^{d}	2. 46 ±0. 02^{f}	2. 25 ±0. 06^{g}	1. 85 ±0. 17^{i}
/（g/kg）	对照组	2. 83 ±0. 09^{a}	2. 65 ±0. 13^{c}	2. 63 ±0. 20^{c}	2. 48 ±0. 21^{f}	2. 11 ±0. 14^{h}
	NDGA	2. 83 ±0. 09^{a}	2. 73 ±0. 09^{b}	2. 71 ±0. 18^{b}	2. 63 ±0. 11^{cd}	2. 53 ±0. 18^{e}
HCEL	ABA	1. 41 ±0. 77^{a}	1. 35 ±0. 07^{b}	1. 32 ±0. 09^{c}	1. 28 ±0. 13^{e}	1. 25 ±0. 12^{f}
/（g/kg）	对照组	1. 41 ±0. 77^{a}	1. 36 ±0. 06^{b}	1. 34 ± ±0. 07^{bc}	1. 31 ±0. 11^{d}	1. 26 ±0. 13^{ef}
	NDGA	1. 41 ±0. 77^{a}	1. 39 ±0. 01^{a}	1. 35 ±0. 09^{b}	1. 33 ±0. 10^{c}	1. 32 ±0. 11^{cd}

注：不同字母表示在 P<0. 05 水平上差异显著

4. ABA 及 ABA 抑制剂处理对采后果实细胞壁降解酶类活性的影响

如图 6-33（1）所示，随着贮藏时间的推移，各组蓝莓果实的 PE 活性表现出相似的上升趋势。统计分析表明，ABA 处理的蓝莓果实在整个贮藏过程中均表现出较高的酶类活性（P<0. 05），且除了贮藏期 8d 以外，相较于 ABA 处理与对照组，NDGA 处理组的蓝莓果实均表现出较低的 PE 酶类活性（P<0. 05）。如图 6-33（2）所示，对照处理的蓝莓和 ABA 处理的蓝莓的 PG 活性在贮藏期前 6d 迅速增加，并在贮藏期 6d 达到 PG 活性最大值，然后从贮藏 6~8d 呈下降趋势。对于 NDGA 处理的蓝莓果实 PG 活性贮藏期 0~4d 间变化不大，从贮藏期 4~6d 逐渐下降，在 6~8d 逐渐增加，并且在 8d 时达到 PG 活性的峰值。进一步的分析表明，与对照处理的蓝莓相比，ABA 处理蓝莓的 PG 活性显著高于对照和 NDGA 处理蓝莓的 PG 活性（P<0. 05）。并且在其峰值水平上，ABA 处理的果实中的 PG 活性比 NDGA 处理的果实高 7. 04 倍，比对照果实高 1. 57 倍。

如图 6-33（3）所示，在贮藏过程中，对照处理的蓝莓和 NDGA 处理蓝莓的 Cx 活性

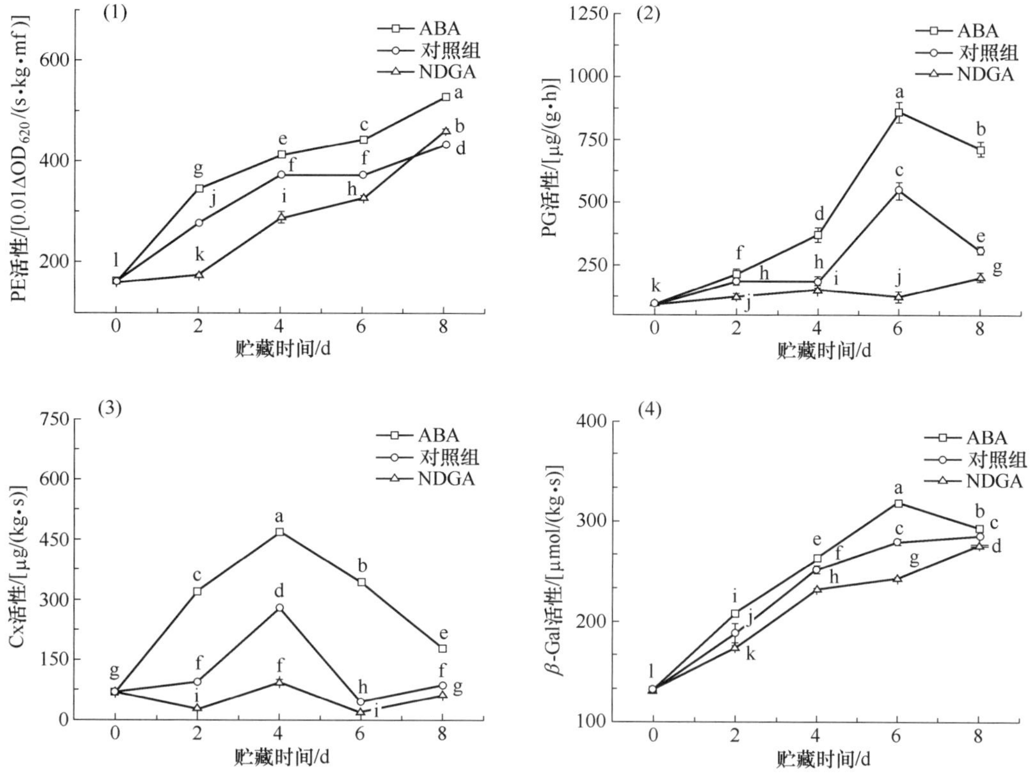

图 6-33　ABA 及 ABA 抑制剂处理对采后常温货架期间果实细胞壁降解酶类 PE（1）、PG（2）、Cx（3）、β-Gal（4）活性的影响

不同字母表示在 $P<0.05$ 水平上差异显著

表现出相似的趋势，均在贮藏期前 4d 急剧增加并达到峰值，在贮藏期 4~6d 呈下降趋势，伴随 2d 的小幅度上升。然而，这两组 Cx 活性的上升速率与下降速率并不相同。此外，ABA 处理的蓝莓中的 Cx 活性在贮藏期前 4d 表现出明显的增加，随后急剧下降。进一步的统计分析表明，ABA 处理的蓝莓中的 Cx 酶活性极显著高于对照和 NDGA 组的蓝莓果实（$P<0.01$）。如图 6-33（4）所示，在贮藏过程中，对照处理的蓝莓和 NDGA 处理组的蓝莓中的 β-Gal 活性均逐渐增加；然而在 ABA 处理的蓝莓果实中，β-Gal 活性从第 0 天增加到第 6 天，随后略有下降。进一步分析表明，ABA 处理的蓝莓中 β-Gal 活性显著高于对照或 ABA 处理的蓝莓果实（$P<0.05$）。然而，与对照处理的蓝莓相比，NDGA 处理的蓝莓除贮藏期 8d 外，β-Gal 活性均显著降低（$P<0.05$）。

由以上结果可知，细胞壁降解酶如 PG、PE、Cx 和 Gal 活性与蓝莓果实软化密切相关，以上酶类均受到 ABA 的调控，且均积极地响应 ABA 处理，说明 ABA 通过提高以上酶类活性峰值，来促进细胞壁降解，从而促进果实软化。而 NDGA 处理则显著下调以上酶类活性，从而保持果实硬度。

5. ABA 及 ABA 抑制剂处理对采后果实细胞壁降解酶类基因表达水平影响

如图 6-34（1）（2）所示，各组蓝莓果实的 *VcPE1* 基因表达模式比较相似，均在贮藏期前 4d 呈现增加，随后减少；*VcPE2* 基因表达模式在各组蓝莓果实中则不尽相同，对照组 *VcPE2* 表达量在贮藏前 2d 略有增加，在贮藏期的 2～8d 呈现下降。NDGA 处理的蓝莓中 *VcPE2* 表达量，除 6d 外均保持在较低的水平上；ABA 处理的蓝莓中 *VcPE2* 表达量在前 4d 上升，随后小幅度增加，最后急剧增加（$P<0.01$）。进一步的统计分析表明，在 ABA 处理的蓝莓中，*VcPE1* 和 *VcPE2* 基因表达水平在贮藏过程中均显著高于对照和 NDGA 处理的蓝莓（$P<0.05$）。

如图 6-34（3）（4）所示，蓝莓果实中的 *VcPG1* 基因在贮藏期前 4d 呈现上升趋势，并且在贮藏期 4d 达到峰值，且在随后的 4d 内呈现下降趋势。相比之下，*VcPG3* 的基因表达模式则更加明朗，对照与 NDGA 处理的蓝莓果实中 *VcPG3* 表达量均在贮藏期前 6d 有所增加，随后略有下降。ABA 处理蓝莓中的 *VcPG3* 基因表达量持续增加，并在贮藏期 8d 达到峰值。尽管这两个基因的表达模式略有不同，但进一步的统计分析表明，在 ABA 处理的蓝莓中，*VcPG1* 和 *VcPG3* 的基因表达水平在贮藏过程中，均显著高于对照处理的蓝莓果实和 NDGA 处理的蓝莓果实（$P<0.05$）。然而，在 NDGA 处理的蓝莓中，*VcPG1* 和 *VcPG3* 的表达水平明显低于对照和 ABA 处理的蓝莓（$P<0.05$）。并且在其峰值水平上，ABA 处理果实中的 *VcPG1* 表达量比 NDGA 处理果实中的 *VcPG1* 表达量高 2.15 倍，比对照果实的 *VcPG1* 表达量高 1.44 倍；此时，在 ABA 处理的果实中，*VcPG3* 基因表达水平比 NDGA 处理的果实中的 *VcPG3* 基因表达水平高 9.64 倍，比对照果实高 2.26 倍。

如图 6-34（5）所示，对照蓝莓中的 *VcCx* 基因的表达呈现下降趋势，但其下降速率较小；NDGA 处理的蓝莓中 *VcCx* 基因的表达在贮藏期前 2d 下降，随后上升；在 ABA 处理的蓝莓中，*VcCx* 基因表达在前 6d 增加，随后下降。进一步分析发现，对照蓝莓中的 *VcCx* 的表达量浮动在贮藏期 0d 的 1 倍上下；在 NDGA 处理的蓝莓中，该基因的表达量始终低于贮藏期 0d 的表达量，这意味着 *VcCx* 在对照和 NDGA 处理的蓝莓中被下调。如图 6-34（6）所示，在对照处理的蓝莓中和 ABA 处理的蓝莓中的 *Vcβ-Gal9* 基因表达在贮藏期前 4d 增加，在贮藏期 4～8d 下降。除贮藏期 6d 外，NDGA 处理的蓝莓中的 *Vcβ-Gal9* 基因表达持续波动并且始终保持在较低水平。进一步统计分析表明，ABA 处理的蓝莓中，*Vcβ-Gal9* 表达量除贮藏期 6d 外均显著高于对照蓝莓（$P<0.05$）。

以上结果表明，编码各个细胞壁降解酶类的基因表达模式各不相同，但都受到 ABA 的正向调控，即 ABA 处理显著上调蓝莓果实中 *VcPG1*、*VcPG3*、*VcPE1*、*VcPE2*、*Vcβ-Gal9*、*VcCx* 的表达，NGDA 处理显著抑制 *VcPG1*、*VcPG3*、*VcPE1*、*VcPE2*、*Vcβ-Gal9*、*VcCx* 的表达。由此可以发现 ABA 处理通过上调细胞壁降解的关键基因表达量，上调细胞壁降解酶活性，从而促进蓝莓果实的软化过程。

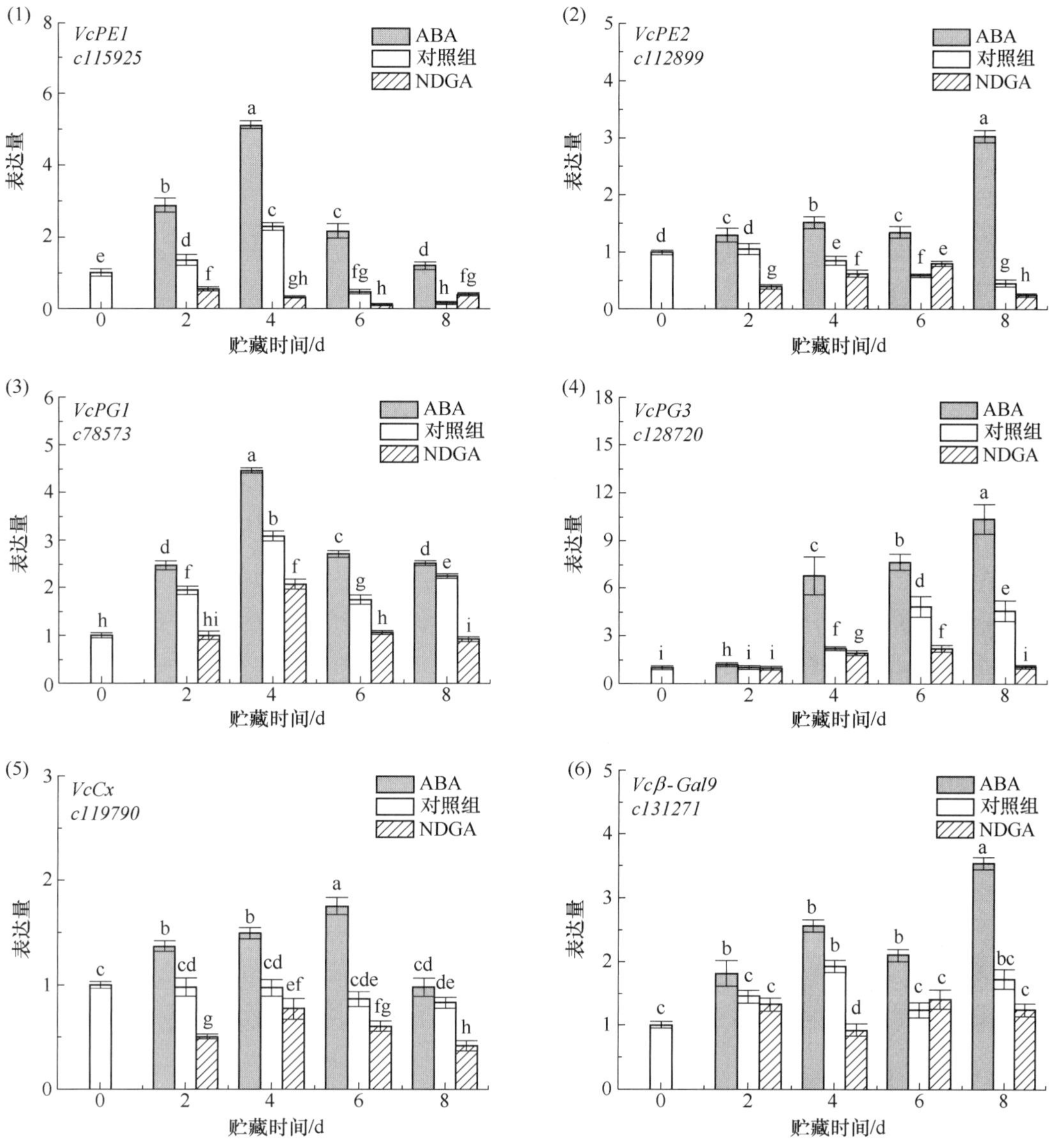

图 6-34　ABA 及 ABA 抑制剂处理对采后常温货架期间果实细胞壁降解酶类基因表达水平的影响

不同字母表示在 $P<0.05$ 水平上差异显著

6. ABA 及 ABA 抑制剂处理对采后果实果实内源激素含量变化的影响

如图 6-35 所示，各组蓝莓果实内源 ABA 含量在贮藏期前 2d 迅速增加（$P<0.05$），在贮藏期 2d 至 4d 有所下降，随后小幅度上浮。统计分析表明，ABA 处理的蓝莓的果实 ABA 含量明显高于对照（$P<0.05$），并在贮藏期 2d 达到峰值；而 NDGA 处理的蓝莓中 ABA 的含量在贮藏期 4d 与 8d 显著降低于对照的蓝莓果实的 ABA 含量（$P<0.05$）。以上研究表明，内源 ABA 含量会受到外源处理的刺激，从而产生积极的响应，大量自我积累，NDGA 处理则可以抑制内源 ABA 含量的积累。

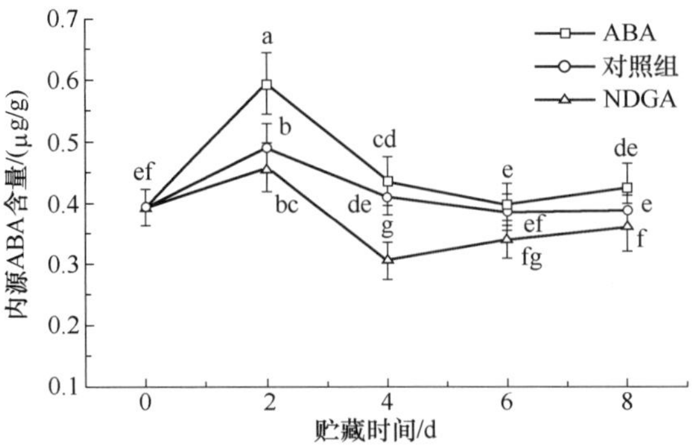

图 6-35 ABA 及 ABA 抑制剂处理对采后常温货架期间果实内源激素含量的影响

不同字母表示在 $P<0.05$ 水平上差异显著

7. ABA 及 ABA 抑制剂处理对采后果实果实内源激素基因表达水平变化的影响

如图 6-36（1）（2）所示，ABA 处理可以显著地上调 *VcNCED1* 和 *VcNCED6* 的表达（$P<0.05$），其中 *VcNCED1* 的表达模式更加符合内源性 ABA 含量的变化趋势。在 ABA 处理的蓝莓中，除 6d 之外 *VcNCED1* 的表达量呈上升模式；对照组的果实中的 *VcNCED1* 在整个贮藏过程中持续增加；在 NDGA 处理的蓝莓中，*VcNCED1* 的表达在贮藏期前 6d 持续增加，随后下降。进一步的研究表明，*VcNCED1* 的表达直接受外源 ABA 的积极调控，并在贮藏期 8d 达到峰值，此时该基因的表达水平比对照果实高 4.08 倍，比 NDGA 处理的果

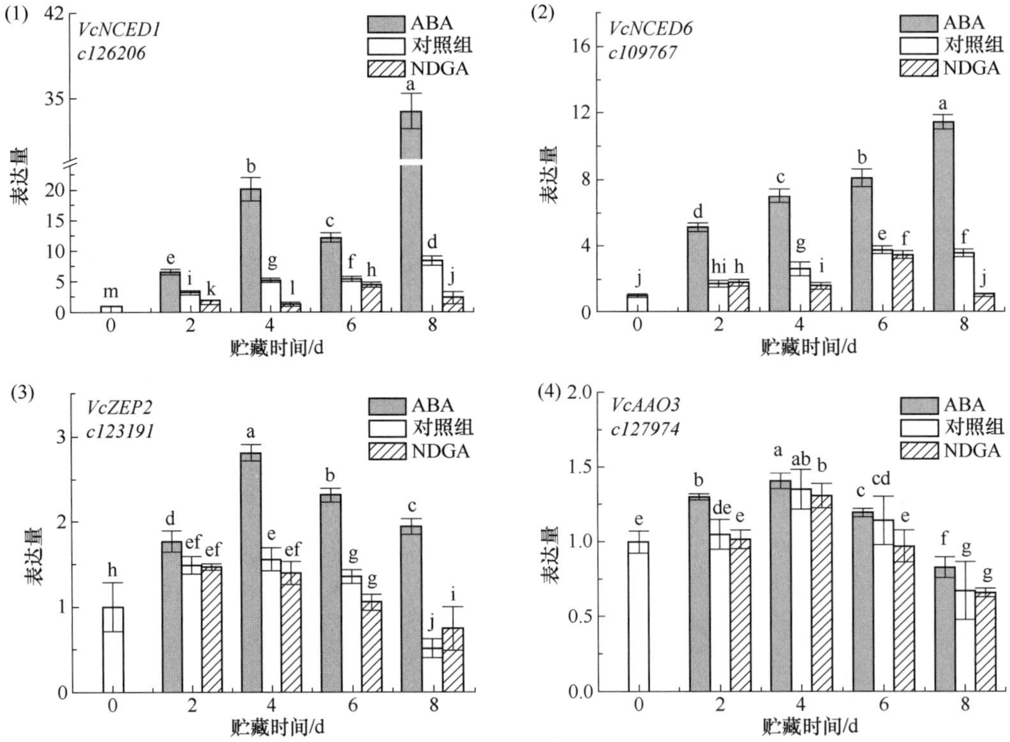

图 6-36 ABA 及 ABA 抑制剂处理对采后常温货架期间果实内源激素基因表达水平变化的影响

不同字母表示在 $P<0.05$ 水平上差异显著

实高 13.86 倍。相比之下，对照果实的 *VcNCED6* 在贮藏期前 6d 呈上升趋势，随后下降；ABA 处理的蓝莓的 *VcNCED6* 在贮藏期内持续上升，且在 8d 达到峰值，此时的表达量是对照组的 3.2 倍，是 NDGA 组的 11 倍。然而，在 NDGA 处理的蓝莓中，*VcNCED6* 始终保持在较低的水平。

如图 6-36（3）（4）所示，*VcZEP2* 和 *VcAAO3* 在贮藏期前 4d 均持续增加，随后下降。这两个基因对 ABA 处理都有很积极的响应。进一步的统计分析表明，在 ABA 处理的蓝莓中 *VcZEP2* 和 *VcAAO3* 的表达水平显著高于对照组和 NDGA 处理组（$P<0.05$）。然而，NDGA 处理对 *VcZEP2* 和 *VcAAO3* 的抑制作用并不显著。

由以上结果可知，随着 *VcNCED1*、*VcNCED6*、*VcZEP2* 和 *VcAAO3* 基因表达水平的上升，内源 ABA 含量增加，果实硬度下降，说明这些基因通过调节 ABA 的含量，间接影响蓝莓果实的软化。而 ABA 处理会促进 *VcNCED1*、*VcNCED6*、*VcZEP2* 和 *VcAAO3* 基因的表达，加速内源 ABA 积累，进而导致果实硬度降低；而当 *VcNCED1*、*VcNCED6* 基因表达被 NDGA 处理所抑制时，内源 ABA 含量降低，果实硬度的下降也被延迟。进一步证明 ABA 含量细胞壁的活性密切相关，且较低的 ABA 含量可导致较低的软化酶类活性，从而保持更高的硬度。

综上由以上试验结果可以得知：

（1）ABA 处理会促进蓝莓果实硬度的降低，加速蓝莓果实的采后软化进程。

（2）ABA 通过诱导蓝莓果实的细胞壁降解酶活性的升高和加速细胞壁多糖组分 ESP、NSP、CEL 和 HCEL 的降解来加速蓝莓果实硬度的下降，同时编码细胞壁降解酶类的基因 *VcPGs*、*VcPEs*、*VcCx* 以及 *VcGals* 均会受到 ABA 的正向调控。

（3）ABA 处理通过提高编码 ABA 合成限速步骤酶类的基因 *VcNCED*、*VcZEP* 和 *VcAAO3* 基因的表达促进了内源 ABA 的积累，从而间接加速了果实软化。

（4）ABA 处理会加速蓝莓果实风味物质酸含量的下降以及糖类含量的积累，同时淀粉含量、总酚含量以及维生素 C 含量也受到 ABA 的正向调控。

（5）ABA 处理对果实的水分分布无显著影响。

（6）ABA 抑制剂 NDGA 的应用可以阻断 ABA 的合成途径，抑制 ABA 合成基因的表达，阻断 ABA 含量的积累，从而延缓果胶降解，维持果实硬度。

第五节 MeJA 对蓝莓采后果实软化的调控作用

一、材料与条件

1. 主要试剂与材料

本试验所用“蓝丰”蓝莓果实于 2019 年 7 月下旬在辽宁省沈阳市时圣蓝莓基地采

收，采收完毕立刻送回实验室。挑选相同大小、成熟度且无机械损伤和腐烂的蓝莓果实于20±0.5℃下放置3~4h散去田间热后分为两组。第一组蓝莓用去离子水浸泡10min，作为对照组；第二组用15μmol/L MeJA溶液浸泡10min。将浸泡完的两组蓝莓果实通风晾干后分装在15cm×15cm的塑料蓝莓盒中并套上厚度为0.02mm聚乙烯薄膜保鲜袋，每盒装果125g，随后将蓝莓放置于（20±0.5）℃，80%~85%相对湿度下贮藏，每隔1d测定各项指标，每个指标均设置三次生物学重复。每次取样时取出6~9个果实用液氮速冻10min后置-80℃超低温冰箱中贮存用于RNA提取。

MeJA液体、果胶、咔唑、H_2O_2、浓硫酸、酚酞、氢氧化钠、2,6-二氯酚靛酚、盐酸、甲醇；OminiPlant RNA、HiFiScript cDNA Synthesis、UltraSYBR Mixture（Low Rox）试剂盒，CWBIO。

2. 主要仪器与设备

HH-S11数显恒温水浴锅：郑州朋来仪器有限公司；Forma991超低温冰箱：美国赛默飞公司；电子舌：北京盈盛恒泰科技有限责任公司；CT3质构仪：美国Brookfield公司；DBR45 LH-T32水果糖度测量仪：杭州陆恒生物科技有限公司；UV-1810紫外分光光度计：北京普析通用科技公司。

3. 试验条件

第一组为对照组：去离子水浸泡10min；另一组为处理组：15μmol/L MeJA溶液浸泡10min。处理好后晾干装盒，置于（20±0.5）℃，相对湿度80%~85%下贮藏10d。

二、试验方法

1. 硬度的测定

使用CT3质构仪对果实硬度进行测定，探针直径为8mm，测量深度为7mm，测量速度为0.5mm/s，果实带皮并在赤道线部进行第一次测定，之后旋转90°去皮测定第二次，记录为果实与果肉的硬度。

2. SSC测定

使用手持水果糖度测量仪对蓝莓果实可溶性固性物含量进行测定。

3. TA含量

采用氢氧化钠滴定法进行测定。

4. 维生素C含量

采用2,6-二氯酚靛酚滴定法测定。

5. 花青素、总酚、类黄酮含量

参照曹建康等（2007）的方法：称取0.5g蓝莓果皮放入研钵，加入少许经预冷的1%盐酸-甲醇溶液，研磨匀浆后转入刻度试管中。随后使用盐酸-甲醇溶液冲洗研钵并定容，4℃避光提取20min，取滤液分别与波长280nm、325nm、600nm、530nm处测定吸光度值。

6. 果胶物质含量的测定

果胶含量用咔唑比色法，参照曹建康等（2007）的方法进行测定。

7. 果实风味的测定

取新鲜蓝莓果实 50g，加水 100mL，榨汁离心过滤后取上清液。将电子舌设备味觉传感器和陶瓷参比电极连接到传感器头上，设置样品测试的次数，其他五味设置为四次，甜味设置为五次。设置样品，完成后按照电子舌使用手册操作。

8. PPO 与 POD 活性的测定

PPO、POD 活性的测定参照曹建康等（2007）的方法进行测定。

9. 果实细胞壁降解酶类活性的测定

PG、PE、β-Gal 以及 Cx 活性的测定参照曹建康等（2007）的方法进行测定。

10. 蓝莓果实 RNA 提取、反转录以及 qRT-PCR 分析

分别按照康为 OminiPlant RNA Kit、康为 HiFiScript cDNA Synthesis Kit、康为 UltraSYBR Mixture（Low Rox）Kit 试剂盒使用说明进行果实总 RNA 的提取、cDNA 合成及 qRT-PCR 分析，与试验相关基因所需引物（表 6-6）均由 Primer Premier 5.0 软件设计，并由金唯智生物公司合成。

表 6-6　试验引物序列

基因	上游引物（5′～3′）	下游引物（5′～3′）
AOS	5′-ACTTTCCCAATCCCTCCG-3′	5′-TGCAGCCATCGTCACTTC-3′
JMT	5′-CTTGCCAGGAGAATCAGG-3′	5′-AAGCACAACGACGACAGTAA-3′
COI1	5′-AAGACGGAAGAGCGAACA-3′	5′-GTAGCACAGGGCGATGGT-3′
JAZ	5′-CGACCCTACAACTACTCCCC-3′	5′-CTGAATCCCCGAACTCCGAC-3′
PE	5′-TTACTTCTCCGTTAAGAGGCTGTC-3′	5′-TTCCCGAATCTTCTTGTCAGC-3′
PL	5′-CGATGGGCTGATTGATGC-3′	5′-TGCCTTGGCTGTTGATGGT-3′
PG	5′-ACCACCAACCGCATTA-3′	5′-AAGCGTCAGGTGAGTAAG-3′
β-Gal	5′-GGTCCCATCATCCTCT-3′	5′-CAAGCCTCAGTCCACA-3′

三、结果与分析

（一） MeJA 处理对常温货架期间果实硬度的影响

如图 6-37 所示，蓝莓硬度在贮藏前期呈快速下降趋势，在贮藏中期硬度降低速率较小，MeJA 在贮藏中期维持了硬度，贮藏后期各组果实硬度又快速下降，但在贮藏过程处理组果实硬度一直高于对照组。第 8 天时 15μmol/L MeJA 处理组硬度为 0.24N，显著高于对照组的 0.21N（$P<0.05$）。

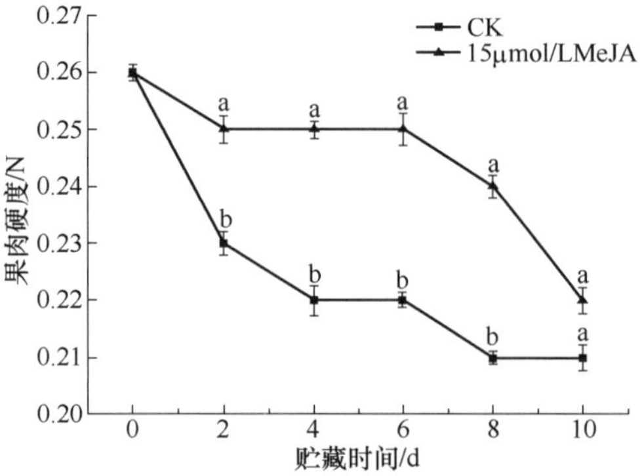

图 6-37　MeJA 处理后常温贮藏期间蓝莓果肉硬度的变化

不同字母表示在 $P<0.05$ 水平上差异显著

（二） MeJA 处理对常温货架期间果实营养指标的影响

1. MeJA 处理对常温货架期间果实 SSC、TA 含量的影响

如图 6-38（1）所示，MeJA 处理组蓝莓 SSC 含量在采后 4d 快速增加，之后呈缓慢上升趋势，对照组 SSC 含量在前 6d 快速上升，之后又开始下降，不过在整个常温贮藏期 15μmol/L MeJA 处理组蓝莓 SSC 含量始终高于对照组，且在第 4 天和第 10 天显著高于对照组（$P<0.05$）。贮藏第 10 天时 MeJA 处理组 SSC 含量为 10.27%，而对照组蓝莓果实 SSC 含量仅为 10.05%。试验结果表明 MeJA 处理在保持蓝莓果实贮藏品质方面具有一定作用。

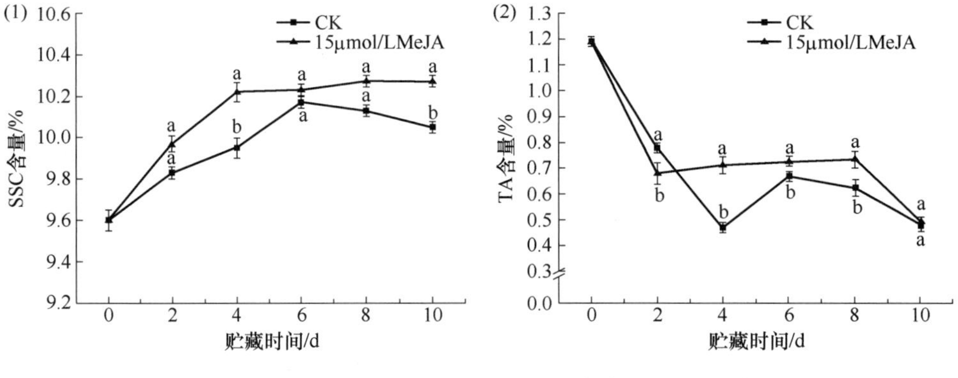

图 6-38　MeJA 处理对常温货架期间果实 SSC（1）、TA 含量（2）的影响

不同字母表示在 $P<0.05$ 水平上差异显著

采后蓝莓 TA 含量变化如图 6-38（2）所示，TA 含量呈下降趋势，MeJA 处理组 TA 含量在第 2 天快速下降，2~8d 保持在相对稳定水平，第 8 天后继续下降，对照组 TA 含量在前 4d 快速下降，但第 6 天出现短暂上升，之后缓慢下降。在 4~8d 内 MeJA 处理组

TA 含量显著高于对照组（$P<0.05$），在第 4 天时 MeJA 处理组 TA 含量为 0.71 %，而对照组 TA 含量仅为 0.46%，研究结果表明 MeJA 处理能将蓝莓果实 TA 含量维持在相对稳定水平。

2. MeJA 处理对常温货架期间果实维生素 C、总酚、花青素、类黄酮含量的影响

"蓝丰"蓝莓在采收当天维生素 C 含量为 278.26mg/100g。如图 6-39（1）所示，采后蓝莓果实中维生素 C 含量在整个贮藏期不断下降，这是果实中维生素 C 氧化酶作用的结果。对照组蓝莓维生素 C 含量在贮藏前中期一直快速下降，到第 6 天时下降速度有所减小。MeJA 处理组维生素 C 含量在贮藏前两天无明显变化，随后与对照呈相同速度下降，但在整个贮藏期 MeJA 处理组蓝莓维生素 C 含量始终高于对照组，且除了第 8 天外显著高于对照组（$P<0.05$）。如图 6-39（2）所示，采收当天蓝莓总酚含量为 3.54%，在贮藏前 4d 两组果实总酚含量都在缓慢上升达到峰值，第 4 天时 MeJA 组含量达到 3.68%，对照组总酚含量仅为 3.53%，显著低于 MeJA 处理组（$P<0.05$）。之后随着贮藏时间的延长，蓝莓逐渐进入后熟阶段，总酚含量不断下降。贮藏结束时 MeJA 组总酚含量为 3.306%，对照组为 3.236%。

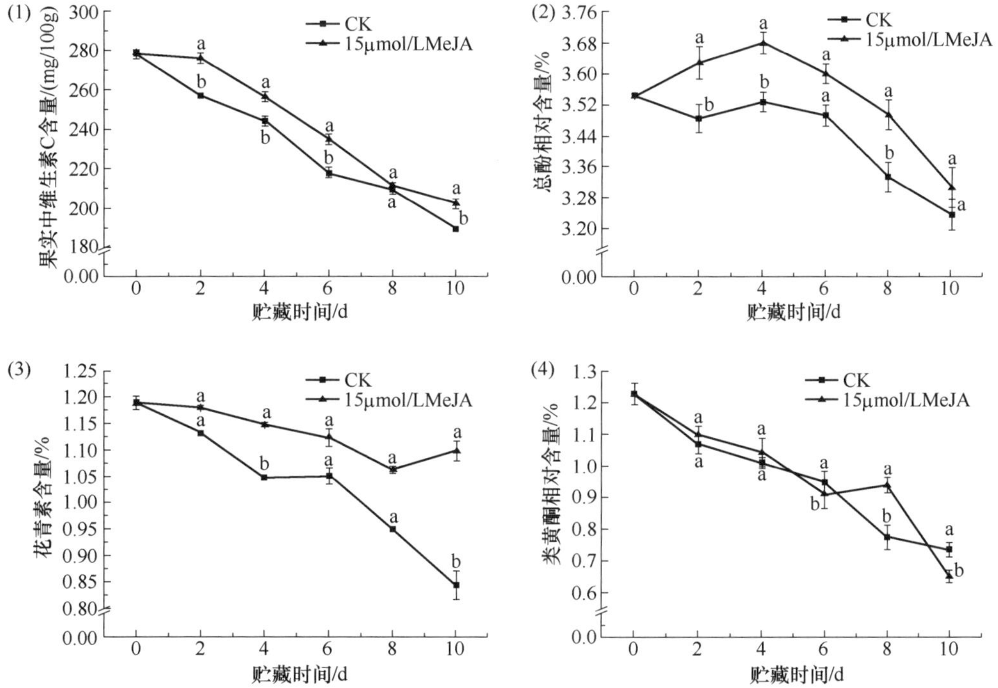

图 6-39　MeJA 处理对常温货架期间果实维生素 C 含量（1）、总酚含量（2）、花青素含量（3）、类黄酮含量（4）的影响

不同字母表示在 $P<0.05$ 水平上差异显著

如图 6-39（3）所示，常温贮藏期间蓝莓花青素含量呈下降趋势。对照组花青素含量在 0~4d 和 6~8d 快速下降，只有 4~6d 维持在稳定水平，而 MeJA 处理组花青素含量在前

8d 以相同速度缓慢下降，第 10 天出现上升趋势，含量达 1.098%，显著高于对照组的 0.844%（P<0.05）。如图 6-39（4）所示，两组类黄酮在贮藏期间都呈下降趋势。在贮藏前期两组果实类黄酮含量无显著差异，但 MeJA 处理组一直高于对照组；至第 6 天时两组出现差异，第 8 天时两组差异显著（P<0.05），且 MeJA 处理组出现短暂上升，类黄酮相对含量为 0.94%，而对照组含量为 0.776%。

3. MeJA 处理对常温货架期间果实果胶物质含量的影响

如图 6-40（1）所示，为整个贮藏期间蓝莓果实中原果胶含量的变化，第 2 天快速下降后又出现短暂上升，第 4 天后对照组呈不断下降的趋势，MeJA 组原果胶含量第 6 天至第 8 天又出现升高趋势。鲜果中原果胶含量为 0.24%，贮藏 10d 后对照组降至 0.21%，而 MeJA 处理组为 0.22%，且显著高于对照组（P<0.05）。研究人员发现，导致蓝莓在贮藏过程硬度下降而软化变质的最主要原因是果实在贮藏过程中多半以上原果胶会水解为可溶性果胶或果胶酸。MeJA 处理降低了原果胶的水解程度，使其含量一直保持在较高水平，对于维持蓝莓果实硬度，保持果肉细胞完整性，降低果实软化甚至腐烂变质率有很好的调控作用。

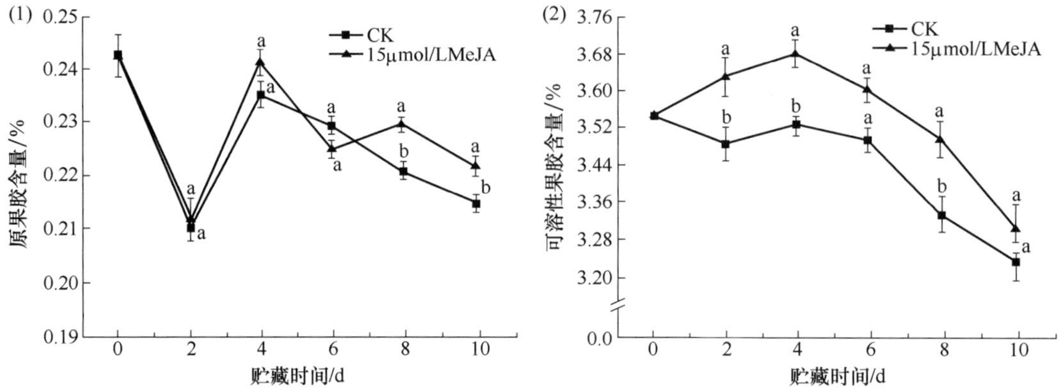

图 6-40 MeJA 处理对常温货架期间果实原果胶含量（1）、可溶性果胶含量（2）的影响

不同字母表示在 P<0.05 水平上差异显著

如图 6-40（2）所示，为蓝莓中可溶性果胶含量的变化，可以看出果实中可溶性果胶含量是低于原果胶含量的，在整个贮藏过程中呈上升趋势，随着贮藏期延长，原果胶逐渐水解为可溶性果胶，其在贮藏过程中不断增加。虽然在前 6d MeJA 处理组蓝莓可溶性果胶含量增加速度大于对照组，但在贮藏后期处理组可溶性果胶含量上升缓慢甚至达到稳定水平 0.2%，而对照组可溶性果胶含量尽管在贮藏结束时降低，但在下降之前第 8 天出现大幅度上升，达到了 0.24%，且显著高于处理组（P<0.05）。研究结果说明 MeJA 处理可以在一定程度上抑制原果胶的水解，将可溶性果胶含量维持在较低水平，防止蓝莓出现软化现象，从而延长采后蓝莓贮藏期。

（三）MeJA 处理对常温货架期间果实风味变化的影响

如图 6-41 所示（坐标轴表示滋味响应值）。如图 6-41 所示，电子舌传感器对 MeJA 处理和对照两组蓝莓的五种滋味均具有响应，但敏感程度各不相同，且蓝莓果实口感以酸和甜为主，因此只考虑 MeJA 处理对这两种滋味的影响。两组果实样品酸味和甜味响应值离散程度较大，说明电子舌技术可以更好地将两组样品区分开。为了更清楚比较外源 MeJA 对整个贮藏期蓝莓酸味和甜味的影响，统计了这两种风味在贮藏期的变化情况如图 6-42 所示。

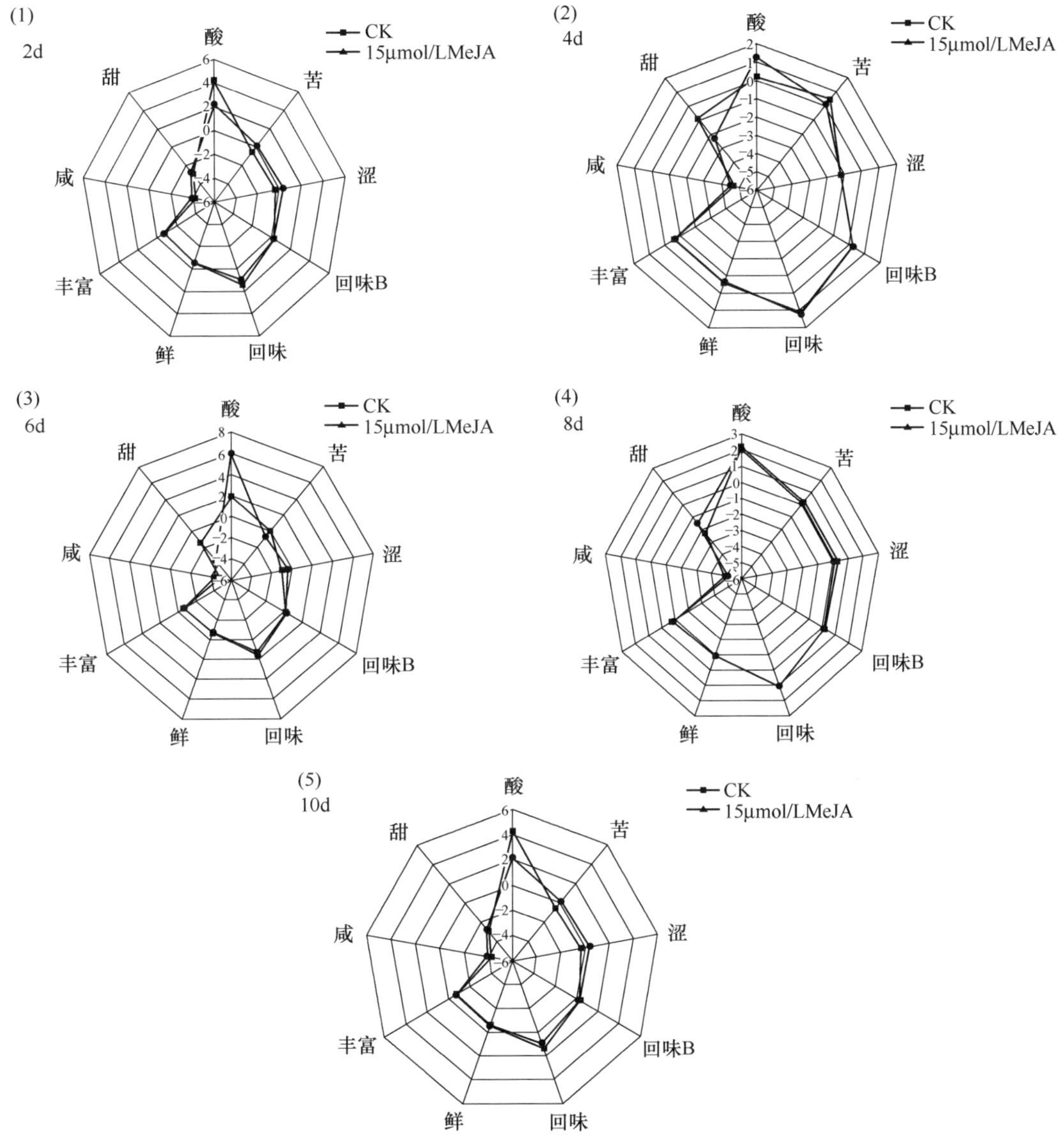

图 6-41　MeJA 处理后常温贮藏期间蓝莓果实贮藏 2d（1）、贮藏 4d（2）、贮藏 6d（3）、贮藏 8d（4）、贮藏 10d（5）风味的变化

第 2 天时对照组甜味响应值为-3.3，MeJA 组为-3.4，两者无差异，且都处于低水平［图 6-41（1）］；第 4 天时对照组甜味响应值为-2.3，MeJA 处理后响应值为-1.5，两组甜味值都有增加，存在显著性差异（$P<0.05$），且 MeJA 组高于对照［图 6-41（2）］；第 6 天［图 6-41（3）］时对照甜味响应值上升至-1.4，而 MeJA 处理下降至-3.5，两组存在显著差异（$P<0.05$）；到第 8 天［图 6-41（4）］时两组甜味响应值都有所上升，对照组为-0.89，MeJA 处理组甜味响应值上升到-2.3，两组数值差异明显（$P<0.05$）；贮藏至第 10 天时两组甜味响应值分别为-2.96 和-2.75，处理组高于对照，但两组之间无显著差异［图 6-41（5）］。在整个贮藏期果实甜味变化如图 6-42（1）所示，对照组甜味呈增加趋势。采后果实在后熟过程中糖分积累，甜味上升，而 MeJA 处理后在贮藏前期甜味高于对照组。

如图 6-41 所示，第 2 天时对照组酸味响应值为 4.66，MeJA 组仅有 1.56，两组间存在显著差异（$P<0.05$）；第 4 天对照组下降至 2.21，而 MeJA 处理后蓝莓果实酸味响应值出现增长现象，数值为 2.02，但两组之间无显著差异；第 6 天对照组酸味略有降低，响应值为 1.92，MeJA 处理的果实酸味急剧增加，其响应值达到了 5.96，为对照组的 3 倍多，两组甜味值差异性极显著（$P<0.05$）；第 8d 对照组酸味继续下降至 0.21，MeJA 处理的果实甜味响应值也下降至 1.27，两组间差异显著（$P<0.05$）；贮藏至第 10 天时两组果实酸味都出现增加，对照组急剧上升至 4.2，处理的果实酸味响应值为 2.2，两组差异显著（$P<0.05$）。

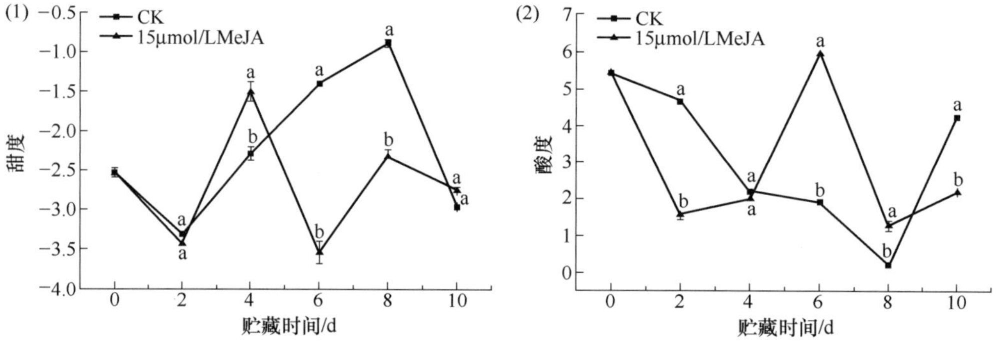

图 6-42 MeJA 处理后常温贮藏期间蓝莓果实甜味（1）和酸味（2）的变化

不同字母表示在 $P<0.05$ 水平上差异显著

在果实采后贮藏过程中发生后熟软化，果实中的可溶性糖在成熟过程中积累，甜味增加［图 6-42（1）］。果实有机酸在成熟过程转化为糖类及其他物质，因而酸味下降［图 6-42（2）］。因此结果表明，蓝莓在贮藏过程缓慢变甜，酸味变淡，MeJA 处理使其糖类物质积累，贮藏前期甜味高于对照。

（四）MeJA 处理对常温货架期间果实 PPO、POD 活性的影响

如图 6-43（1）所示，蓝莓在采后贮藏过程中 POD 活性呈先上升后下降趋势。蓝莓

果实 POD 活性在贮藏期间 MeJA 处理组高于对照组，且在第 4 天达到最大值，处理组为 4.67U，而对照组为 4.49U，两组差异显著（$P<0.05$）。贮藏至第 10 天时 MeJA 组 POD 活性为 3.38U，对照组仅为 3.04U，两组之间差异显著（$P<0.05$）。说明在 MeJA 处理蓝莓后能有效提高 POD 活性，清除更多自由基。由图 6-43（2）可知，在蓝莓采后贮藏过程中，PPO 活性经历先上升再下降趋势。在贮藏前期，对照组活性显著高于 MeJA 组（$P<0.05$），且在第 6 天对照组 PPO 活性达到峰值 43U，而处理组在第 8 天达到峰值 46.4U。在贮藏后期，MeJA 组 PPO 活性一直高于对照组，说明在贮藏后期外源 MeJA 处理有效延缓了 PPO 活性的降低。

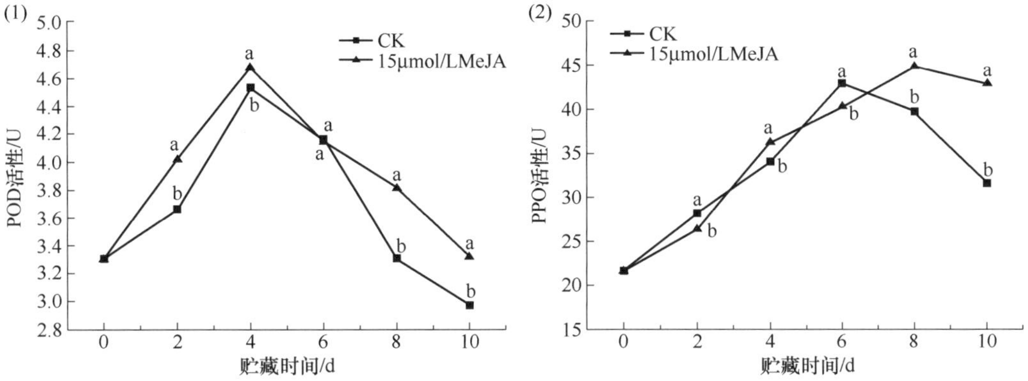

图 6-43　MeJA 处理对常温货架期间果实 POD 活性（A）、PPO 活性（B）的影响

不同字母表示在 $P<0.05$ 水平上差异显著

（五）MeJA 处理对常温货架期间果实细胞壁代谢的影响

1. MeJA 处理对常温货架期间果实细胞壁降解酶活性的影响

蓝莓贮藏期间细胞壁降解酶活性变化如图 6-44 所示。整个贮藏期间，对照和 MeJA 处理果实 PG 活性的变化趋势基本一致，呈上下波动的趋势，但 MeJA 处理在第 2 天、第 6 天、第 10 天显著降低了蓝莓果实 PG 活性［图 6-44（1）］。在贮藏前 2d，对照组 PG 活性迅速增加，处理组增加不明显，到第 4 天时两组酶活性都有所下降，之后又先上升再下降，但是第 8 天至第 10 天 MeJA 处理组 PG 活性继续下降至 838μg/(h·g)，而对照组酶活性出现上升趋势，达到了 2317μg/(h·g)，且在第 10 天时 MeJA 组 PG 活性显著低于对照组（$P<0.05$）。结果表明，采后蓝莓果实通过 MeJA 浸泡能显著降低 PG 活性。如图 6-44（2）所示，β-Gal 活性在对照组先上升再下降，之后又快速上升，MeJA 处理组 β-Gal 活性在前 6d 缓慢上升，在第 8 天出现大幅上升，第 10 天又呈下降的趋势。除了第 4 天和第 8 天 MeJA 处理的果实中 β-Gal 的活性高于对照组外，在第 2 天、第 6 天、第 10 天时 MeJA 处理的果实 β-Gal 活性显著低于对照组（$P<0.05$）。在第 2 天时，对照组 β-Gal 的活性比 MeJA 果实高 0.43 倍。在对照组的第 10 天测定了最高的 β-Gal 活性，比 MeJA

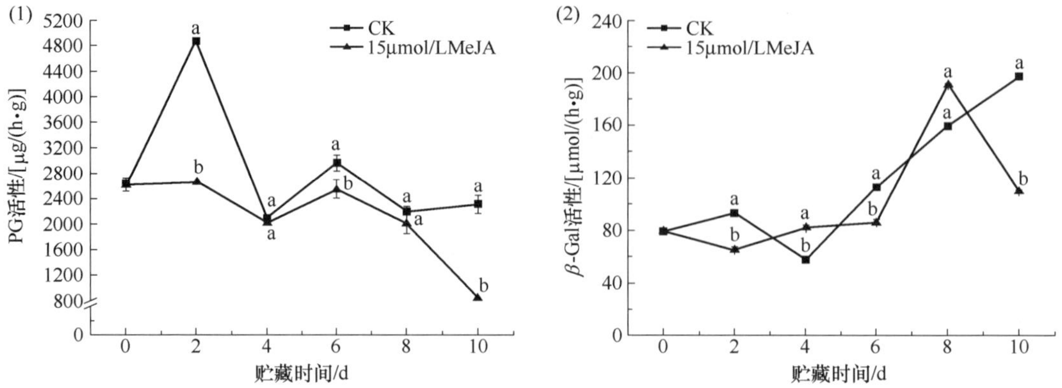

图 6-44 MeJA 处理对常温货架期间果实 PG 活性（1）与 β -Gal 活性（2）的影响

不同字母表示在 $P<0.05$ 水平上差异显著

处理的果实高 0.8 倍。

2. MeJA 处理对常温货架期间果实细胞壁降解基因表达量变化的影响

上述结果表明，编码各个细胞壁降解酶类的基因表达各不相同，但都受到 MeJA 的调控，即 MeJA 处理显著抑制蓝莓果实中 *VcPG*、*VcPE*、*Vcβ-Gal*、*VcPL* 的在贮藏前期表达（图 6-45）。进一步说明，MeJA 处理通过下调细胞壁降解酶活性及其关键基因表达量，从而抑制蓝莓果实的软化过程。

（六） MeJA 处理对常温货架期间果实内源 JA 合成及信号转导途径相关基因表达量变化的影响

AOS 是内源 JA 合成主要酶，两组蓝莓果实 *VcAOS* 的表达量在常温贮藏期间呈现不同变化趋势［图 6-46（1）］。对照组 *VcAOS* 的表达量在贮藏第 2 天急剧增加至 58，在 2~4d 保持较高水平的表达量，第 6 天又急剧下降至 1.2，之后缓慢增加，在贮藏第 10 天时 *VcAOS* 的表达量为 12.7。MeJA 处理组 *VcAOS* 的表达量在前 4d 快速增加至 56，之后呈下降趋势，且在第 6 天至第 10 天缓慢下降。由图可知，在贮藏中期 6~8d，对照组 *VcAOS* 的表达量处于最低水平，而 MeJA 组 *VcAOS* 表达量虽然呈下降趋势，但显著高于对照（$P<0.05$），在第 6 天时 MeJA 组为对照的 20 倍。结果说明 MeJA 会促进采后果实 *VcAOS* 表达。

COI1 参与内源 JA 下游信号转导。如图 6-46（2）所示，在对照果实中，*VcCOI1* 表达量在整个贮藏期间呈上升趋势，第 8 天上升幅度最大。MeJA 组 *VcCOI1* 表达量呈先上升后下降趋势，且除第 4 天外一直高于对照，在前期缓慢上升，在中后期 MeJA 处理能够显著促进 *VcCOI1* 的表达（$P<0.05$），第 8 天时为对照的 1.5 倍，贮藏后期至第 10 天时 MeJA 组 *VcCOI1* 表达量又开始下降。结果表明 MeJA 处理提高了采后蓝莓 *VcCOI1* 的表达量，以贮藏中后期最为显著。

如图 6-46（3）所示，*VcJAZ* 表达量在两组间无显著差异，且都呈波动状态，前 4 天快速增加，第 6 天又降至与采果当天同等水平，后期又呈增加趋势。MeJA 处理组果实

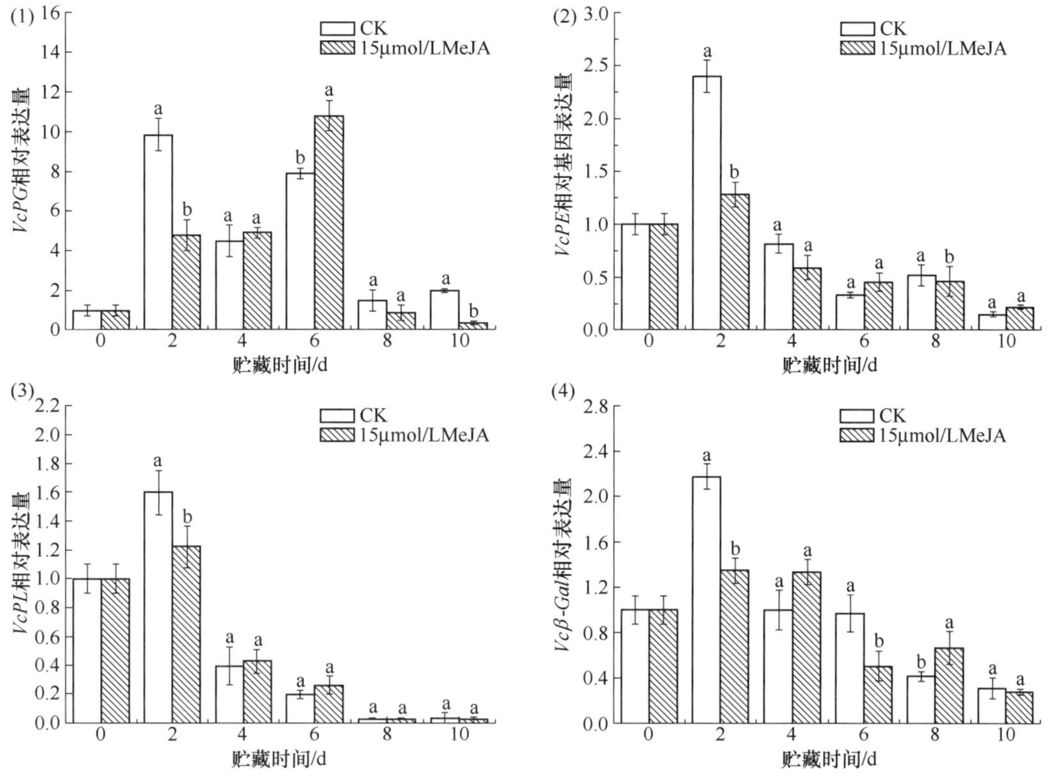

图 6-45　MeJA 处理对常温货架期间果实 *VcPG*（1）、 *VcPE*（2）、 *VcPL*（3）、 *Vcβ-Gal*（4）表达量变化的影响

不同字母表示在 $P<0.05$ 水平上差异显著

VcJAZ 表达量只在第 4 天和第 8 天高于对照，其他时间点都低于对照。由此可见 MeJA 处理对 *VcJAZ* 的表达影响较小或者起抑制作用。

JMT 是内源 MeJA 合成酶。如图 6-46（4）所示，两组果实 *VcJMT* 表达量都呈上下波动状态，在贮藏前期表达量较高，后期 *VcJMT* 表达下调。在第 2 天和第 6 天处理组 *VcJMT* 表达量显著高于对照（$P<0.05$），其中第 2 天对照组表达量为 1.52，处理组为 1.97；第 6 天对照组表达量仅为 0.67，而 MeJA 组为对照的 3 倍。贮藏后期两组果实 *VcJMT* 表达量接近，无显著差异。试验结果说明在采后常温贮藏前期，MeJA 能够促进蓝莓内源 MeJA 合成酶 *VcJMT* 的表达，因此，内源 MeJA 含量有可能在贮藏前期受外源 MeJA 影响而增加，在贮藏后期对内源 MeJA 合成没有影响。

综上所述，MeJA 处理蓝莓后常温贮藏期间果实原果胶水解速率被延缓，WSP 含量降低。细胞壁降解酶 PG 和 β-Gal 活性被抑制，使其保持在低水平，相关酶基因（*VcPG*、*Vcβ-Gal*、*VcPL*、*VcPE*）表达受到 MeJA 调控，在贮藏前期四种基因表达量都呈上升趋势，MeJA 使四种基因表达量降低，对蓝莓果实采后前期软化起到调控作用。

参与内源 JA 合成的基因 *VcAOS* 和 *VcJMT* 在蓝莓贮藏前期上调表达，外源 MeJA 处理后其表达量更高，参与 JA 信号转导的下游基因 *VcCOI1* 在贮藏后期被 MeJA 显著上调其表

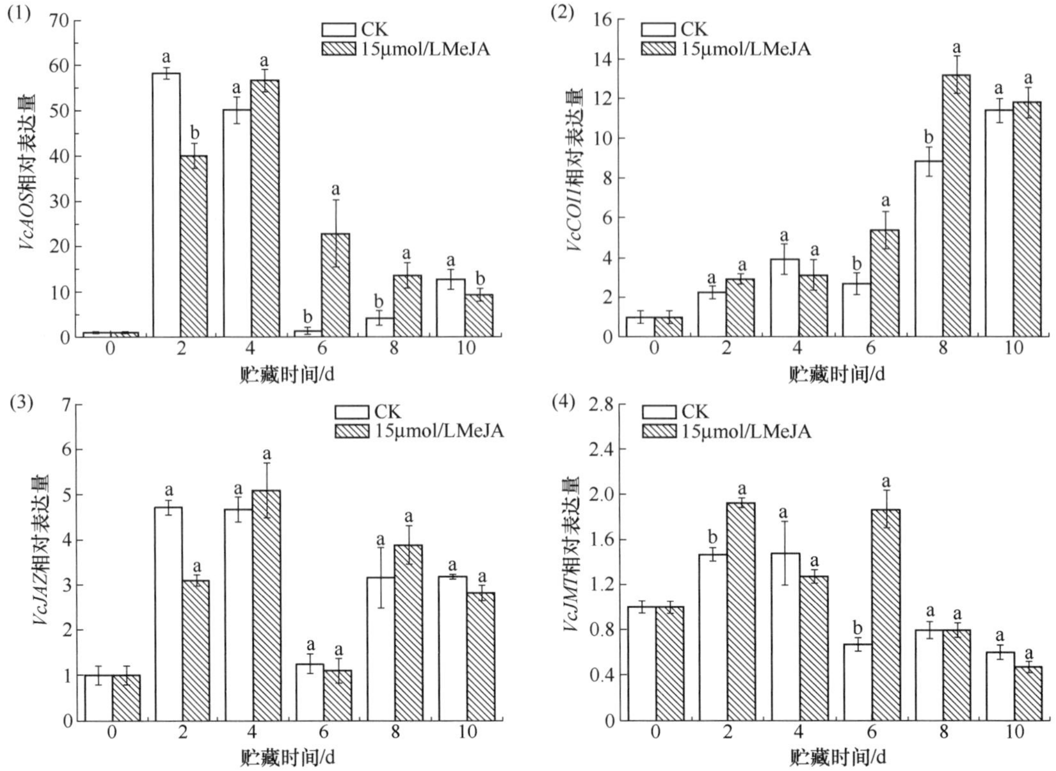

图 6-46　MeJA 处理对常温货架期间果实 *VcAOS*（1）、*VcCOI1*（2）、*VcJAZ*（3）、*VcJMT*（4）表达量变化的影响

不同字母表示在 $P<0.05$ 水平上差异显著

达量，*VcJAZ* 对外源 MeJA 的响应不明显，试验结果表明外源 MeJA 通过调控内源 JA 合成代谢途径促进了内源 JA 生成，从而对果实软化起到调控作用。

MeJA 处理蓝莓果实后常温贮藏期间对照组果实甜味大于 MeJA 处理，且对照组甜味呈增加趋势，而 MeJA 处理延长果实酸味保持时间，抑制了果实后熟。另外，MeJA 能够将蓝莓 SSC 维持在稳定水平，延缓了 TA、花青素、维生素 C、总酚和类黄酮含量的降低速率，提高了采后蓝莓的营养价值。对于提高后蓝莓抗病性，延缓后熟，MeJA 也起到积极作用。这些结论表明外源 MeJA 的应用可以维持蓝莓贮藏期间果实品质，延缓软化。

第六节　1-MCP 结合二氧化碳处理对蓝莓采后软化的调控作用

一、材料与条件

1. 主要试剂与材料

蓝莓果实“蓝丰”采摘于辽宁省沈阳市时圣蓝莓基地，挑选出颜色、大小与成熟度均一致，且无机械损伤的蓝莓果实用于试验。

MeJA 液体、果胶、咔唑、H_2O_2、浓硫酸、酚酞、氢氧化钠、2，6-二氯酚靛酚、盐酸、甲醇；OminiPlant RNA、HiFiScript cDNA Synthesis、UltraSYBR Mixture（Low Rox）试剂盒，CWBIO。

2. 主要仪器与设备

HH-S11 数显恒温水浴锅：郑州朋来仪器有限公司；Forma991 超低温冰箱：美国赛默飞公司；电子舌：北京盈盛恒泰科技有限责任公司；CT3 质构仪：美国 Brookfield 公司；DBR45 LH-T32 水果糖度测量仪：杭州陆恒生物科技有限公司；UV-1810 紫外分光光度计：北京普析通用科技公司。

3. 试验条件

处理组	处理方式	贮藏方式
不做处理	放入气调箱中	（20 ±0. 5）℃，80% ~85%相对湿度下贮藏 10d
1. 0μL/L 1-MCP	放入气调箱中	
50%CO_2 与 1. 0μL/L 1-MCP 结合	放入气调箱中	

二、试验方法

1. 硬度

使用 CT3 质构仪对果实硬度进行测定，探针直径为 8mm，测量深度为 7mm，测量速度为 0. 5mm/s，果实带皮并在赤道线部进行测定，本实验主要记录为果肉硬度。

2. 果实营养指标

SSC 含量：使用手持水果糖度测量仪对蓝莓果实 SSC 含量进行测定。

TA 含量：采用氢氧化钠滴定法测定。

固酸比：固酸比用 SSC/TA。

维生素 C 含量：采用 2,6-二氯酚靛酚滴定法测定。

花青素、总酚、类黄酮含量：参照曹建康等（2007）的方法：称取 0. 5g 蓝莓果皮放入研钵，加入少许经预冷的 1%盐酸-甲醇溶液，研磨匀浆后转入刻度试管中。随后使用盐酸-甲醇溶液冲洗研钵并定容，4℃避光提取 20min，取滤液分别与波长 280nm、325nm、600nm、530nm 处测定吸光度值。

3. 果实风味品质

参考 SA-402 B 味觉分析系统操作手册进行实验操作，参照电子舌说明书进行风味检测。

4. 果实细胞壁降解酶活性

参照曹建康等（2007）的方法进行测定。

5. 蓝莓果实软化相关基因及 ETH 转导相关基因表达量

蓝莓果实中总 RNA 的提取、cDNA 合成、qRT-PCR 分别按照植物型 RNA 提取试剂盒（RNA pure Plant Kit）、cDNA 合成试剂盒（HiFiScript cDNA Synthesis Kit）、荧光定量 PCR 试剂盒［UltraSYBR Mixture（Low Rox）Kit）］使用说明书进行试验操作。设计软件为 Premier 5.0，相关引物序列见表 6-7，并由金唯智生物科技有限公司进行引物合成。

表 6-7 实时荧光定量 PCR 引物

基因名称	缩略词	引物序列（5~3′）
Actin F	*ACT F*	5′-ACTACCATCCACTCTATCACCG-3′
Actin R	*ACT R*	5′-AACACCTTACCAACAGCCTTG-3′
polygalacturonase F	*PG F*	5′-CAGGGTCATGTGGCTGGTA-3′
polygalacturonase R	*PG R*	5′-AGACGGGCGGACGCTTAA-3′
beta-D-galactosidose F	*β-Gal1 F*	5′-CGCCGCCACAAAGTAAAT-3′
beta-D-galactosidose R	*β-Gal1 R*	5′-AAAGCAGGGTCTGACGATC-3′
beta-D-galactosidose F	*β-Gal3 F*	5′-AGGGTAGGCTAATGCG-3′
beta-D-galactosidose R	*β-Gal3 R*	5′-TCTCATGTCTGCCAGAGACAGTGGG-3′
beta-D-galactosidose F	*β-Gal2 F*	5′-GGTCCCATCATCCTCT-3′
beta-D-galactosidose R	*β-Gal2 R*	5′-CAAGCCTCAGTCCACA-3′
pectate lyase F	*PL1 F*	5′-CGATGGGCTGATTGATGC-3′
pectate lyase R	*PL1 R*	5′-TGCCTTGGCTGTTGATGGT-3′
Beta Glu F	*β-Glu1 F*	5′-TTCAAATCTACGGCATACAGG-3′
Beta Glu R	*β-Glu1 R*	5′-GATGCTATGAGGAATGGGTC-3′
pectate lyase F	*PL3 F*	5′-GTGGACCATTGCTCGTTGT-3′
pectate lyase R	*PL3 R*	5′-AATCTATTGCCTTGGCTGTTG-3′
Pectinesterase F	*PE2 F*	5′-TTACTTCTCCGTTAAGAGGCTGTC-3′
Pectinesterase R	*PE2 R*	5′-TTCCCGAATCTTCTTGTCAGC-3′
Pectinesterase F	*PE3 F*	5′-TTGAAGGTTCCGACAGGG-3′
Pectinesterase R	*PE3 R*	5′-GACGTGACTTGGTTGAGGC-3′
EIN3K14514 F	*EIN3 F*	5′-CCTCATCCAACAGCCAACC-3′
EIN3K14514 R	*EIN3 R*	5′-ATCAGGCAAAGTGCGTCTAG-3′
EIN3K14514 F	*EIN1 F*	5′-CAGAAGAAGAACCTCCCAATG-3′
EIN3K14514 R	*EIN1 R*	5′-CCCAAAGATGAGCGATGAC-3′
ETRK14509 F	*ETR1 F*	5′-TACCTAAGATGACACGAAACC-3′
ETRK14509 R	*ETR1 R*	5′-AGGAAACAGCCACAAAGC-3′
ETRK14509 F	*ETR2 F*	5′-CCTTCAGGTCCTCTTAGCCG-3′
ETRK14509 R	*ETR2 R*	5′-CCGAATCCTCAATGCGACT-3′

三、结果与分析

（一） 50%CO_2 结合 1-MCP 处理对果实硬度的影响

如图 6-47 所示，在贮藏过程中，对照组蓝莓的硬度呈现先下降再上升的变化趋势，硬度的下降程度较试验组大，在贮藏第 2 天与 1-MCP 处理组和 1-MCP 结合 50% CO_2 处理组有显著差异（$P<0.05$），这可能由于处理组及时抑制了蓝莓果实的后熟衰老。且第 6 天、第 8 天、第 10 天对照组的硬度较处理组显著降低（$P<0.05$）。可能由于对照组蓝莓在贮藏后期呼吸代谢较处理组旺盛，细胞壁相关酶活性、细胞壁代谢速率高，细胞壁降解而引起硬度下降，处理组较对照组在蓝莓贮藏期间硬度的维持上更有效。这可能由于 1-MCP 通过抑制蓝莓软化相关的酶活及基因表达减轻了蓝莓的后熟衰老，抑制了蓝莓的软化，1-MCP+50% CO_2 处理组可能在维持蓝莓硬度的基础上，抑制了蓝莓的呼吸，降低其代谢速率。

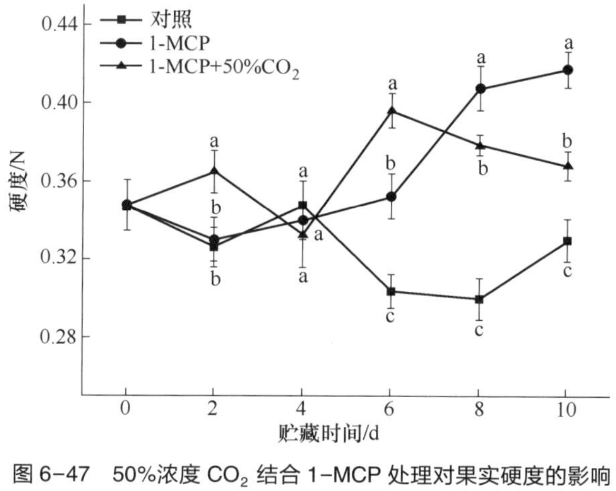

图 6-47　50%浓度 CO_2 结合 1-MCP 处理对果实硬度的影响

不同字母表示在 $P<0.05$ 水平上差异显著

（二） 50%CO_2 结合 1-MCP 处理对果实营养指标的影响

1. 50%CO_2 结合 1-MCP 处理对果实 SSC、TA、固酸比的影响

如图 6-48 所示，处理组延缓了蓝莓 SSC 的下降，维持了 TA，较对照组固酸比比值偏高。在贮藏前期（0~6d）对照组 SSC 偏高，而后期（6~10d）较低，处理组含量则在前期低于对照组，后期高于对照组，整体比较稳定。因此处理组在维持 SSC、TA，抑制固酸比的下降方面有显著效果。

2. 50%CO_2 结合 1-MCP 处理对果实维生素 C 含量的影响

如图 6-49 所示，蓝莓在贮藏过程中维生素 C 含量呈现先上升再下降的趋势，蓝莓的

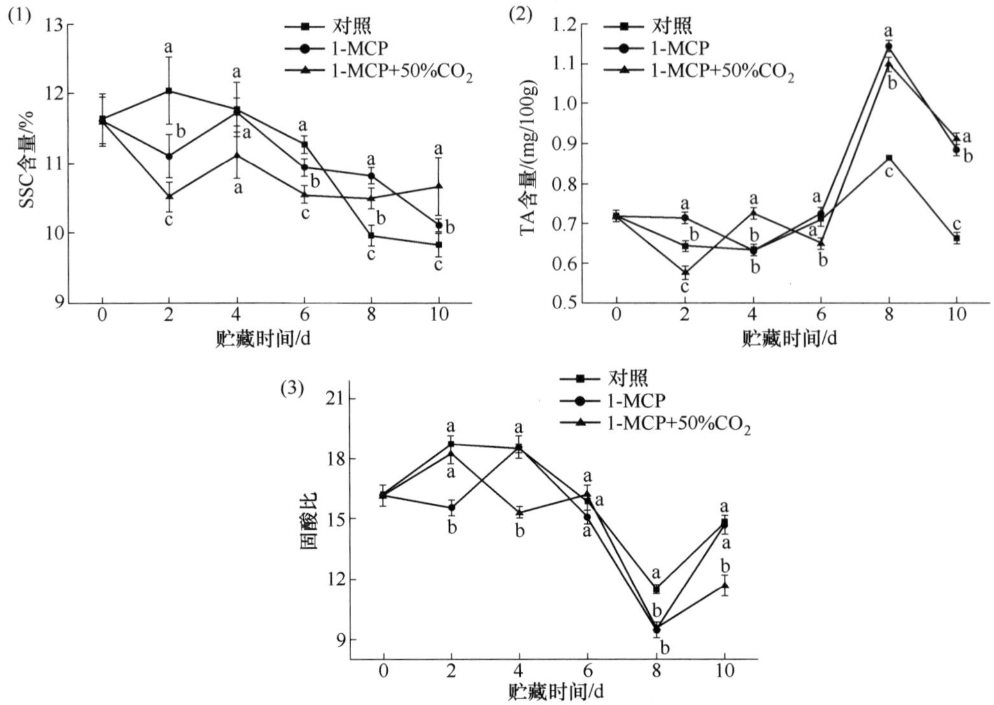

图 6-48 50%浓度 CO_2 结合 1-MCP 处理对蓝莓果实 SSC 含量（1）、TA 含量（2）、固酸比（3）的影响

不同字母表示在 $P<0.05$ 水平上差异显著

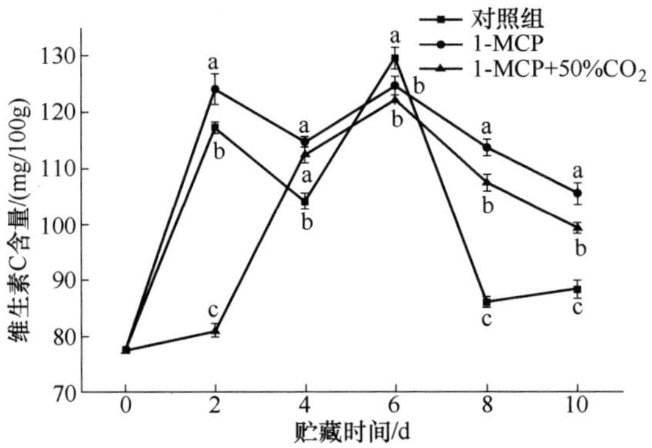

图 6-49 50%浓度 CO_2 结合 1-MCP 处理对蓝莓果实维生素 C 含量的影响

不同字母表示在 $P<0.05$ 水平上差异显著

维生素 C 含量为 80～130mg/100g。贮藏前期（2d、4d）对照组的维生素 C 含量较处理组高，这可能与伴随着果实的后熟，维生素 C 的合成增大，而对照组与处理组相比后熟进程快造成的。在贮藏后期（8d、10d），对照组的维生素 C 含量显著低于处理组（$P<0.05$），说明此时对照组已经后熟衰老，抗氧化能力下降，而处理组的代谢较慢，抗氧化活性较高。1-MCP 结合 CO_2 处理组有略低的维生素 C 含量，但显著高于对照组（$P<0.05$）。因此证明处理组能维持蓝莓的维生素 C 活性，即处理组的抗氧化活性较高。

3. 50%CO_2 结合 1-MCP 处理对果实花青素、总酚、类黄酮含量的影响

如图 6-50 所示，蓝莓在贮藏过程中总酚、类黄酮、花青素含量呈现缓慢上升的变化趋势，而对照组在贮藏后期下降。经 1-MCP 处理后同一贮藏时间点总酚、类黄酮、花青素含量较对照组都有显著降低（$P<0.05$），这可能是 1-MCP 能抑制花色苷和酚类、黄酮类物质的合成，进而抑制果实的后熟衰老。

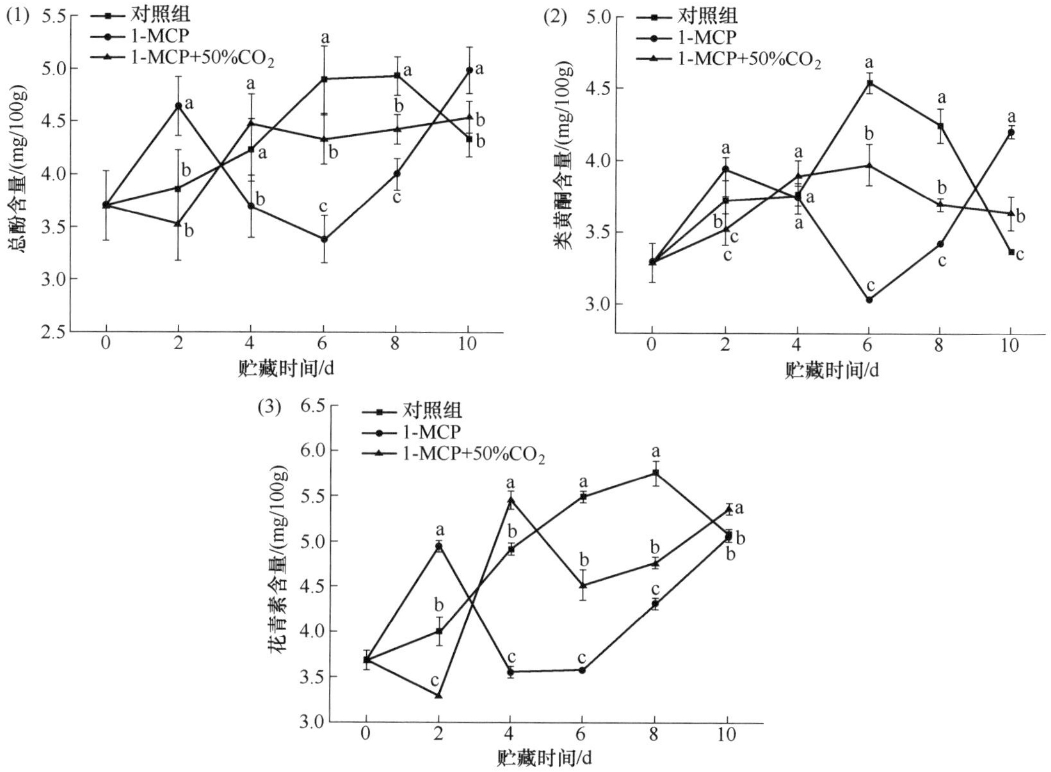

图 6-50 50%浓度 CO_2 结合 1-MCP 处理对蓝莓果实总酚（1）、类黄酮（2）、花青素（3）含量的影响

不同字母表示在 $P<0.05$ 水平上差异显著

总酚含量对照组呈现先上升再下降的变化趋势，处理组均呈现上升趋势。总酚含量在蓝莓的后熟衰老过程呈现动态的合成与分解现象。自发气调处理下的总酚含量变化与 1-MCP 结合 CO_2 处理组相似，在总酚含量上略高于后者。类黄酮含量呈现波动上升的变化趋势，且以 1-MCP 单独处理组含量较低，结合 CO_2 处理组居中而对照组最高。在贮藏后期，对照组的类黄酮含量显著下降而其他两组含量上升。说明对照组蓝莓随着成熟后逐渐衰老营养物质含量下降，而其他处理组的类黄酮还在逐渐合成。处理组有效地维持了蓝莓营养物质的含量。

1-MCP 与 CO_2 结合处理组花青素含量基本在对照组与单独 1-MCP 处理组之间，大致趋势为高于 1-MCP 单独处理组，而低于对照组。1-MCP 处理后花青素含量低可能与 1-MCP 抑制果实的颜色变化有关。因此结合 CO_2 处理组可能在保鲜的同时提高了蓝莓花

青素的含量。

（三） 50%CO_2 结合 1-MCP 处理对果实风味品质的影响

经电子舌检测分析可知，酸味是蓝莓的主成分，其中不同处理对蓝莓的酸味、甜味、鲜味有一定的影响，且对于酸味的影响最大。

在贮藏过程中，综合分析对照组的酸味较处理组低。如图 6-51 所示，在贮藏 2、6、

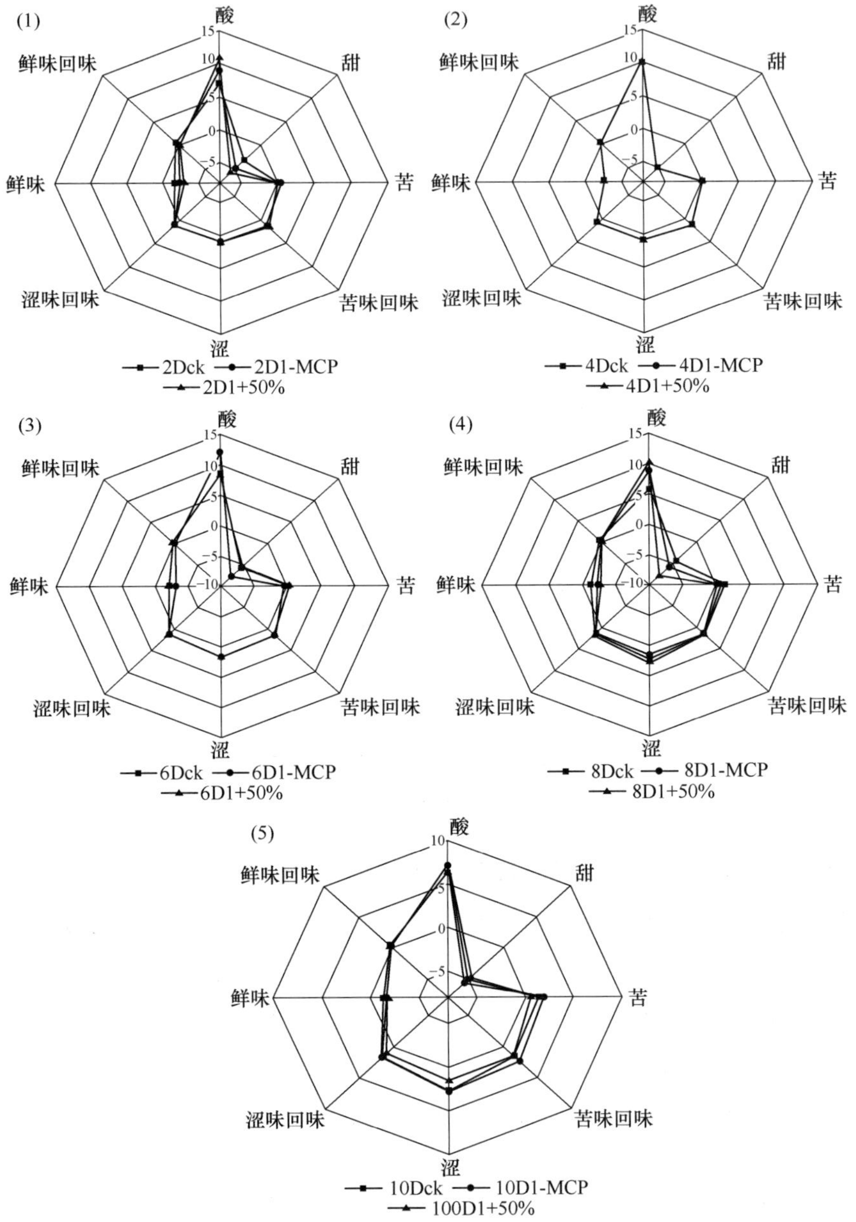

图 6-51　50%浓度 CO_2 结合 1-MCP 处理对蓝莓果实风味品质的影响

（1）贮藏 2d （2）贮藏 4d （3）贮藏 6d （4）贮藏 8d （5）贮藏 10d

8d 时对照组的酸味明显低于处理组，在贮藏 4d 货架期时各味觉之间不呈现显著性差异。在贮藏 2d 时，对照组的酸味低于处理组，甜味高于处理组，而此时鲜味高于处理组，同样现象在贮藏 10d 时亦可由电子舌雷达分析图直观展现。且同一组当中，酸味相对高时会存在甜味数值相对较低的现象。由此判断在贮藏过程中蓝莓的酸味-甜味-鲜味可能存在一定的线性关系。本试验证明了 1-MCP 处理组与 1-MCP+50% CO_2 处理组均能在一定程度上维持蓝莓的酸味，且两种处理对酸味的维持效果相当。

（四） 50%CO_2 结合 1-MCP 处理对果实细胞壁降解酶活性的影响

如图 6-52（1）所示，在贮藏 2~4d 时两个处理组 PG 活性比对照组有显著降低趋势，且在贮藏 6~10d 时 1-MCP+50%CO_2 处理组与单独 1-MCP 处理组能显著降低 PG 的活性（$P<0.05$）。如图 6-52（2）所示，除了贮藏期当天外，贮藏 2~10d 期间 1-MCP+50% CO_2 处理组 β-Gal 活性均低于对照组。

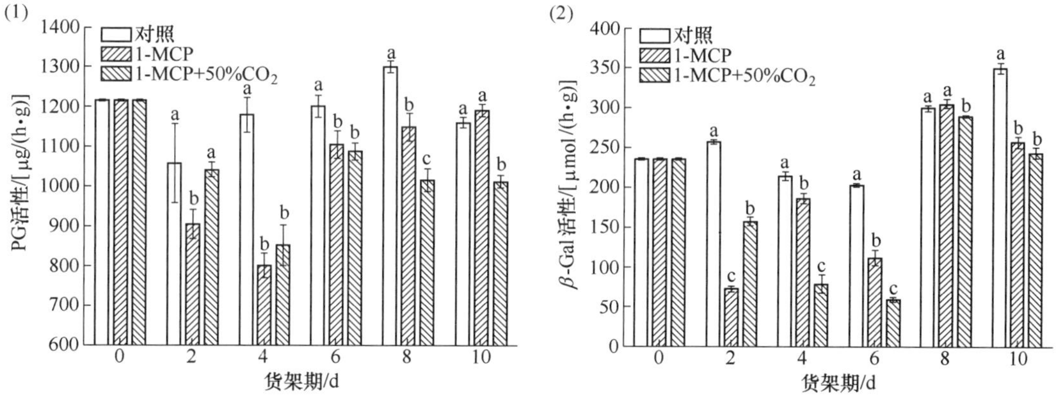

图 6-52　50%浓度 CO_2 结合 1-MCP 处理对蓝莓果实 PG（1）和 β-Gal（2）活性的影响

不同字母表示在 $P<0.05$ 水平上差异显著

（五） 50%CO_2 结合 1-MCP 对果实细胞壁软化相关基因及 ETH 转导相关基因表达量的影响

1. 50%CO_2 结合 1-MCP 对果实软化相关基因——*VcPG* 基因表达量的影响

如图 6-53 所示，处理组可以显著降低其贮藏初期 2d、4d 的 *VcPG* 基因表达量，而在贮藏 6d 时有所上升，这可能与贮藏后期处理组蓝莓品质优于对照组而代谢活动较为旺盛有关。

2. 50%CO_2 结合 1-MCP 对果实软化相关基因——*VcPE* 基因表达量的影响

如图 6-54 所示，在蓝莓贮藏初期，处理组可显著抑制 *VcPE* 基因的表达（$P<0.05$），后期抑制效果不明显。1-MCP 处理组在贮藏第 6 天对抑制 *VcPE* 基因表达的效果不明显；1-MCP+50%CO_2 处理组在第 2 天、第 4 天可显著抑制 *VcPE* 基因的表达（$P<0.05$），且在贮藏后期较 1-MCP 单独处理相比抑制 *VcPE* 基因表达效果显著。

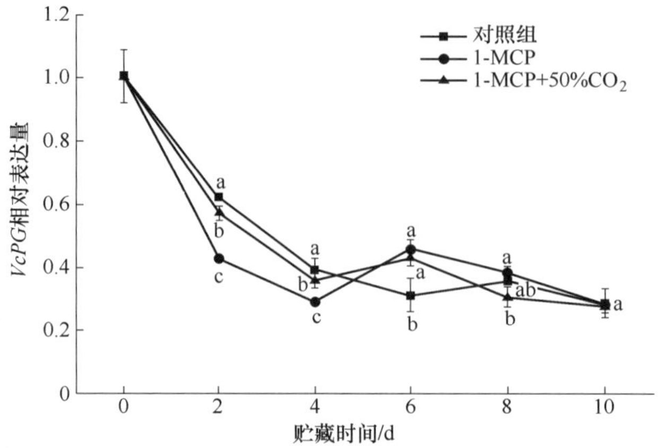

图 6-53 50%浓度 CO_2 结合 1-MCP 处理对蓝莓果实 *VcPG* 基因表达量的影响

不同字母表示在 $P<0.05$ 水平上差异显著

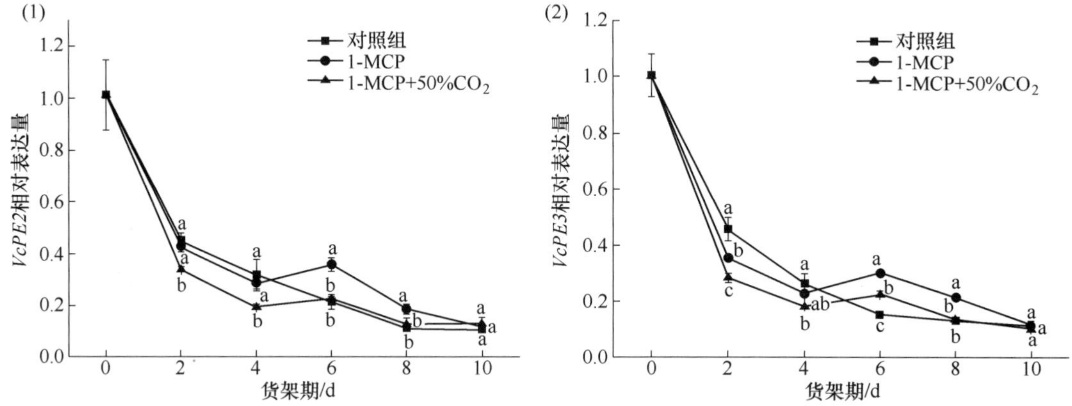

图 6-54 50%浓度 CO_2 结合 1-MCP 处理对采后蓝莓果实 *VcPE2*，*3* 基因表达量的影响

不同字母表示在 $P<0.05$ 水平上差异显著

3. 50%CO_2 结合 1-MCP 对果实软化相关基因——*VcPL* 基因表达量的影响

如图 6-55 所示，在蓝莓贮藏过程中，*VcPL1*，*3* 基因呈现下调的表达趋势，且处理组在第 2 天、第 4 天下调趋势较对照组明显，呈现显著性差异（$P<0.05$）。且在贮藏 2d 货架期时，1-MCP+50% CO_2 处理组与 1-MCP 处理组比较，可显著抑制 *VcPL* 基因的表达。经 1-MCP 单独处理与 1-MCP 结合 50%CO_2 处理后，处理组可显著抑制 *VcPL* 基因的表达，从而抑制细胞壁降解，维持了蓝莓的硬度，且结合 CO_2 处理组在 2d 的抑制效果更明显。*VcPL* 基因表达变化趋势相似，说明这 *VcPL* 基因家族中这两种基因可能发挥相同的作用。

4. 50%CO_2 结合 1-MCP 对果实软化相关基因——*Vcβ-Gal* 基因表达量的影响

如图 6-56 所示，处理组可显著降低贮藏 4~6d*Vcβ-Gal1* 基因、*Vcβ-Gal3* 基因的表达量，可显著降低整个货架期间 *Vcβ-Gal2* 基因的表达量，且在 2d、4d 的抑制效果更为显著（$P<0.05$）。贮藏期间通过抑制 *Vcβ-Gal2* 基因的表达而抑制 β-Gal 活性进而抑制细胞壁软化，维持蓝莓硬度。图中处理组较对照组相比 *Vcβ-Gal* 基因表达量情况均有不同程度的下

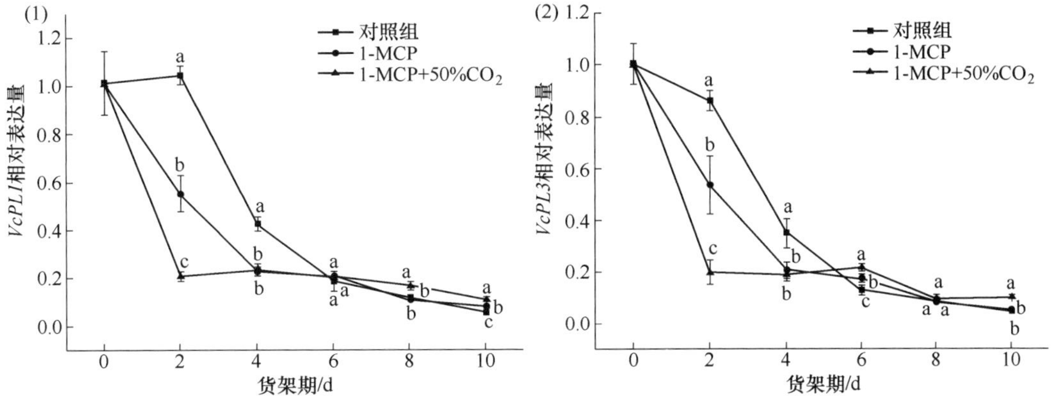

图 6-55 50%浓度 CO_2 结合 1-MCP 处理对蓝莓果实 *VcPL1*，*3* 基因表达量的影响

不同字母表示在 $P<0.05$ 水平上差异显著

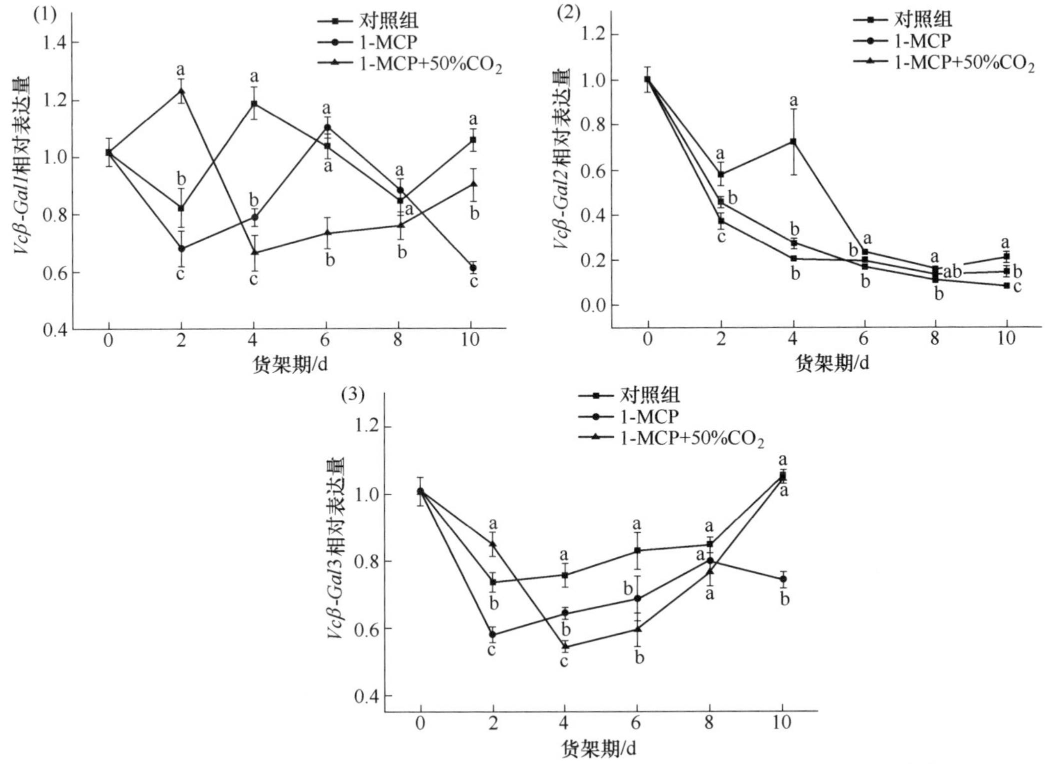

图 6-56 50%浓度 CO_2 结合 1-MCP 处理对蓝莓果实 *Vcβ-Gal1*（1），*Vcβ-Gal2*（2），*Vcβ-Gal3*（3）基因表达量的影响

不同字母表示在 $P<0.05$ 水平上差异显著

降。而 1-MCP 单独处理与结合 CO_2 处理组并无显著差异。

5. 50%CO_2 结合 1-MCP 对果实软化相关基因——*Vcβ-Glu* 基因表达量的影响

如图 6-57 所示，在贮藏 2d 时 1-MCP+50%CO_2 处理组可显著抑制 *Vcβ-Glu1* 基因表达量的下降，贮藏后期（6、8、10d）两组处理在 *Vcβ-Glu1* 基因的表达上较对照组高，呈现显著差异（$P<0.05$），两组处理之间不呈现显著性差异。

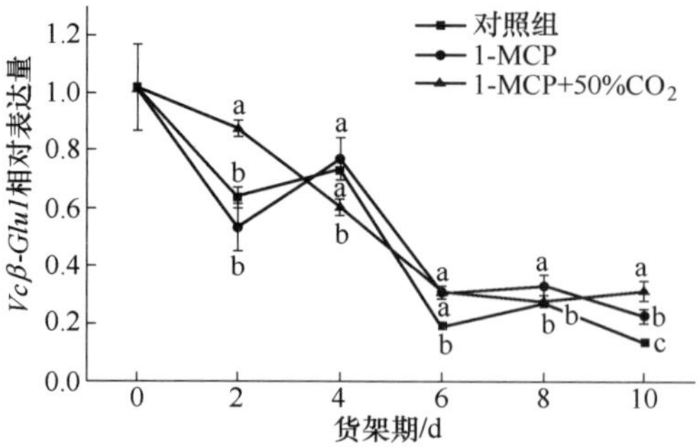

图 6-57　50%浓度 CO_2 结合 1-MCP 处理对蓝莓果实 *Vc β-Glu1* 基因表达量的影响

不同字母表示在 $P<0.05$ 水平上差异显著

6. 50%浓度 CO_2 结合 1-MCP 对果实 ETH 转导相关基因——*VcEIN* 与 *VcETR* 基因表达量的影响

由图 6-58 可知，在贮藏过程中基因表达均呈现先上调再下调的变化趋势。而处理组的基因表达量高峰显著低于对照组（$P<0.05$）。1-MCP 单独处理组与结合 CO_2 处理组差异不显著，这可能由于 CO_2 处理并不对 ETH 转导相关基因的表达产生影响。

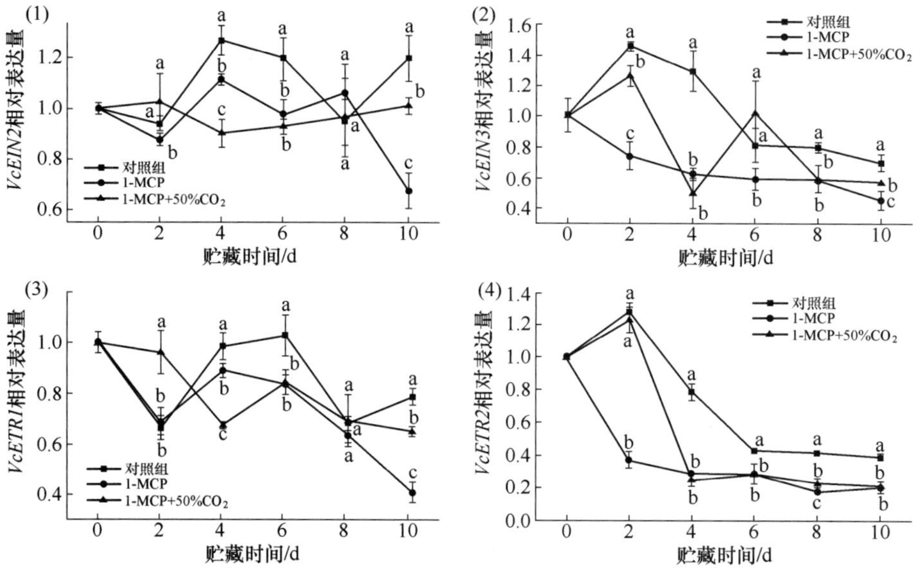

图 6-58　50%浓度 CO_2 结合 1-MCP 处理对蓝莓果实 *VcEIN2*（1）、 *VcEIN3*（2）、*VcETR1*（3）和 *VcETR2*（4）基因表达量的影响

不同字母表示在 $P<0.05$ 水平上差异显著

（六）不同处理蓝莓相关指标的 PCA 得分图

共测定 32 个指标自动拟合出 4 个主成分，其特征值大于 1 的方差累计贡献率达到 80.3%，前两个主成分的累计方差贡献率为 58.7%。利用测得的软化、感官品质、营养品质、软化相关基因及 ETH 转导相关基因等共 32 个指标，自动拟合出 4 个主成分。

如表 6-8 所示，第一主成分与第二主成分贡献率分别为 41.1%与 17.6%，总贡献率为 58.7%，特征值大于 1 的主成分累计贡献率为 80.3%，可基本代表所有信息。由图可看出，对照组与两个处理组在空间位置分布较远，纵坐标的正半轴几乎分布了对照组的所有信息，对照组 4d 与 6d 也在靠近纵坐标正半轴的位置；纵坐标的负半轴几乎分布了 1-MCP 单独处理与 1-MCP 结合 50% CO_2 处理组的所有信息。由空间分布可见对照组与处理组之间差异明显，而两个处理组间差异不明显。图 6-59（1）中从右到左依次基本对应贮藏时间的 0~10d，结合载荷图 6-59（2）可知大多数基因在贮藏前期表达量较高，而营养成分与硬度、酶活性在贮藏中后期表达量较高。处理组 2d、4d、6d 的品质与对照组 2d、4d 较为接近，而对照组 6d 的品质状态与 1-MCP 结合 50% CO_2 处理组在贮藏 10d 时比较接近。1-MCP 处理组与其他两组有一定差异。

表 6-8　累计贡献率统计

成分	R2X	R2X（cum）	特征值	Q2	限度	Q2（cum）	显著性	迭代次数
0	Cent.							
1	0.411	0.411	7.4	0.292	0.0842	0.292	R1	13
2	0.176	0.587	3.17	0.0545	0.0882	0.331	R2	26
3	0.121	0.708	2.18	0.0478	0.0927	0.363	R2	50
4	0.0942	0.803	1.7	0.115	0.0978	0.436	R1	15

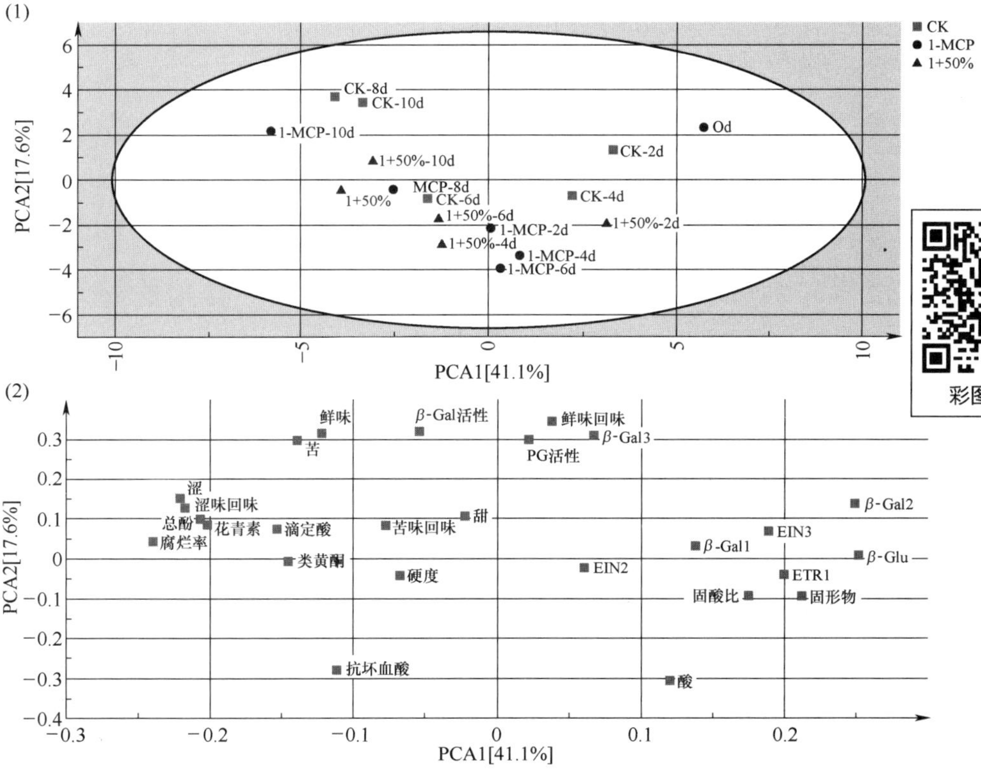

彩图6-59

图 6-59　（PCA-X）不同处理蓝莓的 PCA 得分图与载荷图

利用 OPLS-DA 模型中的 SUS-plot 图和 VIP 值对本试验测定的 32 个指标进行统计分析，通过模型拟合后得到图 6-60。由图 6-61（2）可直观看出 VIP 值大于 1 的指标为图中从左到右—酸到 *VcEIN2*。在软化指标中硬度、PG 活性、β-Gal 活性为主要差异指标。在营养、感官指标中酸、甜、鲜味、鲜味回味、花青素为主要差异指标。在基因指标中 *VcEIN3*、*Vc-ETR*、*Vcβ-Gal2*、*VcEIN2*，为主要差异指标。结合图 6-61（1）可看出图 6-61（2）中的差异指标分布在 SUS-plot 图的两端，*Y* 轴正半轴与负半轴的指标呈现一定的负相关，例如随甜味的上升，酸味下降。

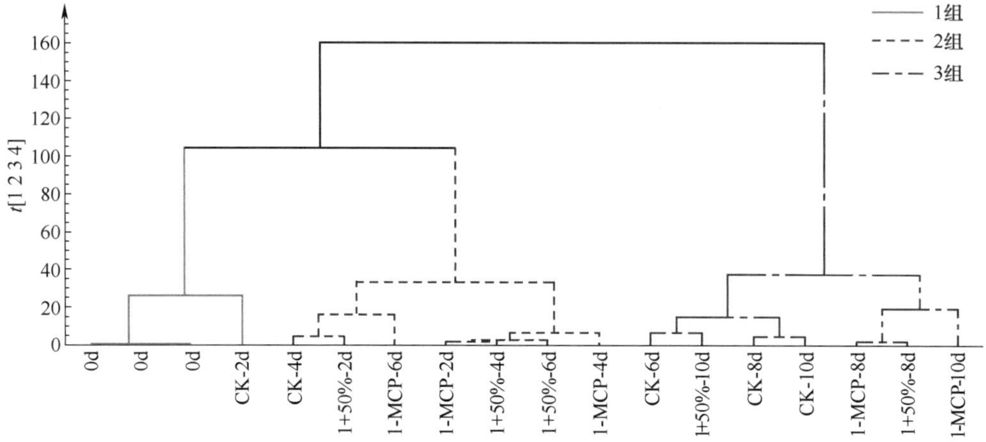

图 6-60 不同处理蓝莓的 HCA 树状图

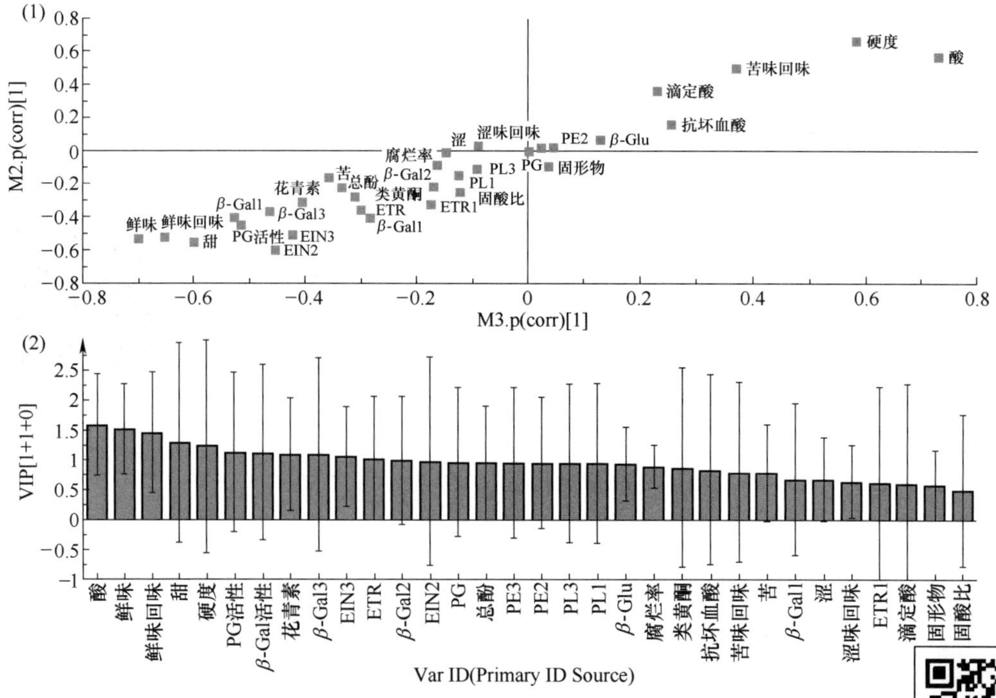

图 6-61 不同处理蓝莓的 SUS-plot 与 VIP 图

彩图 6-61

如图 6-61 所示，本节通过分析对照组、1-MCP 单独处理和 1-MCP 与 50% CO_2 组合处理优势，发现组合处理具有更低的软化基因表达量，以及更低的 PG、β-Gal 酶活性，还在总酚、类黄酮、花青素营养物质含量上较 1-MCP 处理组有显著的提高。综合软化相关的基因表达规律分析推测，蓝莓的软化是由 *VcPG*、*VcPE*、*VcPL*、*Vcβ-Gal*、*Vcβ-Glu* 的表达主要引起 PG、β-Gal 活性的上升，PG 水解 1,4-α-D-半乳糖醛酸，β-Gal 水解 β-1,4-半乳糖键，去除果胶侧链中的半乳糖残基，从而引起多聚半乳糖苷键的断裂，并与其他酶协同作用降解 CEL、果胶、木质素等，从而引起蓝莓细胞壁支撑力的下降，进而引起蓝莓果实硬度的下降，因此组合处理能更好地维持蓝莓的硬度。

第七章

蓝莓采后物流保鲜与贮藏技术

第一节 蓝莓产地预处理技术

一、产地采收

1. 采收技术

采收过程是蓝莓生产过程的重要环节，我国蓝莓仍以人工采收为主，这一过程产生的费用占蓝莓生产过程总成本的40%~50%，此外，这一过程还受到天气、温度等因素影响，要尽可能在最佳采收时间内完成对果实的采收，否则将影响果实质量。蓝莓的采收作业具有季节性强、劳动密集、劳动强度大等特点，当果实不能及时被采收时会造成浪费，提高蓝莓采收效率对发展蓝莓产业具有重要意义，蓝莓机械化采收已成为当前农林机械领域中的研究热点。国外的蓝莓采收机研究起步较早，最早开始蓝莓机械采收研究的国家是美国，采收机械的科技水平与自动化程度都较高，已基本实现了机械化采收，国内对采收机的研究较晚，技术仍不完备。

目前，蓝莓机械采收装置主要有机械振动式、气力式以及采收机器人式三种，机械振动式具有迅速有效分离果实与植株的特点，适用于大面积、规模化果实采收，应用最为广泛。气力式采收与机器人采收技术在果实无损采收上有着明显优势，但由于受到经济、科技等因素的限制，目前在蓝莓采收上仍处于初步应用阶段。采收机器人能够实现蓝莓果实的精确采收，且工作过程对蓝莓果实的损伤较小，但由于采收环境复杂，作业对象特殊，技术尚未成熟，目前仍未实现商业化（王虹虹等，2020）。

2. 不同产地蓝莓果实品质不同

研究显示，相同品种的蓝莓在不同地区的外观形态、理化特性及营养成分存在较大差异，相近地域存在少量相同品种，各地主栽的蓝莓品种随地域存在极大差异而主栽品种也相差较大，这也说明各个蓝莓品种具有其最佳适宜的环境。

辽宁丹东、庄河北部及庄河东部和山东青岛种植的“北陆”在外观、理化及营养成分等方面存在显著差异，且产地对各项指标的影响不同，如丹东种植北陆果实密度、pH、SSC、糖酸比和维生素C含量均显著低于种植于庄河北部和东部的北陆，而丹东种植北陆的总酸、含水量和POD活力却显著高于种植于庄河北部和东部的北陆，说明小区域内也存在差异；山东青岛种植北陆的硬度、SSC和维生素C含量显著低于东北种植的北陆，然而青岛北陆的花色苷和总酚含量分别是东北种植北陆的3倍和10倍（谢国芳等，2020）。

二、分级技术

当前，蓝莓果实分级的方法主要有蓝莓果实分级机和人工目测法两种方法。蓝莓果实分级机是按果实大小进行分级，在传统的方法中，采用漏网层分级，筛选筒分级等。它的工作原理是使果实沿着具有不同尺寸的网格或缝隙的分级筛移动，最小果实先从最小网格漏出，然后较大果实从较大网格漏出，按网格尺寸的差别，依次选出不同级别的果实，对果粉、果形有一定的损害，影响蓝莓果实品质。

人工目测法是更普遍的分级方法，流水线上的工人通过目测果实果粉、果蒂撕裂、果形和果实成熟度，根据蓝莓果实的几何特性和色度特性评估蓝莓等级。但人工作业也存在劳动强度大，成本高，效率低，分级人员视觉容易疲劳；分级质量受劳动者主观影响大；增加人工与蓝莓的直接接触机会，影响产品的食品卫生安全等不足。

针对蓝莓果实的传统分拣方法效率低的问题，基于机器视觉的蓝莓果实分级研究，提出以成熟蓝莓彩色图像作为研究对象，采用最大类间方差法对目标区域进行分割，并计算出蓝莓果实区域的面积和周长。结果表明蓝莓果实面积计算的平均准确率为98.93%；蓝莓果实周长计算的平均准确率为87.74%。实现了对蓝莓果实的准确分割，对机器视觉技术用于水果分级具有重要意义（李建航等，2021）。

三、预冷技术

1. 简介

在现代果蔬流通体系中，预冷处理可以最大限度地减少果蔬在运输和销售过程中加速变质、腐烂，延长货架期。研究人员发现在日本和欧美各国的实践中，预冷处理表现出了重要的作用，对减缓果蔬腐烂发挥了很好的效果，并且预冷技术符合人们对果蔬绿色、安全、无污染的预期。随着我国经济的发展和市场的需求，我国各高校和研究院所都对预冷技术越来越重视。预冷是用各种方法来去除刚刚采摘的果蔬田间热的一种防腐保鲜技术。预冷处理可以明显降低果蔬的呼吸速率和ETH的释放量，减少果蔬内营养物质的消耗，从而延长果蔬贮藏时间（张怡等，2020）。

2. 预冷处理方式

果蔬预冷方式按照冷媒和操作方式不同主要有冰预冷、冷水预冷、冷风预冷和真空预冷四种，而冷风预冷法又可以分为常规冷库预冷、强制通风预冷、差压通风预冷三种方法（范尚宇，2016）。

（1）冰预冷　是利用冰的低温和冰的融化吸热对果蔬进行快速冷却去除果蔬田间热的方法。这种方法操作较为简单，但有一个明显的缺点，那就是冰块本身也要占一定体积，这样无疑会增加运输成本。另外，冰融化的水在容器中无法排出，果蔬表面一旦水分过多反而会加快果蔬腐烂的速度。

（2）冷水预冷　是将刚采摘的果蔬与冷水接触，向果蔬喷淋冷水或将果蔬浸泡在冷水中，从而达到使果蔬快速降温目的的方法。其优点是操作简便、成本较低、果蔬在预冷过程中不会出现干耗。但其缺点在于，冷却水的反复使用可能会增大果蔬被污染的可能性。冷水喷淋、隧道式冷水喷雾和冷水浸泡是在生产实践中应用较多的三种冷水预冷操作。

（3）冷风预冷法　又可以分为常规冷库预冷、强制通风预冷和压差通风预冷三种方法。

① 常规冷库预冷　将刚采摘的新鲜果蔬放于冷库中，通过冷库中的冷空气与果蔬的热交换来达到果蔬降温的目的。冷库预冷只需将待预冷果蔬放入冷库即可，具有操作简单的特点，但冷库预冷方法与其他预冷方式比速度慢，是现阶段我国果蔬预冷常采用这一预冷方式。

② 强制通风预冷　是在冷库内装上大功率风扇从而强制冷库内空气流通的一种果蔬预冷方法。这种方法适合于瓜果蔬菜的快速降温处理，其预冷速率较冷库预冷有很大提高。强制通风预冷装置相对成本较低，符合我国现阶段国情和生产特点，且对保持果蔬品质起到了较好的作用，适宜在果蔬产地推广。

③ 差压通风预冷　是与强制通风预冷类似的一种预冷方法，压差预冷需要在冷库内安装差压风机和静压箱。预冷时将刚采摘的果蔬按一定方式摆放在箱内，用差压风机抽吸冷空气，箱子两侧产生一定的压力差，使冷空气从预冷箱内流过，差压预冷可以显著提高水果的预冷速度。在使用压差预冷法对果蔬进行预冷时要注意预冷箱的摆放方法，一般将预冷箱摆放两排，上方罩上不透风的材料，使风能全部从预冷箱内流过，加快预冷速度。差压预冷法硬件建设费用高于强制通风预冷法，预冷时还要更多考虑果蔬的码放方式，但差压预冷的预冷效果在三种冷风预冷方式中最好，使差压预冷受到市场的青睐，在我国及一些发达国家的研究和应用前景较好，学者们都纷纷加入对差压预冷的研究中。

（4）真空预冷　是一种利用果蔬内部水分蒸发吸热使果蔬热量降低，以达到快速降低果蔬温度和呼吸作用速率的方法。将环境压力降低后，水的沸点也会随之从 100℃降低，随着真空度的增大水就能在低温条件下蒸发，而蒸发过程需要吸热，这样果蔬的温度就会降低。这种预冷方式资金投入较大，推广起来有很大困难（范尚宇，2016）。

以蓝莓为试材，对比分析了不同预冷方式的预冷效果，以及不同预冷方式处理后对低温蓝莓贮藏品质的影响，结果表明 3 种不同预冷方式的预冷速率为冷水预冷>强制通风预冷>常规冷库预冷，冷水预冷速率最快。与对照组比较，蓝莓采后贮藏前适当预冷可以有效抑制蓝莓代谢，保持蓝莓果品的生理生化品质，维持其新鲜度。实际应用中，强制通风预冷方式的操作简易、投资少等优点在现有的产地预冷中得到广泛的运用（张怡等，2020；潘仟仟等，2016）。

四、包装技术

采用合理的保鲜包装技术是降低果蔬损耗率、延长保鲜期的重要手段之一。另外，随着电子商务的快速发展，消费者对果蔬保鲜品质的要求不断提高，这使得市场对保鲜包装性能的要求也在提升。保鲜包装技术不仅能够改变和监控包装内的环境（如 O_2、CO_2 和 C_2H_4 等气体浓度及相对湿度），并且可保护包装内的果蔬产品免受外界环境（如气体、微生物、异味、光或机械损伤等）的影响。

果蔬保鲜包装技术可分为气调包装技术、活性包装技术和智能包装技术等。与传统果蔬保鲜包装技术相比，现代果蔬保鲜包装技术既要有阻隔果蔬免受环境污染的作用，也要在保障果蔬的质量、安全和延长货架期等方面有积极作用（郭风军等，2019）。

1. 气调包装技术

气调包装技术是通过改变包装内的气氛，使新鲜果蔬处于有别于空气组分的气氛环境中而延长其贮藏期的保鲜包装技术。气调包装包括自发气调包装和充气气调包装两大类型。果蔬自身呼吸代谢调节贮藏环境的 O_2 和 CO_2 比例，减少果蔬自身有机物的消耗，进而使果蔬的营养品质得到较好维持的一种技术；充气气调包装则是先将包装内的空气抽走，再充入特定比例的混合气体，形成目标气调环境。与自发气调包装相比，充气气调包装借助外力可快速建立特定的气调环境（张鹏等，2017）。

2. 活性包装技术

果蔬保鲜活性包装技术利用吸收、释放、迁移气体或物质（如吸收或释放 O_2、CO_2、ETH 等气体及释放抗菌物质等）改变果蔬贮藏条件，从而达到保持果蔬品质和延长货架期的目的。按照活性材料的功能，可用于果蔬保鲜的活性包装主要有 O_2 吸收/释放包装、CO_2 吸收/释放包装、ETH 控制包装、控湿/防雾包装及抗菌包装等。

通过 1-MCP 结合 ETH 吸附剂对蓝莓贮藏品质及生理的影响进行探究，结果表明 0.8μL/L 1-MCP+ETH 吸附剂和 1.2μL/L 1-MCP+ETH 吸附剂处理均能够显著降低果实腐烂率、软果率，延缓了果实的硬度和咀嚼性的下降，降低了果实的呼吸强度和 ETH 生成速率，保持了更好的营养品质及酶活性（曹森等，2017）。

研究 PLA/PHA 活性抗菌薄膜对蓝莓低温保鲜效果的影响，结果表明含有精油的活性抗菌薄膜能有效降低蓝莓果实的烂果率、失重率，延缓果实花色苷和维生素 C 含量的降低，一定程度上保持了果实的硬度。其中，尤加利精油/PLA/PHA 保鲜膜包装对维持蓝莓果实新鲜度，降低果实水分蒸发，维持总酚含量效果最佳（沈春华等，2018）。

3. 智能包装技术

果蔬保鲜智能包装技术是一类在果蔬产品流通与销售过程中监测包装产品的环境条件和获得果蔬产品的质量与安全信息，并将信息传递给管理者或消费者的包装技术。智能包装技术主要分为指示标签技术、射频识别技术和传感器技术等，也可分为诊断或检测技术和信息技术等。指示标签技术分为温度指示标签技术、新鲜度指示标签技术和气体指示标签技术；传感器技术分为生物传感器技术和气体传感器技术。目前，蓝莓在这一技术上的应用较少。

第二节 蓝莓贮藏保鲜技术

一、物理保鲜技术

贮藏温度、贮藏环境的气体成分、光照等都是影响蓝莓保鲜期的重要影响因素，物理保鲜技术是通过改变这些贮藏条件来达到保鲜效果。蓝莓中常用的物理保鲜技术主要有低温保鲜、热激保鲜、辐照保鲜、气调保鲜、低温等离子体保鲜等，在蓝莓鲜果保鲜中均有良好的表现。

1. 低温保鲜

目前，低温储藏是最常用的保鲜方法。由于温度降低，果实的呼吸作用变弱，代谢速度变慢，体内活性物质的消耗减少。同时，有效降低了微生物感染的风险，保持了蓝莓的品质，延长了贮藏期。低温保鲜方式包括冷藏和冰温贮藏，冷藏温度一般为0~8℃。研究表明，5℃冷藏是较为适宜云南主栽蓝莓果实“夏普蓝”的温度条件。综合分析不同蓝莓品种果实的品质变化，10℃贮藏下，各品质下降速率较快，不适于蓝莓品质保存；4℃贮藏下，“蓝金”“北陆”“布里吉塔”类黄酮、总酚含量增加，因此可做短期贮藏（0~7d）；0℃和-1℃贮藏中维生素C、花青素含量下降速率较慢，总酚、类黄酮出现增加趋势，因此可作较长期贮藏（28~35d）(张瑜瑜等，2021；张兰，2021；张伟龙等，2020)。

冰温贮藏是一种新型的果蔬低温保鲜技术，其温度一般在0℃以下、果实冰点温度以上以达到抑制果蔬呼吸代谢、减少果蔬营养物质的损失、延长果蔬贮藏期的目的。冰温贮藏能够延缓多种果蔬水分含量、SSC含量和维生素C含量的下降，延长了果实贮藏期(常志娟等，2014)。通过冰温贮藏和气调保鲜相结合的方式，发现这种结合方式将草莓硬度、SSC含量及TA含量维持在较高水平，延缓了果实维生素C含量下降，保持果实贮藏品质。不同果蔬适宜不同的低温温度，果蔬在过低或不适的温度中很可能会发生冷害，冷害使果蔬发生褐变，易感染细菌，导致腐败，例如葡萄在略低于最适温度下贮存比更低温．度贮存将更易发生冷害（栾福磊和张奎，2018）。

2. 热激保鲜

热激一般是通过热水、热蒸汽等方式浸泡、熏蒸果蔬材料，这种保鲜方式无毒且不会造成污染，容易操作，对于抑制果蔬腐烂，延缓果蔬的后熟衰老都起到重要作用，已在多种果蔬保鲜上得到应用。热激是在果实采摘后以高于果实成熟季节的温度（一般在35~50℃）处理果实，旨在杀死或抑制病原微生物的活动，改变酶的活性，调节果实生理生化代谢，从而达到藏保鲜的效果。通过对采后蓝莓果实进行不同热激温度处理的研究发现，35℃热激处理2min在一定程度上延缓了果实的衰老，有利于灿烂蓝莓贮藏保鲜。

3. 辐照保鲜

辐照是一种冷杀菌技术，无放射性残留、安全可靠，能较好地保持果实原有的色、香、味，通过杀死腐败微生物达到延缓果实后熟和衰老，具有杀菌彻底、低温、无任何残留的优点。辐照保鲜属于非热加工技术，可有效地保持果实的营养成分。主要分为$^{60}Co-\gamma$辐照保鲜、短波紫外线（short-wave ultraviolet，UV-C）辐照保鲜，X 射线、γ 射线、高能电子束辐照保鲜等方法。可以迅速杀死果实表面的微生物，对于有的植物还可以改变其内部的生理代谢、抑制酶活性，例如通过辐照技术可以对马铃薯进行抑芽。1.5kGy $^{60}Co-\gamma$ 射线辐照的中小果径蓝莓果实能够保持良好的品质，延缓贮藏期间的品质劣变。2.0kJ/m^2 处理对蓝莓贮藏保鲜效果最好，有效抑制了采后蓝莓的失重和腐烂（王琛等，2020；张菊华等，2017）。辐照处理“蓝丰”蓝莓，2.5kGy 的辐照剂量可以显著地提高蓝莓果实的抗氧化能力，减少 H_2O_2 和 $\cdot O_2^-$ 的产生，可以抑制细胞壁降解酶的活性以及其基因的表达，可以维持细胞膜的完整性，延缓膜脂过氧化（王琛，2016）。辐照处理在其他果实中也有着很好的防腐保鲜作用，可能是在直接杀死果实表面微生物的同时激活了果实的自身防御系统。

4. 气调保鲜

气调保鲜技术是通过人为调控贮藏环境中 O_2、CO_2、ETH 等气体成分的浓度，控制果蔬贮藏的微环境，改变果实细胞膜的渗透性从而抑制果蔬的呼吸作用，维持果蔬品质的一种方法。气调保鲜主要有两种：被动气调（modified atmosphere，MA），主动气调（controlled atmosphere，CA）。一般来说，MA 指通过果蔬本身的呼吸作用，吸收环境中氧气，释放 CO_2，调节气体比例，成本低廉，省时省力，但需要时间长，效果不明显；CA 是根据果蔬品种、类别的不同，挑选最适贮藏环境，调节气体成分、比例、湿度等，是一种高效的保持果实品质的技术手段，能够精准地调节贮藏环境，但成本较高（黄良等，2018）。研究表明，在（1±0.5）℃的贮藏温度下，气体比例为 $5\%O_2+20\%CO_2$，对蓝莓有显著的保鲜效果，保鲜期可延长 15~20d。目前，在果蔬的冷链物流中已经使用到气调保鲜（何伟，2020），但在船用果蔬气调保鲜研究中，传统的 MA、CA 不能够保障果蔬品质，因此在传统气调技术上加以创新，融合了开环气体、PID 精确控温等技术，保证了果蔬品质（周华华等，2017）。

CO_2 与 O_2 不同配比对果实进行保鲜，主要是从使果实的呼吸代谢维持在较低水平同时抑制微生物的生长繁殖方面延长果实货架期。不同种类的果实对 CO_2 的耐受程度不一，高浓度 CO_2 处理苹果、梨果实会引起其果肉褐变，处理马铃薯会产生苦味，处理叶菜果实会出现水渍状，但是高浓度 CO_2 处理蓝莓、葡萄、草莓可延长其货架期、处理柿子可以起到脱涩作用并提升感官品质。相对来说浆果类果实比核果类果实有着更高的 CO_2 耐受能力。

5. 低温等离子体保鲜

低温等离子体主要是通过电场或磁场电离介质气体使之处于高度电离状态，形成含有多种活性基团和粒子（自由电子、自由基、臭氧和紫外光等）的等离子体，可破坏微生物的细胞结构，致其死亡。王卓等研究表明低温等离子体可通过杀菌减缓蓝莓的腐败，同时提高蓝莓 SOD、CAT、PPO 和 POD 等抗氧化相关酶的活力，保持蓝莓在贮藏期间的品质（王卓等，2018）。

二、化学保鲜技术

化学保鲜利用化学合成制剂作为保鲜剂来维持蓝莓的品质，主要通过抑制和清除蓝莓表面的病原微生物，或渗透到果实细胞中调控蓝莓的代谢活动来达到保鲜效果。喷涂浸泡保鲜其抑制软化、抑制病菌生长、延长货架期大多是因为喷涂物成膜隔绝霉菌侵染、本身有抑菌作用而抑制霉菌生长、成膜后可调节果实的微环境，延缓果实的呼吸作用等方面延长果实货架期。喷涂保鲜对于体积较大的果实保鲜效果更明显，使用也更为方便。

（一）化学保鲜方法

常用的化学保鲜方法有 1-MCP 保鲜、钙处理保鲜、褪黑素保鲜和二氧化硫保鲜等。

1. 1-MCP 保鲜

1-MCP 本质为环状碳氢化合物，含双键结构，其中甲基取代 1 位的氢离子，分子性质活泼，无色无味，广泛应用在果蔬采后处理中。相关研究表明，使用 0.8μL/L 1-MCP 对“园蓝”蓝莓果实的处理效果最好，能够有效延缓 TA、SSC 的下降，增加了花色苷和多酚含量。在使用 1-MCP 结合低温处理枣果实后，减轻了果实褐变和软化程度（刘慧等，2022）。使用 400nL/L 1-MCP 处理香蕉果实后，抑制了果实呼吸强度，延缓果实成熟，ETH、IAA 和 ABA 信号通路相关基因的表达明显下降。1-MCP 处理效果在呼吸跃变型果实中更加显著，猕猴桃贮藏过程中随着品质裂变产生酒精气味，而 1-MCP 处理能够避免酒精产生，降低果实的呼吸速率（Maratab *et al.*，2021）。1-MCP 不但能够减轻苹果细胞膜损伤，而且能够在苹果贮藏期调控果皮、果肉组织中 Cu/Zn SOD 相关基因表达量（张俊虎，2020）。

2. 钙处理保鲜

钙离子是植物细胞壁和细胞膜结构的重要组分，对维持植物正常生命活动具有重要意义。目前，已广泛应用在果蔬的采后处理中。在蓝莓的采后处理中已有研究使用氯化钙进行保鲜处理，贮藏在 4℃环境中，与对照组相比，处理后果实腐烂率下降，硬度、原果胶下降缓慢，总抗氧化能力上升，处理效果好（张礼良等，2020）。使用氯化钙处理甜柿后，果实硬度、色差下降缓慢，细胞壁代谢软化酶 PG、PE、PL 活性上升缓慢，较大程度地保证了果实品质（孙文文，2021）。

3. 褪黑素保鲜

褪黑素是一类吲哚胺类物质，产生于动植物体内。使用褪黑素处理葡萄，浓度为

200μmol/L 效果最好，不仅延缓 TA、SSC 的下降，而且能够防止果实出现掉粒情况（史星雲等，2022）；0.3mmol/L 的褪黑素处理草莓后，通过抑制抗氧化酶活性，降低膜脂过氧化作用，并且也保持了苯丙烷代谢，提升了花色苷活性，保证了果实品质（顾里娟，2019）。

4. 二氧化硫保鲜

二氧化硫（sulfur dioxide，SO_2）对果蔬组织中的微生物和细胞壁降解酶活力有较强抑制作用，能提高果实的耐贮性，延缓衰老软化。近几年，国内外对 SO_2 保鲜剂的研究较多，刘丽青等发现 SO_2 作用使葡萄 ROS 含量升高，细胞的防御应答以及抗氧化能力增强，果实的抗感染能力增强，从而延长了货架期（张玉丽等，2014；刘丽青等，2016）。

（二）外源植物生长调节剂

1. MeJA 处理

MeJA 是一种从素馨花香精油中提取出来的易挥发性化合物，在植物中广泛存在。研究表明常温条件下外源 MeJA 处理葡萄不仅延缓果实硬度、TA 及总酚含量下降，使果实糖酸比维持在较高水平，还降低了 $\cdot O_2^-$ 的产生速率，提高了果实的抗氧化能力。MeJA 可以通过调节抗氧化酶活性，激活某些基因表达，从而提高果蔬抗氧化活性（Ma *et al.*，2017）。MeJA 处理辣椒可以显著降低青枯病的发生，提高 POD、SOD、CAT 和 APX 等抗氧化酶活性，降低 MDA 含量（赵显阳等，2018）。

2. SA 处理

SA 是一种天然的安全无毒的酚类，适宜浓度 SA 能够减轻果蔬冷害的发生。大量研究表明，SA 处理可以降低 PLD、PLC 以及 LOX 等酶活性，增加 FAD 活性，保持细胞膜不被破坏。SA 处理番茄后冷藏能够降低果实中 PLD 和 LOX 活性，延缓了膜脂过氧化，保护细胞膜完整性，延长果实贮藏期。除此之外，SA 促进了果蔬中热休克蛋白基因的表达，提高外界对果蔬生物胁迫或非生物胁迫的应答能力。

三、生物保鲜技术

生物保鲜技术是利用天然提取物、拮抗微生物等抑制果蔬的 ETH 合成和呼吸作用，延缓果蔬成熟衰老，抑制有害微生物生长，降低采后果蔬腐烂损失，从而达到贮藏保鲜的目的。生物保鲜是近些年新兴的保鲜技术，具有来源广泛、安全、无害等优点，是蓝莓保鲜技术未来发展的主要趋势（刘宇航等，2021）。

1. 天然植物源保鲜

天然植物源保鲜剂的植物提取成分主要包括植物精油和植物提取物两大类，其有效活性成分具有一定的体外抑菌作用。植物精油是一类广泛存在于植物中的具有芳香气味、挥发性且可随水蒸气蒸馏出的油状液体，是天然植物提取成分的一大类，主要包括萜类化合物、芳香族化合物、脂肪族化合物以及其他化合物（王伟，2018）。王磊明（2017）等研究表明，肉桂精油的体积分数为 0.2%时抑菌率为 19.8%，随着肉桂精油体积分数的升高，抑菌物质浓度增加，抗菌性逐渐增强，当肉桂精油的体积分数为 0.8%时，抗菌率为 100%。研究表明肉桂醛、柠檬醛、牛至精油、香芹酚和丁香酚等精油对蓝莓中 4 种病原菌的抑制效果，发现牛至精油对 4 种病原菌表现出较好的抑菌性能，当牛至精油为 37mg/L 时对链格孢霉菌丝的抑制作用最佳。使用缬草精油处理葡萄时，果实中 TA 含量下降缓慢，好果率上升。使用明胶后腐烂损失，从而达到贮藏保鲜的目的，具有经济、简便、无毒、安全、无污染等优势。秦士维从蓝莓果实上分离得到一株葡萄有孢汉逊酵母，该酵母对青霉菌、灰霉菌、毛壳菌、黑曲霉、互隔交链孢霉和镰刀菌 6 种蓝莓病原菌的抑制率达 59.88%~89.34%。作为细菌的一种，枯草芽孢杆菌在处理鲜切山药后，山药中微生物生长速率降低，并且不同种类的芽孢杆菌对水果的保鲜效果不同。同样作为细菌的乳酸菌发酵液，在肉制品、水产品、果蔬、豆制品、面制品、乳制品中都已进行相关保鲜处理。真菌保鲜中，应用最多的为酵母菌，酵母菌在草莓、黄桃中都有较好的保鲜效果。

2. 可食性涂膜保鲜

涂膜保鲜是利用涂抹、喷洒或浸渍等手段在果蔬表面形成一层薄膜，从而降低果蔬的呼吸速率，减少水分散失，延长货架期贮藏寿命。壳聚糖可抑制果蔬的呼吸作用，延缓果实的生理代谢活动，保持果实的质构特性和营养成分。壳聚糖的保鲜效果在鲜切马铃薯中得以体现，并且结合冷藏处理，保鲜效果更好。单一的壳聚糖膜润湿性和透气性较弱、机械强度较差，且保鲜效果不明显。因此，壳聚糖与其他天然保鲜剂的复合涂膜保鲜成为近些年的研究热点。采用 1%壳聚糖+0.5%维生素 C 复配中草药提取物制成的可食用涂膜液处理对蓝莓在低温（0±0.2）℃贮藏过程中有效保持蓝莓果实的贮藏品质，延缓其成熟衰老进程，从而延长货架期。

第三节 蓝莓物流保鲜技术

一、物流包装技术

在整个蓝莓物流运输的过程中，产品包装主要发挥对产品的保护和促销的作用。物流包装指的是“包装外的包装”，这是与产品包装不同的地方。如果产品包装称为独立包装，则物流包装可称为整体包装，它的规格更大，其主要目的是在装卸、搬运、运输等物流环节保护产品安全，包括防震、防破损、防变质等。

1. 瓦楞包装

在蓝莓的运输包装制品中，纸制品包装位居首位，占份额的 6%以上，其中瓦楞包装占纸制品包装的8%左右。瓦楞纸可以制成瓦楞纸盒、瓦楞纸箱等较大规格的蓝莓产品运输包装。瓦楞纸板是人们较早使用的一种缓冲包装材料，具有可回收利用，成本低、加工性能好且使用温度范围宽等优点，瓦楞纸板通过阻隔产品，吸收物品受到外界冲击时的能量，延长冲击作用时间，达到缓冲保护的作用。另外，瓦楞包装可以很方便回收利用，能再生成为瓦楞原纸或其他纸制品，不污染环境，是一种很理想的符合可持续发展的包装制品。

瓦楞纸农产品冷链运输包装主要是由瓦楞纸箱与其他材料进行不同形式的组合，从而达到农产品冷链运输要求的一种包装类型。瓦楞包装一般以瓦楞纸箱的形式出现，生产的原料有废纸、纸浆、箱板纸、瓦楞纸原纸、瓦楞纸板。瓦楞纸箱的工艺成熟，且具有易降解、易循环等环保优势，被广泛应用在物流包装上。但由于农产品冷链物流的特殊性，对瓦楞纸 箱的抗压、减震、防潮保温等方面提出较高要求。所以瓦楞纸箱一般不单独使用在农产品冷链物流中，而是与珍珠棉复铝箔保温袋、泡沫塑料箱等包装结合使用。

2. 表面施胶

通过双面施胶的方式，提高瓦楞纸箱的强度及防潮性能。例如选用聚苯乙烯-丙烯酸酯乳液，改性氧化淀粉胶作为耐水胶涂敷在成纸表面，形成一层超薄的防水膜，起到提高瓦楞纸箱防水性并提升纸箱内部结构强度和紧度的效果。国内某公司开发出一种新型双元施胶剂NKS-60。该施胶剂是由一种有机高分子疏水材料和一种无机促进剂构成，对瓦楞纸箱的环压强度、防水性能都有提升，并且降低了生产中的纸浆消耗，节约成本。研究开发出了一种由固体施胶增强剂、苯丙类表面施胶剂及烷基烯酮二聚体（alkyl ketene dimer，AKD）组成的三元表面施胶体系。该体系下的瓦楞原纸抗水性有明显提升，表面吸水率降低9%左右，抗水时间提高19.5%，并且成本低于使用淀粉胶液中单一添加苯丙类表面施胶剂或者施胶剂。

3. 塑料包装

泡沫塑料是由聚氯乙烯或聚苯乙烯等树脂为原料制得，几乎各种塑料都可制成泡沫塑料包装盒。泡沫塑料包装盒具有质量轻、保温效果好、抗震性能佳等优点，被广泛应用于快递包装中。包装盒中内置冷媒（冰袋等），就可运输小体积、小单量的需要短暂保鲜的农产品。泡沫塑料材质脆，运输完成后已破损，回收利用的次数十分有限。泡沫塑料的降解时间长达200年，在降解过程中还会对周围的土壤环境造成持续的污染和伤害。塑料包装在我国市场上占有很大比重，其中聚苯乙烯（polystyrene，PS）、聚氨基甲酸酯（polyurethane，PU）、聚乙烯（polyethylene，PE）薄膜是主要的泡沫塑料包装材料，PS泡沫材料在缓冲包装、保鲜包装等方面具有质轻、缓冲性能好的特点，PU泡沫是优良防震材料，可减少破损、减少包装体积、降低运输费用，PE、珍珠棉（expanded polyethylene，EPE）泡沫包装材料是近几年发展起来的新品种，是一种价廉物美的防震包装。为了进一步减少泡沫塑料循环能力差、污染环境的问题，木塑复合材料成为研究新热点。木塑复合材料兼具木质的环保可循环和塑料的耐用可加工的优点，同时可使用农林废弃物（废弃木材、秸秆等）、废旧塑料等作为原料，大大减少了对森林资源的需求、对环境的污染。

4. 绿色包装

现今绿色包装已成为世界包装行业发展的大趋势，发泡植物纤维是在考虑充分利用自然资源的情况下发展起来的，是近几年来研究的一个热点。目前已经研制出来的这类材料有：农作物秸秆缓冲包装材料、聚乳酸发泡材料、废纸和淀粉包装用泡沫填料。有研究表明采用向日葵秸秆和毛竹竹浆作为原料开发出的生物缓冲包装材料具有防护性能好和安全无污染的优点，可作为新型绿色的生物缓冲包装材料。

5. 木材包装

木材作为包装材料，主要是做成木箱来作为蓝莓产品的运输包装容器。木箱主要是用来作为以玻璃为产品包装的蓝莓加工品运输包装。木材能够承受一定范围内的冲击力和震动，可以起到很好的保护作用。

木材还具有就地取材、制作简单、强度高、耐久性好、有一定的弹性、价格也比较便宜等优点。但目前的木箱制作方法材料利用率低，木箱开箱困难，空箱的重量和体积大，不便运输。再有，我国森林资源不足，所以在应用上有一定的限制。

6. 金属

金属包装材料是传统的运输包装材料之一，在运输包装材料中占有很重要的地位。目前金属包装材料主要应用于制作铁桶、铁箱等。当所要运输的蓝莓产品数量较大时，最常用的是金属材料制成的大型运输容器一集装箱。

金属包装容器具有极优良的综合性能，它比纸和纸板、塑料、木材等材料的抗冲击能力强，且不易碎损，具有良好的加工性能和美丽的光泽。目前占包装材料总量的 20%左右。

金属包装材料的特点：它具有优良的阻隔性能、机械性能，方便性好，表面易于装饰，加工技术与设备成熟，易于实现自动化生产，还可以回炉再生，循环使用，是一种环保材料。但其化学稳定性差，易被酸碱腐蚀，造价也较高。

二、减震技术

蓝莓在运输过程中易受碰撞、震动、挤压等载荷形式的作用，形成以塑性或脆性破坏为主的现时损伤和以黏弹性变形为主的延迟损伤，其中震动是引起蓝莓物流运输损伤和品质下降的主要原因。为减轻这种运输过程中对蓝莓造成的损伤，常对蓝莓采用减震包装技术，而这种技术的关键就是采用合理的减震包装能有效降低震动损伤。近年来，为减少蓝莓在贮运过程中的损失，众多学者对物流包装材料进行研究。

1. 减震材料

根据保温箱所使用的不同材质，可将其分为四类：聚苯乙烯泡沫、发泡聚丙烯

（expanded polypropylene，EPP）、真空绝热板（vacuum insulation panel，VIP）、EPE。

EPP 材料保温箱是由聚丙烯塑料发泡制得，相较于由聚氯乙烯或聚苯乙烯等树脂为原料的泡沫塑料，具有抗压缓冲、保温隔热、可循环利用、环境友好等优点，同时也兼具重量轻、耐热耐冷、耐腐蚀等优点。但由于成本相对较高，且未建立合理的回收体系，在农产品冷链物流中并未占据很大市场。翟纪强等研究了冷鲜产品在 EPP 多温度区保温箱下的温控效果，其数据显示在短途物流运输的过程中 EPP 多温区保温箱能满足生鲜产品的温控要求。

VIP 保温箱是由真空绝热板组装而成，真空绝热板是由内部芯材、真空阻隔膜以及吸气剂构成的复合结构型材料。真空阻隔膜、吸气剂可以阻隔空气，保证保温效果的稳定性。因此，保温箱不仅质量轻、厚度薄，还具有非常优秀的保温效果。其他传统材料的保温箱的保温期为 1~2d，保温箱可以达到 4~5d。由无机材料组成的 VIP 保温箱，可多次循环利用、环境友好，可以多次循环使用，材料成本与传统材料成本相差无几。

孙文丽，郜海燕，韩延超等研究了 EPS、EPE、气泡垫 3 种减震包装对蓝莓贮藏品质的影响，分析比较了 EPE 材料（图 7-1）、EPS（图 7-2）、气泡垫（图 7-3）这 3 种材料的性质，发现 EPE 材料弹性及缓冲性能较好。选用 4mm、6mm、8mm EPE 减震材料，运用模拟运输的方法发现 8mm EPE 材料可有效降低腐烂率，延缓硬度和 SSC 下降，抑制 MDA 含量升高，有利于花色苷的保持，减震缓冲效果最好，对蓝莓物流保鲜具有一定的指导意义。

图 7-1　EPE 材料

图 7-2　EPS 材料

图 7-3　气泡垫材料

彩图 7-1

彩图 7-2

彩图 7-3

2. 泡沫箱包装

许时星采用气垫包装（图 7-5）和内嵌包装（图 7-6），对比泡沫箱包装（图 7-4），结果表明，内嵌包装方式对果实品质指标的维持较好，延缓了果实好果率、硬度和 TA 含量的下降，SSC 和相对电导率上升缓慢。气垫包装和内嵌包装减少果实花色苷和总酚含量的上升，延迟了峰值的达到，维生素 C 含量下降减慢。抗氧化酶活性反映了果实的抗氧化能力，气垫包装和内嵌包装延缓了果实 SOD 酶活性的上升以及 CAT 酶和 APX 酶活性峰值的出现。由试验结果分析可知，内嵌包装的减震效果最好，气垫包装减震效果次之，普通的泡沫箱包装减震效果最差。

图 7-4 对照组（泡沫箱包装）

图 7-5 气垫包装

图 7-6 内嵌包装

彩图 7-4

彩图 7-5

彩图 7-6

3. 减震托盘（内有单独盛装蓝莓的凹槽）

董立超在研究减震包装和气调包装在蓝莓鲜果保鲜中的应用中，将大小均匀、品质良好的果实装入减震托盘内，采用航空运输-精细挑选、航空运输过筛挑选、公路运输精细挑选、公路运输过筛挑选对蓝莓进行不同的处理并进行货架实验，结果发现，贮藏效果精挑>过筛、公路>航空。图 7-7 为减震托盘包装样例。

4. 包装方法

果蔬包装可分单果包装和多果包装。董林利等人研究发现 PE 膜、PVA 包装膜、PVA 活性包装膜均适用于圣女果的保鲜包装，可延长其货架寿命，其中 PVA 活性包装膜较其他处理能保持较低的变质率，保持较高的维生素 C 及 SSC。采用两种不同厚度的 PE 保鲜袋和双层纸袋对梨果实进行单独包装，结果发现厚度为 0.013mm PE 保鲜袋处理的梨果实

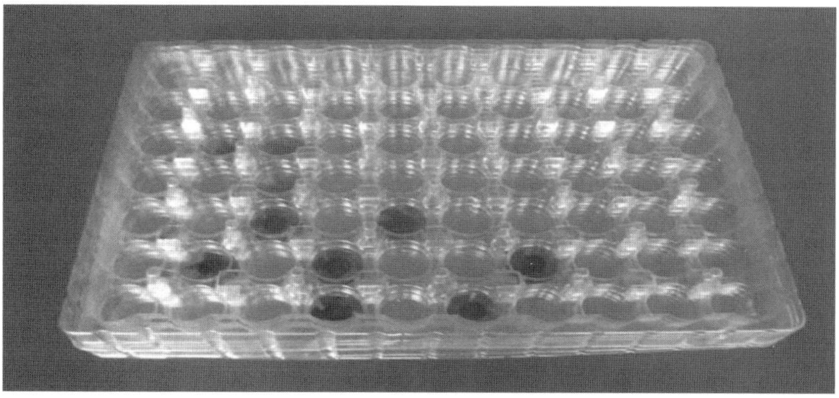

图 7-7 减震托盘

彩图 7-7

效果较好，该处理其可保持较高硬度、较高 SSC，减少了梨果实 ETH 释放和呼吸作用、抑制了梨果心组织褐变。对于蓝莓贮藏暂未发现单果包装的研究。

5. 气调包装

气调包装在蓝莓保鲜中多以箱式气调复合保鲜和袋式气调复合保鲜为主要形式。刘萌在低温冷藏条件下对“蓝丰”蓝莓进行贮藏，发现处理效果之间自发气调保鲜（modified atmosphere packaging，MAP）>挽口处理>普通冷藏处理，不打孔 PE 袋>打孔 PE 袋>无膜包装。对于 PE 袋的塑料膜厚度，国内学者也进行了大量的试验，得出蓝莓贮藏的最优 MAP 规格是薄膜厚度为 33μm。孟宪军等人发现蓝莓在 5% O_2、30% CO_2 与 1℃ 低温条件下，箱式气调箱里更有利于延缓衰老，可使有效贮藏期延长至 95d 左右。张平等人在 (0±0.5)℃条件下，对蓝莓进行了塑料箱式气调保鲜研究，结果表明：蓝莓贮藏 75d 时，4 种处理气调箱内的气体环境均可显著地控制果实软果率与腐烂率，并保持较高的 SSC，好果率达 91.23%，并得出塑料箱式气调保鲜贮藏蓝莓适宜的气体体积分数：6%~9% O_2、10%~12% CO_2。

三、蓄冷技术

蓄冷是一种将冷源预先储备以供后续使用的技术，旨在提供或者维持各种冷负荷需求。蓄冷技术非常适合应用于蓝莓冷链物流运输和冷藏保鲜。蓝莓贮藏和物流运输的蓄冷技术通常是通过蓄冷剂来实现，即将含有蓄冷材料的蓄冷剂预先在冷冻环境下储存并吸收大量冷量，之后在温度较高的贮运过程中持续释放出冷量，在一定时间内保持周围环境的低温状态，以满足果蔬保鲜对低温环境的要求。

1. 无机相变蓄冷剂

最常见最简单的无机相变蓄冷剂就是水蓄冷剂。水的溶解潜热为 333.88J/g，是固液相变中最理想的物质，且来源广泛、成本低。但水的过冷度使其凝固速率较慢，一般的水蓄冷溶液结冰时存在 5~6℃ 的过冷度，即水开始结冰的温度为 -6~5℃，纯水的过冷度更高。谭爱玲等研究了一种高吸水性树脂-水体系的蓄冷剂，将冷量储存在高吸水性树脂和水溶液之间，该蓄冷剂的温度变化趋势和水相似，但冻结时间较水短，有效地缓解了过冷现象。

高斯研究发现了一种以无机盐为主储能剂的无机盐蓄冷剂，选择 NaCl 和 KCl 为主蓄冷材料，并向 NaCl 溶液中加入 0.5%的四硼酸钠作为成核剂，向 KCl 溶液中加入 0.02%的硅藻土作为成核剂。为减少蓄冷剂的流动性，还加入了聚乙烯醇（polyvinyl alcohol, PVA）、戊二醛、柠檬酸，三者互相作用形成水凝胶。所制得的无机盐蓄冷剂具有较高的潜热，-5~0℃范围内 NaCl 蓄冷剂潜热更高，-10~5℃范围内 KCl 蓄冷剂潜热更高。这种蓄冷剂可以通过改变 NaCl 或者 KCl 溶液的浓度，在一定范围内实现相变温度的改变，可以根据产品对低温的不同需求选择合适的蓄冷温度。

2. 有机相变蓄冷剂

有机相变蓄冷剂不存在无机相变蓄冷剂的过冷和相分离现象，所以性能较稳定，但是有机相变蓄冷剂的蓄冷效果要逊于无机相变蓄冷剂，并且使用单一有机物作为蓄冷剂的主材料时，造价较高，经济效益不明显，所以有机相变蓄冷剂并不多见。

研究人员测量在蔗糖、丙三醇、乙醇溶液降温过程中的温度变化，表明蔗糖和丙三醇溶液稳定性良好，且在-5℃以上降温速度较快，温度波动较小，适合用作蓄冷剂中的主储能剂。二者以浓度质量 60g/L 的溶液 1∶1 复配后蓄冷效果最佳，对果蔬贮运有降温保鲜的效果，适宜作为果蔬保鲜蓄冷剂。

3. 复合相变蓄冷剂

复合相变蓄冷剂克服了单一有机物或无机物蓄冷剂的缺点，且具有更高的相变潜热、低熔化温度、性能稳定等优点，所以是当前开发蓄冷剂的研究热点。

戚晓丽等研制了一种用于冷链运输的三元复合相变蓄冷剂。采用有机物和无机物复合，以有机物甘露醇、无机物氯化钾和 H_2O 构成一个三元体系，其中甘露醇水溶液作为主储能剂，氯化钾水溶液为相变温度调节剂。

张芸以淀粉系吸水树脂为蓄冷剂的基材，NaCl 溶液为蓄冷剂的主储能剂，研制了一种可降解的凝胶蓄冷剂。该蓄冷剂的相变温度为-12.7~0℃，适用于-10~5℃温度敏感性产品的贮藏和运输。

4. 蓄冷剂在蓝莓物流运输中的应用

吉宁等研究了“1-MCP+蓄冷剂+保温包装”模式模拟蓝莓鲜果运输过程中的保鲜效果。蓝莓在 0.5℃预冷 12h，蓄冷剂为冰袋内注入 250mL 水，并于-18℃下冷冻 24h，蓝莓与蓄冷剂质量比为 2∶1，保温箱为邮政 4 号泡沫箱，结果表明，该模式延长了蓝莓的货架期，是一种低成本、高效的蓝莓鲜果物流模式。袁兴铃研究了蓄冷剂和精准温控箱在蓝莓、枸杞、葡萄配送物流中的应用。研究结果表明，蓄冷剂在蓝莓物流贮藏保鲜中具有效果。

四、运输技术

蓝莓的运输是蓝莓物流流程中最核心的部分，也是实现蓝莓产品空间位移的主要手段。根据我国现有蓝莓产品特性以及分布区域等因素限制，目前，蓝莓的运输主要采用公路运输、铁路运输、航空运输和水路运输等。

1. 公路运输

蓝莓的公路运输是应用人力车、畜力车或各种机动车辆在公路上运送蓝莓产品。一般情况下承担是距离较近或批量较小的运输任务。汽车是公路运输的主要运输工具，也是蓝莓产品运输的主要运输工具。

汽车运输适宜中短途运输，可以直达运输，实现“门到门”。原始投资少，减少蓝莓产品运输的中转环节，具有灵活性和快捷性有利于保证蓝莓质量等特点。

公路运输的主要技术设备包括公路和汽车，其中在蓝莓产品的物流运输过程中常用的汽车车型有普通货车和厢式货车。普通货车一般用来运输蓝莓加工品，而厢式货车主要用来运输蓝莓鲜果类产品。根据厢式货车的特点，可对厢体内进行气调保鲜或者冰柜保鲜等设备的安装，减少蓝莓鲜果类产品在运输途中损失。

2. 铁路运输

采用铁路运输蓝莓时，国外主要采用加冰冷藏车、机械冷藏车和冷板冷藏车等。在蓝莓运输过程中，往往是在蓝莓产品的运输包装中加冰冷藏，然后通过铁路运输车辆进行运输。铁路运输适应性强，运输能力大，安全程度高，运输速度较快，能耗水平低，环境污染小，运输成本低等特点。铁路运输的主要技术设备包括固定设备：线路、车站、信号与通信设备以及电气化铁路的供电系统等。活动设备主要包括：机车、车辆等。

3. 航空运输

航空运输是运输速度最快的运输方式，可以在较短的时间内把蓝莓产品运到很远的地方。采用航空运输，费用较高，使得蓝莓鲜果的销售价格增高，目前国内仅在北京、上海和广州等超大型城市曾有销售。

航空运输的主要运载工具是飞机，具有高科技特征，快速性，灵活性，安全性，国际性，建设周期短，投资回收快，航空运输成本高等特点。

航空运输的主要技术设备包括飞机、机场以及航空线。其中，飞机是航空运输的主要运载工具，而机场和航空线则作为航空运输的辅助技术设备。机场主要是提供飞机起飞、降落、维修和保养的场地，航空线是实现各运输点间相互联结的。

4. 水路运输

水路运输适于远洋，是国际货物运输的主要方式。水路运输常应用于蓝莓进出口贸易，因蓝莓进出口贸易主要以冷冻果为主，冷冻果的贮藏时间较长，可用于远距离、长时间运输。水路运输的运输成本低，且运输能力大，适合运输数量巨大的货物。但由于船舶本身体积大，水流阻力高，因此行驶速度要比铁路和汽车慢得多。运输速度慢，会加大蓝莓鲜果在运输途中的损失，蓝莓鲜果短距离运输很少应用水路运输。

五、智能化技术

近年来，随着互联网以及网购市场的快速发展，蓝莓物流运输量也随之逐年增加。为了更好地发展蓝莓物流运输，形成完善的产业链和产业结构，构建起整体的物流系统，物流智能化技术是关键。智能化技术是指使物流系统能模仿人的智能，解决物流运输中的问题，减少人力，省时省事。在这个大数据时代，智能化技术可以依托新技术与新设备解决运输过程中信息滞后、效率低下等问题，实现蓝莓运输实时监测，并针对实时过程中出现问题得以解决保鲜问题。

1. 温湿度实时监测技术

在蓝莓物流运输过程中，温度和湿度都影响着蓝莓品质，过高过低都会使蓝莓口感、味道以及后期贮藏品质降低甚至变质，故蓝莓物流运输过程中温度及湿度的检测和控制是至关重要的。实时监测采用温湿度传感器，将其部署在物流运输车上，温湿度传感器就会以一定频率采集运输时蓝莓的温度和湿度，通过 NB-IOT 将数据发送到 IOT 云平台。科研人员再根据数据进行蓝莓运输过程中温湿度的控制研究，保证蓝莓质量以及后期贮藏保鲜。

2. 位置信息实时监测技术

位置信息实时监测（GPS）技术一般都是应用在驾驶员驾驶过程中的导航服务上，为冷链物流监管中心提供实时的位置信息测量工作，并且能够对物流运输车辆的整个行驶轨迹进行记录。GPS 相关技术则是主要用在物流运输的分析工作中，探究关键点是要研发基 GPS 决策有关的支持系统和应用服务的有关技术。使用 GPS 技术能够合理有效地对空间与属性相关数据的优势进行处理，基于此构建更为完善的物流配送相关系统，这将是未来物流配送工作发展的主流趋势。目前，在我国蓝莓物流运输的流程信息还不透明，难以保证蓝莓质量，运输成本提升。位置信息实时监测技术采用 GPS 定位系统对蓝莓物流运输进行全面、全天候的检测，以保证蓝莓物流运输速度质量。

3. 条码信息采集技术

蓝莓物流条码技术在我国应用覆盖率较低，许多物流公司尚未应用。该技术可以极大的提高蓝莓物流运输信息的采集、处理速度，提升工作效率，保证蓝莓质量。现代对于条码技术的使用已经非常普遍。在我国，条码技术的实际应用已经为企业带来诸多好处，并且也获得了良好的成绩，在使用条码系统之后，更对货物实施有效的分拣、库房位置的自动分配、库房位置查询、运输标签内容的自动打印以及进、出库信息数据的采集等工作，让相关管理工作者能够对货物的进、出、存等相关信息实时掌握，切实转变了传统仓储工作效率低下、易于出现错误的状况。

4. 射频识别技术

射频识别技术（radio frequency identification，RFID）一般应用在食品的冷链物流安全相关的生产、管理、仓储和物流配送相关的管理工作和温度监管工作上，现代我国已经开始应用 RFID 技术形式的电子标识、一维条码标签以及 EAN UCC 的成品编码相关技术，构建起了更为可靠的猪肉深加工链相关的信息可追溯系统，这样能够对生猪屠宰加工之前的现场环节数据信息资源进行采集，确保了加工链相关信息数据的连贯性。

第四节　蓝莓贮运保鲜标准、技术及应用

一、蓝莓贮运保鲜标准、规程

（一）适用范围

本标准规定了蓝莓鲜果的采收、质量要求、贮前准备、预冷分级包装、入库、贮藏保鲜、出库、物流运输和记录等技术要求。

本标准适用于蓝莓鲜果的贮运保鲜。

（二）规范性引用文件

下列文件对于本文件的应用是必不可少的。凡是注日期的引用文件，仅注日期的版本适用于本文件。凡是不注日期的引用文件，其最新版本（包括所有的修改单）适用于本文件。

GB 2762—2022《食品安全国家标准　食品中污染物限量》

GB 2763—2005《食品安全国家标准　食品中农药最大残留限量》

GB/T 27658—2011《蓝莓》

NY/T 2788—2015《蓝莓贮运保鲜技术规程》

NY/T 3026—2016《鲜食浆果类水果采后预冷保鲜技术规程》

DB21/T 2594—2016《蓝莓贮藏技术规程》

GH/T 1238—2019《甜樱桃冷链流通技术规程》

TSYWLXH 0013—2019《蓝莓贮藏管理规程》

（三）术语和定义

1. 蓝莓

杜鹃花科越橘属，小浆果，果实近圆形，色泽鲜丽悦目，表皮有一层白色果霜，皮薄

籽小，果肉细腻，口感好，酸甜可口。

2. 蓝莓鲜果

采摘后的蓝莓不进行加工食用，用作鲜食的蓝莓。

3. 贮运保鲜

蓝莓的物流运输与贮藏保鲜技术。

4. 采收

（1）采收时间　采收应在气温较低时的晴天或阴天进行，避开雨天、雾天、雨后、有露水和高温时段。

（2）采收成熟度　果皮变为蓝色并覆盖白色果粉，SSC 含量一般为 8%～12%，分批适时采收。

（3）采收方法　采收人员应戴符合国家食品卫生标准的手套，轻摘轻放，避免果柄碰撞刮破蓝莓与果蒂撕裂造成蓝莓损伤，尽量使果粉保持完整。采收时随时进行分级处理并将处理好的及时转移预冷或放在阴凉通风处，避免日晒或雨淋。

5. 质量要求

质量要求应符合 GB/T 27658—2011，卫生要求应符合 GB 2762—2022 和 GB 2763—2005。

6. 贮前准备

对冷库各种设备进行检修，确保其正常运行后进行清洁和杀菌消毒。在蓝莓入库前 1～2d，将库房温度降至 4℃左右。

7. 预冷分级包装

将采摘后的蓝莓去除田间热，进行预冷处理。宜在 2h 内采用冷库静置或压差进行预冷，使果温降至 10～15℃；宜在 10～15℃下进行蓝莓鲜果分级包装，按照 GB/T 27658—2011 进行挑选分级；包装材料与标识按照 GB/T 191—2008《包装储运图示标志》执行。内包装用 PET 盒，每盒果重 125g、250g、500g 为宜。外包装采用瓦楞纸箱、木箱、无毒塑料箱，以 1.5kg 和 3kg 为宜。

8. 入库

蓝莓若采用冷藏库预冷，则应按入库量不超过库容量的 20%分批入库，其他预冷方式可直接入库。库内堆码按照 GB/T 26901—2020《李贮藏技术规程》中的 4.5 规定进行。

9. 贮藏保鲜

9.1　贮藏保鲜条件

温度 4℃左右，相对湿度 85%～95%。

9.2　贮藏保鲜方式

短期贮藏，冷藏结合气调适用于长期贮藏，冷藏结合保鲜剂或其他保鲜处理方式应严格遵守食品安全的规定。

9.3　贮藏保鲜管理

定期定时检查库内设备，维持贮藏条件。定期检查库内蓝莓品质变化情况，及时处理坏果，并根据品质变化适时销售。

10. 出库

贮藏期以不影响蓝莓质量为宜，出库时的蓝莓应基本保持其固有的风味和新鲜度，果皮无明显失水及果皮皱缩现象。

11. 物流运输

宜采用冷链物流运输。运输工具保持清洁、无毒、无污染，避免与其他货物混装，轻装轻卸，行车平稳，减少振荡损伤。

12. 档案记录

记录蓝莓名称及产地、批次、库房消毒情况、入贮质量及时间、保鲜剂名称及投放时间、定时记录贮藏温度、湿度、气体成分和出库质量及时间、物流运输的目的地、时间、路线以及贮藏条件等，每个过程都应及时准确记录，档案最低保存两年。

二、蓝莓贮运保鲜综合技术

蓝莓作为一种经济价值高的小浆果，南北各地都有栽培。在北方，果实成熟于高温多雨的夏季，其果实娇嫩、多汁，皮薄，外皮无保护作用。采后运输易受到损伤，常温下4~6d就会发生软化衰老和腐烂变质，单一保鲜技术的效果有限，难以使保鲜效果达到最优化，贮运保鲜难度较大。因此联用采收技术、采后处理技术、贮藏保鲜技术、包装技术、物流运输技术等综合配套保鲜技术，使蓝莓保鲜期延长，保证其质量。

1. 采收技术

目前，我国蓝莓采收主要以人工采收为主，蓝莓收获技术与装备的研究整体处于起步阶段，其中在采收、集果、筛选等关键技术方面仍处于实验室研究阶段。国外蓝莓采收技术发展较成熟，采收机型的作业方式主要有机械振动式、气力式、半机械化式及采摘机器人，其中机械振动式机型具有迅速分离蓝莓果实与植株的优点，适用于大面积、规模化的果实采收，在全球范围的应用最为广泛。蓝莓采收机根据采摘植株树丛的高低可分为高丛蓝莓采收机和矮丛蓝莓采收机；根据行走方式可分为自走式蓝莓采收机、牵引式蓝莓采收机、分体式蓝莓采收机和便携式蓝莓采收机；根据采收机底盘形式可分为履带式蓝莓采收机和车轮式蓝莓采收机。

2. 采后处理技术

将采收后的蓝莓去除田间热，进行预冷处理。宜在2h内采用冷库静置或压差进行预冷，使果温降至10~15℃。冷藏法是在贮藏库内安装机械制冷设备，可以调节温度，不受季节、地区的限制，因此，蓝莓的机械冷藏对保持蓝莓果实品质和延长贮藏寿命具有显著的效果。实验表明，采用高精密度电子冷藏库贮藏蓝莓，果实呼吸速度受到抑制，果实腐烂发生率低，水分蒸发量减少，长期保鲜效果明显提高，明显好于机械冷藏。

气调贮藏能在适宜低温条件下，通过改变贮藏环境气体成分、相对湿度，最大程度地创造果蔬贮藏最佳环境，其效果表现在以下方面：气调贮藏营造的低氧（一般 O_2 含量 3%～5%）、适当 CO_2 浓度能有效地抑制呼吸作用，减少果蔬中营养物质的损耗，同时抑制病原菌的滋生繁殖，控制某些生理病害的发生；清除贮藏环境气体中的 ETH，以抑制其对果蔬的催熟作用，延缓后熟和衰老过程。

三、蓝莓贮运保鲜应用实例

1. 预冷、冰温技术在蓝莓保鲜中的应用

蓝莓谷庄园与某公司合作，推出了预冷和冰温联合应用技术。以预冷设备和冰温贮藏设备的灵活移动性为技术保障，某公司根据应用中果蔬的保鲜效果提出“快速预冷+冰温贮藏”联合保鲜的新技术，采用移动式压差预冷设备和冰温贮藏设备对蓝莓进行联合保鲜，使其保鲜效果达到最佳状态。在减少蓝莓损耗的同时，也使农户获得可观的效益，并能使整个蓝莓市场供应更加充足。目前已在大连地区建立了“蓝莓保鲜示范基地”，并逐步推广。

2. 保鲜袋在蓝莓保鲜中的应用

上海复命新材料科技有限公司对于蓝莓保鲜研发了一种保鲜袋，复命“锁鲜”系列纳米物理保鲜新材料，通过仿细胞膜设计，实现智能气体调节，达到干预、影响生命进程，让生鲜产品进入休眠状态，延长生鲜保鲜时间 3～10 倍，有效地保证了生鲜的品质。如下图所示，目前在蓝莓贮运保鲜实际应用中也有此类保鲜袋，使用“锁鲜”蔬果大袋对盒装的 12 盒蓝莓进行如图 7-8、图 7-9、图 7-10 所示的包装处理。蓝莓保鲜时间可达到 25～30d。

彩图 7-8

图 7-8　蓝莓包装

图 7-9 蓝莓贮运保鲜包装

彩图 7-9

图 7-10 “锁鲜”保鲜袋

彩图 7-10

参考文献

[1] 陈涛，张劲松. 乙烯的生物合成与信号传递［J］. 植物学报，2006，23（5）：519.

[2] 陈秋红，韦鹏飞，喻泱华，等. 蓝莓 *VcACS* 基因的克隆与表达分析［J］. 安徽农学通报，2018，21.

[3] 曹建康，姜微波，赵玉梅. 果蔬采后生理生化实验指导［M］. 北京：中国轻工业出版社，2007.

[4] 曹森，马超，龙晓波，等. 1-MCP 结合乙烯吸附剂对蓝莓贮藏品质及生理的影响［J］. 食品工业科技，2017，38（19）：265-271.

[5] 常志娟，张培旗，朱桂月. 番茄冰温保鲜的研究［J］. 食品工业，2014，10：78-81.

[6] 范尚宇. 不同预冷方式对蓝莓果实贮藏特性的影响［D］. 南京：南京农业大学，2016.

[7] 郜海燕，徐龙，陈杭君，等. 蓝莓采后品质调控和抗氧化研究进展［J］. 中国食品学报，2013，13（06）：1-8.

[8] 虢露葭，李萍，侯晓荣，等. 果蔬采后机械损伤特性研究进展［J］. 食品工业科技，2013，34（01）：389-396.

[9] 龚意辉，石宁波，庞学群，等. 果皮蜡质与果实贮藏关系的研究进展［J］. 包装工程，2020，41（09）：23-28.

[10] 郭风军，张长峰，姜沛宏，等. 果蔬保鲜包装技术及其研究进展［J］. 保鲜与加工，2019，19（06）：197-210.

[11] 顾里娟. 外源褪黑素处理对草莓果实保鲜效果研究［D］. 南京：南京农业大学，2019.

[12] 胡雅馨，李京，惠伯棣. 蓝莓果实中主要营养及花青素成分的研究［J］. 食品科学，2006，10：600-603.

[13] 禾本. 食用蓝莓有助于改善血糖和胰岛素水平［J］. 中国果业信息，2021，38（07）：53.

[14] 侯美玲. 番木瓜采后生理及呼吸特性研究［D］. 广州：暨南大学，2011.

[15] 韩帅，朱玉雯，吴西芝. 果蔬冷害及其控制研究进展［J］. 现代食品，2021，12：39-42.

[16] 黄良，刘全祖，沈祖广，等. 果蔬气调保鲜技术的发展现状［J］. 农业与技术，2018，38（03）：163-166.

[17] 何伟. 果蔬气调保鲜技术及其在冷链物流中的应用研究进展［J］. 食品与机械，2020，36（09）：228-232.

[18] 贾云霞，李立强，穆旭东，等. 蓝莓栽培技术实操［J］. 果农之友，2021，6：31-33.

[19] 姜爱丽. 甜樱桃果实采后生理、耐藏性及褐变机理的研究［D］. 北京：中国科学院研究生院，2002.

[20] 姜爱丽. 蓝莓果实采后生理生化代谢及调控研究［D］. 沈阳：沈阳农业大学，2011.

[21] 姜爱丽，孟宪军，胡文忠，等. 外源乙烯处理对采后蓝莓感官性状和呼吸代谢的影响［J］. 食品工业科技，2011b，32（9）：375，378-383.

[22] 纪淑娟，周倩，马超，等. 1-MCP 处理对蓝莓常温货架品质变化的影响［J］. 食品科学，2014，

35（2）：322-327.

[23] 刘慧，刘杰超，张春岭，等. 1-MCP 对灵武长枣果肉软化与褐变的影响及其通径分析［J］. 果树学报，2022，39（2）：252-265.

[24] 刘宇航，陈影影，曹玉婷，等. 蓝莓鲜果采后病害类型及保鲜技术研究进展［J］. 保鲜与加工，2021，21（11）：144-150.

[25] 刘岩. 东北地区蓝莓优质无公害栽培技术研究［J］. 农业与技术，2021，41（1）：87-89.

[26] 李爽. 浅析我国蓝莓栽培现状及人工栽培技术［J］. 特种经济动植物，2020，23（12）：60-61.

[27] 李金华. 蓝莓的营养保健功能及其开发利用［J］. 新农业，2019，15：38-39.

[28] 李兴元. 蓝莓花青素、多酚类物质的分离纯化与生物活性研究［D］. 天津：天津大学，2012.

[29] 林玲娜. 蓝莓贮藏保鲜技术研究综述［J］. 甘肃农业科技，2018，6：81-87.

[30] 刘波. 蓝莓采后生理与贮藏技术的探讨［J］. 北方园艺，2009，2：224-225.

[31] 刘竞运，林育钊，范中奇，等. 活性氧在采后果蔬品质劣变中的作用及其控制技术研究进展［J］. 亚热带农业研究，2020，16（1）：52-59.

[32] 李欢. 枣果实成熟软化的细胞壁物质代谢及其基因表达研究［D］. 咸阳：西北农林科技大学，2017.

[33] 李亚敏. 乙烯吸收剂处理可有效改善蓝莓果实的储存效果［J］. 基因组学与应用生物学，2019，38（12）：5574-5580.

[34] 李开阔. 荔枝果实成熟过程中的差异蛋白质组学研究［D］. 福建：福建农林大学，2011.

[35] 刘萌，范新光，王美兰，等. 不同包装方法对蓝莓采后生理及贮藏效果的影响［J］. 食品科学，2013，34（14）：346-350.

[36] 李建航，易克传，刘浪，等. 基于机器视觉的蓝莓果实分级研究［J］. 江汉大学学报，2021，49（3）：64-69.

[37] 栾福磊，张奎. 采后果蔬低温贮藏冷害、发生机理及控制研究进展［J］. 家电科技，2018，1：38-42.

[38] 刘丽青，王燕楠，仪慧兰，等. 二氧化硫对玫瑰香葡萄果实采后保鲜的机理［J］. 应用与环境生物学报，2016，22（2）：338-341.

[39] 孟宪军，王冠群，宋德群，等. 响应面法优化蓝莓花色苷提取工艺的研究［J］. 食品工业科技，2010，31（7）：226-229.

[40] 牟文婕，鹿永华. 山东省蓝莓产业发展现状、存在问题及对策建议［J］. 中国果树，2018，6：98-102.

[41] 潘利华，王建飞，叶兴乾，等. 蓝莓花青素的提取工艺及其免疫调节活性［J］. 食品科学，2014，35（2）：81-86.

[42] 潘仟仟，张宁，陈学永. 预冷技术在我国果蔬保鲜冷链中的应用研究综述［J］. 冷藏技术，2016，4：6-11.

[43] 曲文颖，刘真真，谢琳淼，等. 外源脱落酸和乙烯利对蓝莓重要品质的调控［J］. 江苏农业科学，2017，45（17）：126-129.

[44] 秦士维. 蓝莓果实潜伏侵染病原真菌分离鉴定及生物防治研究［D］. 大连：大连理工大

学，2017.
[45] 钱少东. 蓝莓高效栽培技术 [J]. 特种经济动植物，2021，24（10）：56-57.
[46] 孙文文，刘梦培，纵伟，等. 采后钙处理对甜柿贮藏品质的影响 [J]. 食品工业，2021，42（11）：220-224.
[47] 史星雲，王莉，徐珊珊，等. 外源褪黑素对葡萄常温贮藏品质和生理特性的影响 [J]. 果树学报，2022，39（7）：1-12.
[48] 沈春华，李立，杜云飞. PLA/PHA 活性抗菌薄膜对蓝莓低温保鲜效果的影响 [J]. 食品与机械，2018，34（7）：121-126.
[49] 孙莹，侯智霞，苏淑钗，等. ABA，GA_3 和 NAA 对蓝莓生长发育和花青苷积累的影响 [J]. 华南农业大学学报，2013，34（1）：6-11.
[50] 邵盈盈. 蓝莓总黄酮的提取纯化及紫心甘薯总黄酮的抗衰老作用评价 [D]. 杭州：浙江大学，2013.
[51] 唐建新，王佳莉，英丽美，等. 果蔬采后生理代谢变化及调控机制研究进展 [J]. 包装工程，2022，1-11.
[52] 田瑶. 蓝莓中黄酮类物质的提取、分离纯化及生物活性研究 [D]. 哈尔滨：东北农业大学，2012.
[53] 王佳名. 黄平县万亩蓝莓产业发展研究 [J]. 产业科技创新，2019，1（1）：25-27.
[54] 王艳龙，秦公伟，陈进，等. 陕西省蓝莓产业发展规划研究 [J]. 北方园艺，2018，12：177-181.
[55] 王虹虹，倪晓宇，李维林，等. 蓝莓机械采收技术研究现状及发展趋势 [J]. 林业机械与木工设备，2020，48（7）：4-8.
[56] 王琛，高雅，陶烨，等. $^{60}Co-\gamma$ 辐照对冷藏蓝莓果实软化相关指标的影响 [J]. 食品安全质量检测学报，2020，11（22）：8540-8546.
[57] 王琛. $^{60}Co-\gamma$ 辐照处理对蓝莓保鲜效应及其细胞壁降解机理的研究 [D]. 沈阳：沈阳农业大学，2016.
[58] 王卓，周丹丹，彭菁，等. 低温等离子体对蓝莓果实的杀菌效果及对其品质的影响 [J]. 食品科学，2018，39（15）：101-107.
[59] 王伟. 蓝莓天然保鲜剂筛选及复合涂膜保鲜技术研究 [D]. 长沙：湖南大学，2018.
[60] 王磊明，李洋，张茜，等. 壳聚糖-肉桂精油复合膜对蓝莓保鲜效果的影响 [J]. 食品科技，2017，42（9）：14-21.
[61] 魏雯雯，徐新明，吕平，等. 桃果实冷害相关蛋白的研究进展 [J]. 中国果菜，2012，4：33-35.
[62] 谢国芳，刘娜，卢丹，等. 不同时间采收的贵州主栽蓝莓果实品质的综合评价 [J]. 经济林研究，2020，38（2）：209-214.
[63] 杨洪强，接玉玲. 高等植物脱落酸的生物合成及其调控 [J]. 植物生理学通讯，2001，37（5）：457-462.
[64] 岳璇璇. 苹果乙烯响应因子 *ERF1B* 调控 LOX 途径香气合成的机理究 [D]. 泰安：山东农业大学，2020.
[65] 殷健东. 1-MCP 和乙烯对水蜜桃采后冷害发生的生理调控机制研究 [D]. 扬州：扬州大

学，2018.
[66] 张星．蓝莓与蓝靛果复合冻干粉加工贮藏稳定性及产品开发［D］．北京：中国农业科学院，2021.
[67] 朱旭林．不同产地蓝莓营养成分检测结果分析［J］．现代食品，2021，7：212-213，220.
[68] 赵敏．蓝莓生物活性物质研究及应用进展［J］．农技服务，2021，38（1）：54-56.
[69] 钟程操，阳翠，陈昌琳，等．蓝莓栽培技术研究进展［J］．安徽农学通报，2021，27（22）：70-74.
[70] 周方，赵宏飞，杨洋．高丛蓝莓品种花青素含量与抗氧化能力比较［J］．西南林业大学学报，2011，31（5）：53-57.
[71] 张茜．蓝莓贮运过程中机械损伤的试验研究［D］．哈尔滨：东北林业大学，2019.
[72] 张婷婷，李性苑，杨芩．蓝莓果实采后生理及保鲜技术研究进展［J］．凯里学院学报，2015，33（3）：66-69.
[73] 邹金．赤霉素处理下甜樱桃果实转录组分析及成熟软化相关基因表达分析［D］．雅安：四川农业大学，2019.
[74] 张帆．脱落酸在采后蓝莓果实软化过程中的作用及机理研究［D］．沈阳：沈阳农业大学，2020.
[75] 张巧，王锦阳，董昳伶，等．脱落酸信号转导途径在植物应对非生物胁迫响应中的作用［J］．生命的化学，2021，6：1160-1170.
[76] 周倩．冷藏蓝莓果蒂凹陷的发生机理及控制技术研究［D］．沈阳：沈阳农业大学，2014.
[77] 张怡，乔勇进，姚连谋，等．不同预冷方式对采后蓝莓贮藏品质的影响［J］．农产品加工，2020，9：31-35.
[78] 张瑜瑜，用成健，刘佳妮，等．贮藏温度对云南主栽蓝莓果实采后生理代谢的影响［J］．农产品加工，2021，2：20-23.
[79] 张兰．丁香精油壳聚糖纳米微胶囊的研究及在蓝莓保鲜中的应用［D］．西安：陕西科技大学，2021.
[80] 张伟龙，黄晗达，杨静慧，等．4种贮藏温度条件下蓝莓果实品质的变化［J］．天津农学院学报，2020，27（4）：27-34.
[81] 张菊华，李高阳，王伟，等．UV-C处理对蓝莓果实低温贮藏品质的影响［J］．食品与机械，2017，33（7）：122-128.
[82] 张鹏，刘虹丽，李江阔．微环境箱式气调对物流后蓝莓冷藏期间保鲜效果的影响［J］．食品科技，2017，7：32-37.
[83] 张玉丽，郭芹，彭新媛，等．双组分 SO_2-ClO_2 保鲜剂对红提葡萄采后软化相关酶的影响［J］．食品工业科技，2014，35（6）：307-312.
[84] 周华华，晋朝，郭晓光，等．船用多品种果蔬气调保鲜技术应用研究［J］．农产品加工，2017，5：51-53，56.
[85] 张礼良，王馨悦，姜爱丽，等．氯化钙处理对采后蓝莓果实品质的影响［J］．保鲜与加工，2020，20（4）：1-8.
[86] 张俊虎．1-MCP处理对苹果后熟衰老过程中SOD家族基因表达的影响［D］．锦州：渤海大学，2020.

[87] 曾文芳，王志强，潘磊，等. 生长素对油桃“24-30”果实软化和乙烯生物合成的影响［J］. 果树学报，2015，32（2）：200-205.

[88] Aleksandar L, Olga M, Branko P, et al. Yield and quality of highbush blueberry fruit grown in western Serbia [J]. Indian horticulture journal, 2021, 10: 29-35.

[89] Bautista-Valle MV, Camacho-Vazquez C, Elizalde-Contreras JM, et al. Comparing and integrating TMT-SPS-MS3 and label-free quantitative approaches for proteomics scrutiny in recalcitrant Mango (*Mangifera indica* L.) peel tissue during postharvest period [J]. Proteomics, 2024, 24 (5): e2300239.

[90] Buran TJ, Sandhu AK, Azeredo AM, et al. Effects of exogenous abscisic acid on fruit quality, antioxidant capacities, and phytochemical contents of southern high bush blueberries [J]. Food chemistry, 2012, 132 (3): 1375-1381.

[91] Chen HJ, Cao SF, Fang XJ, et al. Changes in fruit firmness, cell wall composition and cell wall degrading enzymes in postharvest blueberries during storage [J]. Scientia horticulturae, 2015, 188: 44-48.

[92] Chen YH, Hung YC, Chen MY, et al. Effects of acidic electrolyzed oxidizing water on retarding cell wall degradation and delaying softening of blueberries during postharvest storage [J]. LWT-Food Science and Technology, 2017a, 84, 650-657.

[93] Chen YH, Sun JZ, Lin HT, et al. Paper based 1-MCP treatment suppresses cell wall metabolism and delays softening of Huanghua pears during storage [J]. Journal of the science of food and agriculture, 2017b, 97: 2547-2552.

[94] Chiriboga MAJ, Giné BWC, Schotsmans C, et al. Antioxidant potential of “Conference” pears during cold storage and shelf life in response to 1-methylcyclopropene [J]. LWT-Food science and technology, 2013, 51: 170-176.

[95] Lin YF, Lin YX, Lin HT, et al. Hydrogen peroxide-induced pericarp browning of harvested longan fruit in association with energy metabolism [J]. Food chemistry, 2018, 225: 31-36.

[96] Liu Z L, Lv JH, Liu YH, et al. Comprehensive phosphoproteomic analysis of pepper fruit development provides insight into plant signaling transduction [J]. International journal of molecular sciences, 2020, 21: 1962.

[97] Liu F H, Cheng XH, Liu WG, et al. Study on the extraction of polyphenols from blueberry leaves and their antioxidant properties [J]. E3s web of conferences, 2021, 251: 02059.

[98] Lv J, Zheng T, Song Z, et al. Strawberry proteome responses to controlled hot and cold stress partly mimic post-harvest storage temperature effects on fruit quality [J]. Frontiers in nutrition, 2022, 8: 812666.

[99] Maul P, McCollum G, Guy CL, et al. Temperature conditioning alters transcript abundance of genes related to chilling stress in ‘Marsh’ grapefruit flavedo [J]. Postharvest biology and technology, 2011, 60: 177-185.

[100] Maratab A, Muhammad AR, Sheng L, et al. 1-MCP regulates ethanol fermentation and GABA shunt pathway involved in kiwifruit quality during postharvest storage [J]. Horticultural plant journal, 2021,

7 (1): 23-30.

[101] McAtee PS, Karim R, Schaffer K, David. A dynamic interplay between phytohormones is required for fruit development, maturation, and ripening [J]. Frontiers in plant science, 2013, 4: 1-7.

[102] Malacarne G, Lagreze J, Rojas San Martin B et al. Insights into the cell-wall dynamics in grapevine berries during ripening and in response to biotic and abiotic stresses [J]. Plant molecular biology, 2024, 114 (3): 38.

[103] Nambara E, Marion-Poll A. Abscisic acid biosynthesis and catabolism [J]. Annual review of plant biology, 2005, 56: 165-185.

[104] Oh HD, Yu DJ, Chung SW, et al. Abscisic acid stimulates anthocyanin accumulation in 'Jersey' highbush blueberry fruits during ripening [J]. Food chemistry, 2018, 244: 403-407.

[105] Ramos BS, Luis Guillermo HM, Ramsés Ramón GE, et al. Main diseases in postharvest blueberries, conventional and eco-friendly control methods: A review [J]. LWT-Food science and technology, 2021, 149: 112046.

[106] Sabine H, Eleanor W, Nimaya A, et al. Effects of daily wild blueberry consumption on cognitive and vascular function in healthy older individuals: A randomized double blind controlled trial [J]. Current developments in nutrition, 2021, 5: 318.

[107] Samuel OF, Sergio EM, Rafael LO, et al. Effects of different irrigation levels on plant water status, yield, fruit quality, and water productivity in a drip-irrigated blueberry orchard under Mediterranean conditions [J]. Agricultural water management, 2021, 249: 106805.

[108] Sayyari M. Improving chilling resistance of cucumber seedlings by salicylic acid [J]. American-Eurasian journal of agricultural and environmental sciences, 2012, 12 (2): 204-209.

[109] Sheng L, Zhou X, Ji SJ, et al. Changed activities of enzymes crucial to membrane lipid metabolism accompany pericarp browning in 'Nanguo' pears during refrigeration and subsequent shelf life at room temperature [J]. Postharvest biology and technology, 2016, 117: 1-8.

[110] Sirikesorn L, Ketsa S, Doorn WGV. Low temperature-induced water-soaking of dendrobium inflorescences: Relation with phospholipase D activity, thiobarbaturic-acid-staining membrane degradation products, and membrane fatty acid composition [J]. Postharvest biology and technology, 2013, 80: 47-55.

[111] Song XC, Dai HY, Wang SY, et al. Putrescine treatment delayed the softening of postharvest blueberry fruit by inhibiting the expression of cell wall metabolism key gene *VcPG1* [J]. Plants (Basel, Switzerland), 2022, 10: 1356.

[112] Shi Y, Li BJ, Grierson D, et al. Insights into cell wall changes during fruit softening from transgenic and naturally occurring mutants [J]. Plant physiology, 2023, 192 (3): 1671-1683.

[113] Vriezen WHR, Feron F, Maretto J, et al. Changes in tomato ovary transcriptome demonstrate complex hormonal regulation of fruit set [J]. The New phytologist, 2008, 177: 60-76.

[114] Wang C, Gao Y, Tao Y, et al. Influence of γ-irradiation on the reactive-oxygen metabolism of blueberry fruit during cold storage [J]. Innovative food ence & emerging technologies, 2017, 41: 397-403.

[115] Wang H, Cheng X, Wu C, et al. Retardation of postharvest softening of blueberry fruit by methyl jasmonate is correlated with altered cell wall modification and energy metabolism [J]. Scientia horticulturae, 2021, 276: 109752.

[116] Wang K, Wang H, Xu M, et al. The proteome of *Penicillium expansum* during infection of postharvest apple is revealed using label-free and parallel reaction monitoring (PRM) techniques [J]. Journal of proteomics, 2024, 298: 105142.

[117] Wani ABH, Chadar AH, Wani S, et al. Salicylic acid to decrease plant stress [J]. Environmental chemistry letters, 2017, 15: 101-123.

[118] Welti R, Li W, Li M, et al. Profiling membrane lipids in plant stress responses: role of phospholipase D alpha in freezing-induced lipid changes in *Arabidopsis* [J]. The journal of biological chemistry, 2002, 277 (35): 31994-32002.

[119] Wei JM, Qi XD, Cheng YD, et al. Difference in activity and gene expression of pectin degrading enzymes during softening process in two cultivars of Chinese pear fruit [J]. Scientia horticulturae, 2015, 197: 434-440.

[120] Wu Q, He Y, Cui C, et al. Quantitative proteomic analysis of tomato fruit ripening behavior in response to exogenous abscisic acid [J]. Journal of the science of food and agriculture, 2023, 103 (15): 7469-7483.

[121] Yang S, Wang C, Li XY, et al. Investigation on the biological activity of anthocyanins and polyphenols in blueberry [J]. Journal of food science, 2021, 86: 2.

[122] Yi C, Jiang YM, Shi J, et al. ATP-regulation of antioxidant properties and phenolics in litchi fruit during browning and pathogen infection process [J]. Food chemistry, 2010, 118: 42-47.

[123] Zeng Y, Pan Z, Wang L, et al. Phosphoproteomic analysis of chromoplasts from sweet orange during fruit ripening [J]. Plant physiology, 2014, 150: 252-270.

[124] Zhai ZF, Feng C, Wang YY, et al. Genome-wide identification of the xyloglucan endotransglucosylase/hydrolase (XTH) and polygalacturonase (PG) genes and characterization of their role in fruit softening of sweet cherry [J]. International journal of molecular sciences, 2021, 22, 12331.

[125] Zhang C, Cheng JH. Assessing the effect of cold plasma on the softening of postharvest blueberries through reactive oxygen species metabolism using transcriptomic analysis [J]. Foods (Basel, Switzerland), 2024, 13 (7): 1132.

[126] Zhao Y, Hou Z, Zhang N, et al. Application of proteomics to determine the mechanism of ozone on sweet cherries (*Prunus avium* L.) by time-series analysis [J]. Frontiers in plant science, 2023, 14: 1065465.

[127] Zhou Q, Zhang CL, Cheng SC, et al. Changes in energy metabolism accompanying pitting in blueberries stored at low temperature [J]. Food chemistry, 2014, 164: 493-501.